JN033717

物理学アドバンストシリーズ

統計力学

湯川 諭［著］

大塚孝治・佐野雅己・宮下精二［編］

日本評論社

シリーズ刊行によせて

物理学は自然のあり方の普遍的な原理を追求するものであり，古くは惑星運動など物体の運動，電磁気に関する諸現象，また熱の諸現象に関して，力学，電磁気学，熱力学が構築され，古典物理学として19世紀に完成した．それに関する不備が物理の暗雲として指摘され，20世紀に入り，エネルギーの非常に大きな現象(相対論)，エネルギーの非常に小さな現象(量子力学)，さらに相転移など自由度が大きい系での集団運動(統計力学)に関する飛躍的な進展が現代物理学として定式化された．これらは，21世紀に入りさらなる進歩を遂げ，物質の根源，宇宙の成り立ち，高度な機能物質や最近の量子情報技術，さらには生命の神秘など多岐にわたり，大きな力を発揮している．

本シリーズ「物理学アドバンストシリーズ」では，教養課程において，古典物理学など基礎的な物理学を習得した大学3・4年生を対象に，上記の物理学の諸分野での展開に興味を抱くきっかけになるような少しアドバンストな内容の教科書シリーズを企画した．そのため，現在盛んに研究が行われている諸分野の先端の先生方に，物理学がそれぞれの分野でどのような興味深い展開を見せるのかについて，最近の研究にも触れて，それぞれでの分野での物理学の果たす役割，その使い方をわかりやすく説明していただくようにお願いした．

シリーズでは，量子力学，統計力学のより進んだ内容，宇宙への適用も含めた流体力学をはじめ，アドバンストな物理の素粒子，原子核，宇宙分野，物性物理学，量子光学，生物物理，などへの展開，さらには最近非常に進んで来た新しい物理学手法としての計算物理学を取り上げた．

本シリーズを通して，具体的にどのように物理学が諸問題で活躍しているかに触れ，物理の面白さの発見につながっていくことを期待している．

2021年7月

編集委員　大塚孝治・佐野雅己・宮下精二

はじめに

本書は大学の学部専門教育における統計力学の教科書として，大阪大学での著者の統計力学の講義を元に執筆した．本書全体で通年の講義に対応し，半期の講義だと７章までで区切るのが良い．熱力学の基礎的な知識を習得していることを前提に書かれており，また解析力学や量子力学，複素関数論で取り扱われる初歩的な内容も少し使っている．

本書では，各章の終わりに演習問題をつけた．問題は基本的に本文中の計算を補う内容であるが，ところどころ少し発展的な内容を取り扱っている．ただ問題量としては非常に少ないので，他の演習書などで補って欲しい．

本書で取り扱う内容をまとめておこう．１章から２章で，まず統計力学とはどのようなものか，また熱力学との関係を簡単に述べる．また統計力学で使う確率に関して簡単に復習する．具体的な統計力学の内容に入る前に，分布や物理量の確率的な計算に慣れるため気体分子の速度分布であるマクスウェル分布を取り扱う．

続いて３章から７章において，統計力学の基礎である「集団」や「アンサンブル」と呼ばれるさまざまな状況に応じた考え方と計算方法，具体例に対する実践的な応用を学ぶ．まず統計力学的な考え方の基礎と，エネルギーと粒子数および体積が一定の系に対するミクロカノニカル集団としての取り扱いをみる．さらにエネルギーの代わりに温度が与えられている系に対するカノニカル集団の取り扱いとそのさまざまな現象に対する応用をみる．そして粒子数の代わりに化学ポテンシャルが与えられている系に対するグランドカノニカル集団の取り扱いをみる．これらさまざまな集団の取り扱いに対してすべて等価であることなどを理解し，さまざまなアンサンブルを構成する方法を取り扱う．

その後，８章から 10 章にかけて，量子力学的な波動関数の対称性に起因するボース–アインシュタイン統計，フェルミ–ディラック統計の基礎を学び，低温の場合に実現する量子力学的な理想気体の振る舞いについて具体的に考察する．

ここまでは相互作用がない独立なものの集合と見なせる場合の取り扱いであるが，実際には相互作用が無視できない場合が多い．そこで相互作用のある場合の例として11章で実在気体を取り上げる．最後に12章で相転移と臨界現象という統計力学の一つの到達点について触れる．

著者の統計力学観は，菊池 誠氏，阿久津泰弘氏を始めとしたここで列挙することはできないほどのさまざまな人たちとの学生時代からの議論や雑談で養われてきた．あらためて皆様に感謝したい．また，本書を執筆する機会を与えてくださった宮下精二氏および日本評論社の方々にも感謝する．

2021年7月　大阪にて

湯川 諭

目次

第1章

統計力学とは

1.1 統計力学とは

目の前にコップ一杯の水があるとしよう．この水は水分子からなり，コップ一杯で 10 mol ($\simeq 6.02 \times 10^{25}$ 個) 程度の分子が存在している．この水の性質 (物性) を知りたいとなったときにどのような方法があるだろうか．もちろん実験的にさまざまな測定を繰り返し物性を知ることは可能だろうが，理論的に物性を予言できるだろうか．

10 mol の水分子とはいえ力学にしたがって運動していることは間違いないだろうから，なにか元になる力学にしたがって計算すれば良さそうな気がする．しかし大量の計算が可能なコンピューターを使っても記憶容量や計算時間の制限でコップ一杯の水の物性を知るのは非常に困難である．また，たとえ制限が取り払われたとしてすべての水分子の座標や運動量の時間発展が得られたとしても，水の温度や圧力，比熱などはどのように表されるのだろうか．

そういう問いに解答を与えるのが統計力学である．統計力学では，気体や固体など多数の原子や分子からなる集団の熱平衡状態での圧力や内部エネルギー，比熱などの物理量の振る舞いを記述することができる．現状，残念ながらコップの中の水の物性を完全に予言できているわけではないが，少なくともどのような量をどのような方針で計算すれば良いかという処方箋は非常に理解が進んでいる．

統計力学では多数の原子や分子からなる集団の熱平衡状態を記述すると聞くと，熱力学と関係がありそうだと思うかもしれない．熱力学は多数の原子や分子からなる巨視的集団の熱平衡状態や熱平衡状態間の変化を巨視的な立場から記述する理論体系であったが，統計力学はそのような熱力学で記述できる巨視的な系の熱平衡状態の性質をそれぞれの分子の座標や運動量などの微視的な自由度から記述するものであり，微視的な世界と巨視的な世界をつなぐ関係を明らかにする．

特に，微視的な世界で原子や分子がどのような運動しているかという運動の詳細ではなく，系が力学的エネルギーを保存して運動しているなどの巨視的な性質にのみ依存して，系の熱平衡状態の物理量の振る舞いを記述することを可能とする．このような性質は微視的な世界において分子の座標や運動量などの自由度が圧倒的多数存在することに本質的に依存しており，統計力学で考察する対象は，1 mol すなわち**アボガドロ (Avogadro) 数** $N_A = 6.02214076 \times 10^{23}$ [1]程度の自由度が存在するような系となる．

統計力学では自由度の数が非常に多いことを積極的に利用し，本質的に確率を使った状態の記述を行う．これはこれまで学んできたような力学や電磁気学とは大きく異なる点であり，初めて学ぶ際に戸惑う点でもある．ただ確率的な記述を行うからといって，コインを投げたときのように表が出たり裏が出たりと結果がふらふらと変わるようなものではなく，巨視的物理量を統計力学的に計算した結果は値が確定する．つまり，確率的な記述ではあるが巨視的な物理量の値は，圧倒的多数の微視的自由度が存在するために確実に決定できる．

微視的な自由度から巨視的な熱平衡状態を記述するということを聞き，熱力学で出てきた熱力学関数が統計力学で記述できることなどを今後理解していくと，巨視的な熱平衡状態の記述には統計力学だけで十分であり，熱力学は必要ないのではないかと思うことが多々ある．これは大きな誤りである．そもそも統計力学は熱力学と矛盾しないように作られた理論であり，熱力学の一部を微視的な立場から説明，計算できるようにするための理論である．統計力学は十分強力であり役に立つ理論なのだが，熱力学のすべては統計力学で理解でき熱力学は不用などと思ってはいけない．

1) アボガドロ数は 2018 年に定義値とすることが決議され，2019 年からこの値が定義値になった．よって 1 mol の物質量は厳密にアボガドロ数と同じ数の原子や分子を含む．

演習問題

問題 1.1

熱力学の復習として熱力学第一法則や，さまざまな熱力学関数，ルジャンドル (Legendre) 変換などについて思い出しておこう．

第 2 章

確率的記述

統計力学では確率的記述が重要になるため，ここで統計力学に必要な部分を簡単にまとめておこう．

2.1 状態と確率

まず離散的な状態を取る物理系を考えよう．物理系の**微視的な状態**を x_i と書く．このような状態が W 個あるとし，それらの集合を $\mathcal{S}=\{x_1,x_2,\cdots,x_W\}$ としよう．また観測できる物理的な量 (**物理量**) は状態 x の関数 $f(x)$ であるとしよう．抽象的でわかりにくいので具体的に見ていこう．

例 2.1 (一枚のコインを投げる) 一枚のコインを投げ手で受け止めたとき，表向きか裏向きか決まるような状況を考える．これは微視的な状況ではないが出発点としてはもっとともわかりやすい．ここで「微視的な」状態としては

x_1 表が出た

x_2 裏が出た

の 2 通りあり，状態の集合は $\mathcal{S}=\{x_1,x_2\}$ となる．物理量 f としては，例えば $x=x_1$ の場合，つまり表が出たら $f=0$，$x=x_2$ の場合，裏が出たら $f=1$ となるようなものを考えることができる．

例 2.2 (一枚のコインを N 回投げる) 一枚のコインを N 回投げて表か裏かを観測する場合を考えよう．一つの状態は，j 回目に表か裏かを指定する a_j を使って，ベクトル的に

$$x_i = (a_1, a_2, \cdots, a_N) \tag{2.1}$$

というように一般的に書くことができる．この状態は，すべて表向きからすべて裏向きまで 2^N 通りあることがわかり，すべての状態の集合は $\mathcal{S} = \{x_1, x_2, \cdots, x_{2^N}\}$ と書ける．ここで x_i の i は，数 $i-1$ が，表向きを 0，裏向きを 1 とした N 桁の二進数で表現したものに対応するとしておくと，状態 x_i に対して $(a_1, a_2, \cdots, a_N)$ は一意に決まり，例えば x_1 はすべて表向きと決まる．

例 2.3 （**磁性体のモデル**） コイン投げの例を物理系の微視的状態と考えるのは無理があるが，磁石（**磁性体**）のモデルではほとんど同じ考え方で物理系の微視的状態と見なせる．そもそも磁石とは固体中の原子がもっている角運動量が本質的な役割を果たしており，もっとも簡単な場合には原子がもつ電子の量子力学的な角運動量であるスピンの向きがそろっている場合として考えることができる．**電子のスピン**一つ一つは小さな磁石と見なすことができ，量子力学的な効果により上向きと下向きの二つの状態を取ることが知られている．

磁性体が N 個の原子からなり，一つの原子あたり $(\uparrow, \downarrow)$ という二つの状態をとるとする．このときこの系のある微視的な状態 x_i は j 番目の原子のスピンの状態を指定する a_j を決めれば指定することができ，

$$x_i = (a_1, a_2, \cdots, a_N) \tag{2.2}$$

と書くことができる．上向きを表，下向きを裏と対応させれば，N 回のコイン投げとまったく同じ状態の表現をもつことがわかり，$x_1 = (\uparrow, \uparrow, \cdots, \uparrow), \cdots, x_{2^N} = (\downarrow, \downarrow, \cdots, \downarrow)$ などを使って，すべての状態の集合は $\mathcal{S} = \{x_1, x_2, \cdots, x_{2^N}\}$ と書くことができる．

物理量としては，例えば j 番目の原子の電子スピン状態 $\uparrow$ に対して $+1$，スピン状態 $\downarrow$ に対して -1 を与える S_j というものを定義して，上向き状態と下向き状態の数の差

$$m = \sum_{i=1}^{N} S_j \tag{2.3}$$

を考えることができる．この量は磁石の強さを表す**磁化**という物理量に比例する

ことが知られている[1)].

微視的状態とその集合になれてきたところで，その状態の**実現確率**を考えよう．すべての状態の集合 $\mathcal{S}=\{x_1,x_2,\cdots,x_W\}$ に対して，それぞれの状態 x_i の実現確率を p_i とする．これは確率なので

$$\text{すべての } i \text{ に対し } \ p_i \geq 0, \qquad \sum_{i=1}^{W} p_i = 1 \tag{2.4}$$

という条件を満たしてる．p_i をまとめて $\boldsymbol{P}=(p_1,p_2,\cdots,p_W)$ と書き**確率分布**と呼ぶ．

いま考えている状態の集合に対して物理量 f の**期待値** (または**平均値**) $\langle f \rangle$ を

$$\langle f \rangle = \sum_{i=1}^{W} f(x_i) p_i \tag{2.5}$$

として計算する．$\langle\ \rangle$ は期待値を表す記号であり今後しばしば使う[2)].

期待値に関して以下のことが成り立つ．物理量 f が定数 a なら

$$\langle a \rangle = a. \tag{2.6}$$

また定数 a, b，物理量 f, g に対し

$$\langle af + bg \rangle = a\langle f \rangle + b\langle g \rangle \tag{2.7}$$

となる．

ある特定の状態における物理量は一般に期待値からずれる．物理量 f の期待値からのずれの大きさの目安を

$$\langle (f - \langle f \rangle)^2 \rangle = \langle f^2 \rangle - \langle f \rangle^2 \tag{2.8}$$

という量で表す．これは**分散**と呼ばれる量であり，統計力学ではさまざまな場面で現れる．定義から明らかなように分散は非負の値を取る．

---

1) 電子のスピンと磁化に関しては 9.4 節で詳しく述べる．

2) 後の方では，期待値として自明なときは記号を省略したりすることもある．

2.2　系の独立性と期待値

二つの系を考えよう．系 A の w_{A} 個の微視的状態の集合を $\mathcal{S}_{\mathrm{A}}=\{x_1,x_2,\cdots,x_{w_{\mathrm{A}}}\}$，確率分布を $\boldsymbol{P}_{\mathrm{A}}=(p_1,p_2,\cdots,p_{w_{\mathrm{A}}})$ と書く．系 B に対しては w_{B} 個の微視的状態の集合を $\mathcal{S}_{\mathrm{B}}=\{y_1,y_2,\cdots,y_{w_{\mathrm{B}}}\}$，確率分布を $\boldsymbol{P}_{\mathrm{B}}=(q_1,q_2,\cdots,q_{w_{\mathrm{B}}})$ と書く．いまこの二つの系が互いに無関係に存在しており，何も相互作用していないと仮定しよう．このような場合を系は**互いに独立**していると呼ぶ．二つの系をまとめた**合成系**を考えよう．合成系の状態は，例えば系 A が x_1 という状態のとき，系 B は系 A の状態と独立に微視的状態を取るから，すべての状態の集合は，

$$\mathcal{S}_{\text{合成}}=\{x_1y_1,x_1y_2,x_1y_3,\cdots,x_{w_{\mathrm{A}}}y_1,x_{w_{\mathrm{A}}}y_2,\cdots,x_{w_{\mathrm{A}}}y_{w_{\mathrm{B}}}\} \tag{2.9}$$

という $w_{\mathrm{A}}\times w_{\mathrm{B}}$ 個の状態の集合となる．対応する確率分布は，確率の性質から

$$\boldsymbol{P}_{\text{合成}}=(p_1q_1,p_1q_2,p_1q_3,\cdots,p_{w_{\mathrm{A}}}q_1,p_{w_{\mathrm{A}}}q_2,\cdots,p_{w_{\mathrm{A}}}q_{w_{\mathrm{B}}}) \tag{2.10}$$

となる．

例 2.4　(二つの電子スピン)　先に磁性体の例で二状態を取る電子スピンを考えた．互いに独立して存在している二つの電子スピンからなる合成系を考えてみよう．電子 A の電子スピン状態を $\mathcal{S}_{\mathrm{A}}=\{\uparrow,\downarrow\}$，確率分布を $\boldsymbol{P}_{\mathrm{A}}=(p_\uparrow,p_\downarrow)$，電子 B の電子スピン状態を $\mathcal{S}_{\mathrm{B}}=\{\uparrow,\downarrow\}$，確率分布を $\boldsymbol{P}_{\mathrm{B}}=(q_\uparrow,q_\downarrow)$ とする．合成系は四つの状態をもち，左に電子 A のスピン状態を書くことにすると，すべての状態は

$\uparrow\uparrow$　電子 A が上向きスピン状態，電子 B が上向きスピン状態

$\uparrow\downarrow$　電子 A が上向きスピン状態，電子 B が下向きスピン状態

$\downarrow\uparrow$　電子 A が下向きスピン状態，電子 B が上向きスピン状態

$\downarrow\downarrow$　電子 A が下向きスピン状態，電子 B が下向きスピン状態

と表すことができる．また，例えば合成系の状態 $\uparrow\downarrow$ が実現する確率は $p_\uparrow q_\downarrow$ である．

このような場合に物理量の期待値を考えよう．以下 $\langle\ \rangle$ の記号が異なる意味で出てくるので，合成系の確率分布で取った期待値を $\langle\ \rangle_{\text{合成}}$，系 A の確率分布で

取った期待値を$\langle\ \rangle_{\mathrm{A}}$，系Bの確率分布で取った期待値を$\langle\ \rangle_{\mathrm{B}}$と書き分ける．系Aと系Bの微視的状態$x,y$に依存する物理量$f(x,y)$について，合成系での**期待値**は

$$\langle f\rangle_{合成}=\sum_{i=1}^{w_{\mathrm{A}}}\sum_{j=1}^{w_{\mathrm{B}}}f(x_i,y_j)p_iq_j \tag{2.11}$$

となる．

もし合成系の物理量fが，系Aの微視的状態のみに依存する$f(x)$という形なら

$$\langle f\rangle_{合成}=\sum_{i=1}^{w_{\mathrm{A}}}\sum_{j=1}^{w_{\mathrm{B}}}f(x_i)p_iq_j=\sum_{i=1}^{w_{\mathrm{A}}}f(x_i)p_i\sum_{j=1}^{w_{\mathrm{B}}}q_j=\langle f\rangle_{\mathrm{A}} \tag{2.12}$$

となる．合成系の物理量が，系Bの微視的状態のみに依存するときも同様な関係が成立する．

また合成系の物理量fが，それぞれの系の物理量の積で$f(x,y)=g(x)h(y)$と書けているとき，

$$\langle f\rangle_{合成}=\sum_{i=1}^{w_{\mathrm{A}}}\sum_{j=1}^{w_{\mathrm{B}}}f(x_i,y_j)p_iq_j=\sum_{i=1}^{w_{\mathrm{A}}}g(x_i)p_i\sum_{j=1}^{w_{\mathrm{B}}}h(y_j)q_j=\langle g\rangle_{\mathrm{A}}\langle h\rangle_{\mathrm{B}} \tag{2.13}$$

となる．これは合成系の物理量が，系Aの微視的状態のみ，系Bの微視的状態のみに依存する場合を$h=1$または$g=1$として含んでいる．

ここで見たようなことは，N個の互いに独立な系からなる合成系で一般に成立することがすぐにわかる．特にN個の互いに独立な系からなる合成系で，物理量がそれぞれの系の微視的状態のみに依存する量の和や積になっている場合に，合成系での物理量の期待値がそれぞれの系での期待値の和や積で書けるという性質は今後よく使う．

2.3 自由度の数と分散

統計力学は確率的に記述されるにもかかわらず物理量の値が確定すると1章で述べた．その様子を簡単な例で具体的に見よう．ここでは磁性体の電子スピンの例を使って考えていく．

以下では微視的状態の集合$\mathcal{S}$と確率分布$\boldsymbol{P}$，期待値の記号$\langle\ \rangle$にはそれぞれ

電子スピンの数 N を明示的につけて $\mathcal{S}_{N=2}, \boldsymbol{P}_{N=2}, \langle\ \rangle_{N=2}$ などと表すことにする．まず $N=1$ 個の電子スピンを考えよう．微視的状態はこれまで見てきたとおり $\mathcal{S}_{N=1}=\{\uparrow,\downarrow\}$ の 2 通りである．確率分布は，$\boldsymbol{P}_{N=1}=(p_\uparrow, p_\downarrow)$ だが，具体的に計算するために上向き状態と下向き状態が確率 1/2 で実現する $p_\uparrow=p_\downarrow=1/2$ とする．物理量として**磁化**（に比例する）S を取る[3]．これは $\uparrow$ 状態に対して $+1$，$\downarrow$ 状態に対して -1 という値を取るとする．いまの場合に磁化の期待値を計算すると

$$\langle S\rangle_{N=1}=\sum_{x=\uparrow,\downarrow} p_x S(x)=\frac{1}{2}\times(+1)+\frac{1}{2}\times(-1)=0 \tag{2.14}$$

となる．磁化の分散も計算しよう．

$$\langle S^2\rangle_{N=1}=\sum_{x=\uparrow,\downarrow} p_x S(x)^2=\frac{1}{2}\times(+1)+\frac{1}{2}\times(+1)=1 \tag{2.15}$$

であるから，

$$\langle S^2\rangle_{N=1}-\langle S\rangle_{N=1}^2=1 \tag{2.16}$$

である．

これをもとに電子スピンの数 N を増やしていったときに，一つの電子スピンあたりの磁化 $m_{(N)}$ の期待値とその分散がどのように変化していくか調べてみよう．具体的に計算するためにそれぞれの電子スピンは互いに独立であるとする．$N=2$ の場合，微視的状態の集合は $\mathcal{S}_{N=2}=\{\uparrow\uparrow,\uparrow\downarrow,\downarrow\uparrow,\downarrow\downarrow\}$ の 4 通りである[4]．確率分布は $\boldsymbol{P}_{N=2}=(p_{\uparrow\uparrow}, p_{\uparrow\downarrow}, p_{\downarrow\uparrow}, p_{\downarrow\downarrow})$ であり，$N=1$ のときと同じく一つの電子スピンに対して等確率で状態が実現するとすると，

$$p_{\uparrow\uparrow}=p_\uparrow p_\uparrow=\frac{1}{4},$$
$$p_{\uparrow\downarrow}=p_{\downarrow\uparrow}=p_\uparrow p_\downarrow=\frac{1}{4},$$

3) 正確には S に磁気モーメントの次元をもつ定数をかけて磁化になるが，ここではその比例定数は特に重要ではないので 1 とし，S を磁化と呼ぶ．電子のスピンと磁化に関しては 9.4 節で詳しく述べる．

4) 実は $\uparrow\downarrow$ 状態と $\downarrow\uparrow$ 状態が異なる状態であると言い切るためには，考えている電子スピンの集団がどのようなものか考える必要がある．ここでは例えば固体中のそれぞれの場所の原子にある電子スピンを考え，$\uparrow\downarrow$ 状態と $\downarrow\uparrow$ 状態は異なる状態であるとする．

$$p_{\downarrow\downarrow} = p_{\downarrow} p_{\downarrow} = \frac{1}{4} \tag{2.17}$$

となる．

物理量として一つのスピンあたりの磁化 $m_{(2)}$

$$m_{(2)} = \frac{1}{2}(S_1 + S_2) \tag{2.18}$$

を考える．S_i は i 番目の電子スピンの磁化を表す．磁化の期待値は

$$\langle m_{(2)} \rangle_{N=2} = \frac{1}{2}(\langle S_1 \rangle_{N=2} + \langle S_2 \rangle_{N=2}) \tag{2.19}$$

であるが，それぞれの電子スピンは独立なので前節の結果を使って

$$\langle m_{(2)} \rangle_{N=2} = \frac{1}{2}(\langle S_1 \rangle_{N=2} + \langle S_2 \rangle_{N=2}) = \frac{1}{2}(\langle S_1 \rangle_{N=1} + \langle S_2 \rangle_{N=1}) = 0 \tag{2.20}$$

と計算できる．一つのスピンあたりの磁化の分散は，まず

$$\begin{aligned}
\langle (m_{(2)})^2 \rangle_{N=2} &= \frac{1}{2^2} \langle S_1 S_1 + 2 S_1 S_2 + S_2 S_2 \rangle_{N=2} \\
&= \frac{1}{4} (\langle S_1 S_1 \rangle_{N=2} + \langle 2 S_1 S_2 \rangle_{N=2} + \langle S_2 S_2 \rangle_{N=2}) \\
&= \frac{1}{4} (\langle (S_1)^2 \rangle_{N=1} + 2 \langle S_1 \rangle_{N=1} \langle S_2 \rangle_{N=1} + \langle (S_2)^2 \rangle_{N=1}) \\
&= \frac{1}{4} (1 + 0 + 1) = \frac{1}{2}
\end{aligned} \tag{2.21}$$

であるから

$$\langle (m_{(2)})^2 \rangle_{N=2} - \langle m_{(2)} \rangle_{N=2}^2 = \frac{1}{2} \tag{2.22}$$

となり，$N=1$ の場合より分散が小さくなることがわかる．

次に n 個ある場合を考えよう．微視的な状態の集合は，

$$\begin{aligned}
\mathcal{S}_{N=n} = \{ &\uparrow\uparrow\uparrow\cdots\uparrow\uparrow\uparrow,\ \uparrow\uparrow\uparrow\cdots\uparrow\uparrow\downarrow,\ \uparrow\uparrow\uparrow\cdots\uparrow\downarrow\uparrow, \\
&\uparrow\uparrow\uparrow\cdots\uparrow\downarrow\downarrow,\ \cdots,\ \downarrow\downarrow\downarrow\cdots\downarrow\downarrow\downarrow \}
\end{aligned} \tag{2.23}$$

の 2^n 個ある．一つあたり二状態なので n 個あれば 2^n 個という当たり前の計算なのだが，微視的状態の数が電子スピンの数に対して指数関数的に大きくなるとい

うのは，統計力学を適用できる系の重要な特徴である．確率分布は，独立な n 個なのですべて同じ確率であり，

$$\boldsymbol{P}_{N=n}=\left(\frac{1}{2^n},\frac{1}{2^n},\frac{1}{2^n},\cdots\frac{1}{2^n}\right) \tag{2.24}$$

である．

一つのスピンあたりの磁化 $m_{(n)}$

$$m_{(n)}=\frac{1}{n}\sum_{i=1}^{n}S_i \tag{2.25}$$

の期待値を計算しよう．これは

$$\langle m_{(n)}\rangle_{N=n}=\frac{1}{n}\sum_{i=1}^{n}\langle S_i\rangle_{N=n}=\frac{1}{n}\sum_{i=1}^{n}\langle S_i\rangle_{N=1}=0 \tag{2.26}$$

となる．分散を計算するために $\langle(m_{(n)})^2\rangle_{N=n}$ を計算しよう．

$$\begin{aligned}\langle(m_{(n)})^2\rangle_{N=n}&=\frac{1}{n^2}\sum_i\sum_j\langle S_iS_j\rangle_{N=n}\\&=\frac{1}{n^2}\left(\sum_i\langle(S_i)^2\rangle_{N=n}+\sum_{i,j(i\neq j)}\langle S_iS_j\rangle_{N=n}\right)\\&=\frac{1}{n^2}\left(\sum_i\langle(S_i)^2\rangle_{N=1}+\sum_{i,j(i\neq j)}\langle S_i\rangle_{N=1}\langle S_j\rangle_{N=1}\right)\\&=\frac{1}{n^2}n=\frac{1}{n}\end{aligned} \tag{2.27}$$

であるから，分散は

$$\langle(m_{(n)})^2\rangle_{N=n}-\langle m_{(n)}\rangle_{N=n}^2=\frac{1}{n} \tag{2.28}$$

となる．n は典型的にはアボガドロ数の程度 10^{23} なので，この分散はほぼ 0 になることがわかる．

磁化を測定するたびに微視的状態が確率に応じて実現するとすると，$N=1$ のときは $+1$ か -1 が出てきてしまい，平均として磁化は 0 ではあるものの測定のたびに値がふらふらと変わってしまう．$N=2$ のときは，平均的に二回に一回は磁化 0 の状態が観測されるが，それ以外は 0 でない磁化が観測されてしまう．$N=$

1,2 のときの振る舞いは分散が有限であることの反映である．N が十分に大きくなり初めて，一度の測定で平均の磁化の値 0 をもつ状態がそのまま観測されるようになる．このとき分散がほぼ 0 なので何度観測して異なる微視的状態が実現していても磁化の値としては常にほぼ 0 であることがわかる．

ここでみた例は，統計力学が確率的な記述を行うのにもかかわらず物理量の値としては確定的な値を取ることのもっとも簡単な例になっている[5)]．今後もたびたびこのような物理量の値が期待値のまわりでゆらぎうるが，実効的にはゆらいでいないという状況に対面する．

2.4　連続的な状態と確率

これまで微視的な状態として，一つ一つ数えられる離散的な状態を考えてきたが，実際にはそのようなものばかりではない．例えば，ある領域に閉じ込められた静止した質点の微視的状態は，どこにあるかという位置がわかれば指定できるが，これは連続的な値を取る．連続的な値で**微視的状態**が指定できるときに微視的状態の集合を考えるのは難しくないが，確率は少し考える必要がある．以下では具体的に考察しよう．

1 次元の領域 $[0,L]$ に閉じ込められた静止した質点の微視的状態を考える．微視的状態は $0\leq x\leq L$ を満たす位置 x を指定すれば定まる．微視的状態の集合 $\mathcal{S}$ としては

$$\mathcal{S}=\{x|0\leq x\leq L\} \tag{2.29}$$

となる集合を取れば良い．ところがある微視的状態を取る確率を考えようとすると困難に行き当たる．例えば，$x=L/2$ である確率といわれても，線分上の一点なのでこのような確率は定義できないし，あえていうなら 0 であろう．このような連続的な状態に対しては，状態がある有限の区間に入っているときに確率を定義することができる．例えば，x が $[0,L]$ の区間に入っている確率を $P[0\leq x\leq L]$ と書けば，これはすべての微視的状態の集合の中に微視的状態が入っている確率であるから

5) 同じ物理量の値を与える微視的状態が複数あることを注意しておこう．これは微視的な立場から見た熱平衡状態の性質の一つである．

$$P[0 \leq x \leq L] = 1 \tag{2.30}$$

であろう．また $0<a<b<L$ という a,b を使って，ある区間 $[a,b]$ に入っている確率を $P[a \leq x \leq b]$ とすると

$$P[a \leq x \leq b] < 1 \tag{2.31}$$

となるだろう．ここで，ある微小な幅 dy をもつ区間 $[y,y+dy]$ に入っている確率を

$$P[y \leq x \leq y+dy] \simeq p(y)dy \tag{2.32}$$

と書いて，$dy \to 0$ の極限で $p(y)$ を定義すると，

$$P[a \leq x \leq b] = \int_a^b p(y)dy \tag{2.33}$$

と表現することができる．この $p(y)$ を**確率密度関数**または単に**確率密度**，**確率分布**と呼ぶ．

連続的な値を取る微視的状態に対しては，確率密度関数を使って確率を定義する．確率密度関数はその変数に対して積分したとき確率となる．確率は物理的な次元をもたない単なる数であるから，確率密度関数は物理的な次元をもっていることになる．例えば，上で見た例では $p(y)dy$ が区間 $[y,y+dy]$ に入っている確率なので，$p(y)$ は y の逆数と同じ次元をもっている．

一般に微視的状態の集合 $\mathcal{S} = \{x | 0 \leq x \leq L\}$ に対する確率密度関数 $p(x)$ は非負性と規格化

$$p(x) \geq 0, \quad \int_0^L p(x)dx = 1 \tag{2.34}$$

を満たす．また物理量 f の期待値，分散について

$$\begin{aligned} \langle f \rangle &= \int_0^L f(x)p(x)dx, \\ \langle f^2 \rangle - \langle f \rangle^2 &= \int_0^L (f(x))^2 p(x)dx - \left(\int_0^L f(x)p(x)dx \right)^2 \end{aligned} \tag{2.35}$$

となる．

互いに独立な二つの微視的状態の集合 $\mathcal{S}_{\mathrm{A}} = \{x | 0 \leq x \leq L\}$，$\mathcal{S}_{\mathrm{B}} = \{y | 0 \leq y \leq L\}$ に

対してそれぞれ確率密度関数 $p_{\rm A}(x)$, $p_{\rm B}(y)$ があるとき，合成系 $\mathcal{S}_{合成}=\{(x,y)|0\le x\le L, 0\le y\le L\}$ に対して確率密度関数が $p_{合成}(x,y)=p_{\rm A}(x)p_{\rm B}(y)$ となることや，それぞれの系の物理量 $g(x),h(y)$ の積で書ける合成系の物理量 $f(x,y)=g(x)h(y)$ に対して，

$$\langle f\rangle_{合成}=\langle g\rangle_{\rm A}\langle h\rangle_{\rm B} \tag{2.36}$$

と書けることなど，離散状態でみたのと同様のことが成立する．

2.5 マクスウェル分布

連続的な微視的状態と確率密度の具体例として，空間的に一様なある領域に閉じ込められている気体を考えよう．気体を構成する一つの分子の重心速度のみに注目し，微視的状態を重心速度 (v_x,v_y,v_z) で指定する．微視的状態の集合 $\mathcal{S}$ は3次元実空間で指定される $\mathcal{S}=\{\boldsymbol{v}=(v_x,v_y,v_z)|\boldsymbol{v}\in\mathbb{R}^3\}$ となる．この状態に対して確率密度関数 $p(v_x,v_y,v_z)$ を考察しよう．確率密度関数の性質から，

$$p(v_x,v_y,v_z)\ge 0, \qquad \int_{-\infty}^{\infty}\int_{-\infty}^{\infty}\int_{-\infty}^{\infty} dv_x dv_y dv_z\, p(v_x,v_y,v_z)=1 \tag{2.37}$$

となる[6]．速度 (v_x,v_y,v_z) に依存する物理量 $O(v_x,v_y,v_z)$ の期待値は

$$\langle O\rangle=\int_{-\infty}^{\infty}\int_{-\infty}^{\infty}\int_{-\infty}^{\infty} d^3\boldsymbol{v}\, O(v_x,v_y,v_z)p(v_x,v_y,v_z) \tag{2.38}$$

と表すことができる．

確率密度関数 $p(v_x,v_y,v_z)$ が具体的にどのような関数であるか物理的に考察しよう．まず空間的に一様な領域を分子が運動することから，重心速度のそれぞれの成分 v_x と v_y, v_z は互いに独立であり，またそれぞれ同じ確率密度関数 f をもつことがわかる．さらに，空間の一様性より，x 軸の正の向きに速度 v_x で運動する状態と，負の向きに絶対値が同じ速度 v_x で運動する状態は同等に存在することが期待できる．つまり，速度が $[v_x, v_x+dv_x]$ の区間にある状態と $[-v_x, -v_x+dv_x]$ の区間にある状態は同じ実現確率をもっている．これは各成分に対する確率

6) 規格化の積分に出てきた $dv_x dv_y dv_z$ を，しばしば $d^3\boldsymbol{v}$ と書く．

密度関数 f がその引き数 v の偶関数であり，v の偶数べきにしか依存しないことと等しい．よって，独立性と合わせ

$$p(v_x,v_y,v_z)=f(v_x^2)f(v_y^2)f(v_z^2) \tag{2.39}$$

と表すことができる．

一方，確率密度関数 $p(v_x,v_y,v_z)$ に対し別の条件が存在する．いま直交座標系を一つ決めて確率密度関数を書いたが，考えている気体が空間的に一様な領域にあるため，座標軸を適当に回転させても確率密度関数の形が変わってはならない．速度ベクトルに対して回転で不変な量はその大きさであることから，確率密度関数は，ある関数 g を使って

$$p(v_x,v_y,v_z)=g(v_x^2+v_y^2+v_z^2) \tag{2.40}$$

という形に書けることになる．

これら確率密度関数の条件 (2.39)，(2.40) より，

$$f(v_x^2)f(v_y^2)f(v_z^2)=g(v_x^2+v_y^2+v_z^2) \tag{2.41}$$

が成立する．$v_y=v_z=0$ を代入して，

$$f(v_x^2)f(0)^2=g(v_x^2) \tag{2.42}$$

であり，

$$f(v_x^2)f(v_y^2)f(v_z^2)=f(v_x^2+v_y^2+v_z^2)f^2(0) \tag{2.43}$$

と書けることがわかる．関数の積が，引き数の和の関数になるのは指数関数であるから，f は

$$f(v^2)\sim\exp(-av^2) \tag{2.44}$$

という形でなければならない．またこれは確率密度関数であるため規格化できる必要があり定数 a は正であることが要求される．

これで物理的要請により確率密度関数の形が決定された．確率密度関数 $f(v^2)$ の規格化を行うために，**ガウス (Gauss) 積分**の公式

$$\int_{-\infty}^{\infty}dx\exp\left[-\frac{x^2}{2\sigma^2}\right]=\sqrt{2\pi\sigma^2} \tag{2.45}$$

を使えば[7]，

$$f(v^2)=\left(\frac{a}{\pi}\right)^{1/2}\exp[-av^2] \tag{2.46}$$

であることがわかる．よって

$$p(v_x,v_y,v_z)=p(\boldsymbol{v})=\left(\frac{a}{\pi}\right)^{3/2}\exp[-a|\boldsymbol{v}|^2] \tag{2.47}$$

となる．

定数 a を，分子の質量を m として一つの分子の重心運動がもつ運動エネルギー $K=\frac{m}{2}(v_x^2+v_y^2+v_z^2)$ の期待値を計算することで決定しよう．ガウス積分をつかって計算すれば

$$\begin{aligned}\langle K\rangle &=\int_{-\infty}^{\infty}\int_{-\infty}^{\infty}\int_{-\infty}^{\infty}d^3\boldsymbol{v}\left(\frac{m}{2}(v_x^2+v_y^2+v_z^2)\right)\left(\frac{a}{\pi}\right)^{3/2}\exp[-a|\boldsymbol{v}|^2]\\ &=3\int_{-\infty}^{\infty}dv\left(\frac{m}{2}v^2\right)\left(\frac{a}{\pi}\right)^{1/2}\exp[-av^2]\\ &=\frac{3m}{4a}\end{aligned} \tag{2.48}$$

となる．ここで温度 T とボルツマン (Boltzmann) 定数 k_{B}[8]を使って，気体分子

7) 一般に，確率密度関数が

$$P(x|\mu,\sigma)=\frac{1}{\sqrt{2\pi\sigma^2}}\exp\left[-\frac{(x-\mu)^2}{2\sigma^2}\right]$$

という形のとき，x は平均 μ，分散 σ の正規分布にしたがうという．これは $\int_{-\infty}^{\infty}dxP(x|\mu,\sigma)=1$ という形で規格化されている．この規格化はガウス積分に他ならない．この章の演習問題も参照せよ．

8) **ボルツマン定数**は 2019 年より定義値になり，

$$k_{\mathrm{B}}=1.380649\times10^{-23}\ \mathrm{J\ K^{-1}}$$

である．エネルギー値 $k_{\mathrm{B}}T$ は，日常的なエネルギーの単位 J のスケールからみると非常に小さな値であり，微視的なエネルギーのスケールと，例えばここでは一つの粒子の運動エネルギーなどと組になって現れる．また**気体定数** R はともに定義値であるボルツマン定数とアボガドロ数の積で計算され，

$$R=8.3144626\cdots\ \mathrm{J\ mol^{-1}\ K^{-1}}$$

となる．

の運動に関する**エネルギーの等分配則** $K=\frac{3}{2}k_{\mathrm{B}}T$ が成立することを思い出せば[9]，

$$a=\frac{m}{2k_{\mathrm{B}}T} \tag{2.49}$$

でなければならない．統計力学では，しばしば**逆温度** β として以下のように定義される

$$\beta=\frac{1}{k_{\mathrm{B}}T} \tag{2.50}$$

を使うことが多く，このとき，確率密度関数は

$$p(\boldsymbol{v})=\left(\frac{\beta m}{2\pi}\right)^{3/2}\exp\left[-\beta\frac{m|\boldsymbol{v}|^2}{2}\right] \tag{2.51}$$

となる．この確率密度関数を (3 次元の) **マクスウェル (Maxwell) 分布**，または**マクスウェル–ボルツマン分布**と呼ぶ．いまは物理的要請を駆使して導出したが，あとで統計力学的に導出する．

確率密度関数 $p(\boldsymbol{v})$ を使って圧力を求めてみよう．圧力は壁に与えられる力積の平均で計算することができる．x 軸と直交する壁を考え，x 軸の正の向きを壁にむかう向きに取る．壁の面積 A の部分に時間間隔 δt あたり衝突する分子の数は，全分子数を N，分子が閉じ込められている体積を V として

$$\frac{N}{V}(Av_x\delta t)\times[p(\boldsymbol{v})\ \text{のうち}\ v_x>0\ \text{である分子，}\ v_y,v_z\ \text{は任意}] \tag{2.52}$$

の速度積分で与えられる．一つの分子が壁で反射される際，分子が壁に与える力積は $2mv_x$ であるから，単位時間あたり面積 A を分子が押す力 F は

$$F=\frac{1}{\delta t}\frac{N}{V}\int_0^{\infty}dv_x\int_{-\infty}^{\infty}dv_y\int_{-\infty}^{\infty}dv_z\,(Av_x\delta t)(2mv_x)p(\boldsymbol{v}) \tag{2.53}$$

となる．これもガウス積分を応用して計算でき (章末演習問題 2.6)，

---

9) 気体分子が 3 次元空間中で熱平衡状態にあるとき，一分子あたりの重心の運動エネルギー K はエネルギーの等分配則 $K=\frac{3}{2}k_{\mathrm{B}}T$ を満たす．これはこの後何度か統計力学的に導出し，最初は式 (3.38) である．エネルギー等分配則としては 5.2 節で統計力学的に説明する．

$$F = A\frac{N}{V}\beta^{-1} \tag{2.54}$$

となる．圧力 $p = F/A$ であるから

$$pV = N\beta^{-1} = Nk_{\mathrm{B}}T \tag{2.55}$$

となる．これはよく知っている**理想気体の状態方程式**に他ならない．

演習問題

問題 2.1

式 (2.6)，(2.7) を示せ．

問題 2.2

式 (2.8) を示せ．

問題 2.3

N 個の互いに独立な系からなる合成系で，微視的状態や確率分布がどのようになるか確認せよ．またそれぞれの系の微視的状態のみで書ける物理量の積からなる合成系の物理量の期待値を計算し，それぞれの系の期待値の積で書けることを数式を使って確認せよ．

問題 2.4

2.3 節でみた電子スピンが n 個ある場合に，磁化 $m_{(n)}$ の分布関数

$$P(m_{(n)}) = \left\langle \delta_{nm_{(n)},\sum_{i=1}^{n} S_i} \right\rangle_{N=n}$$

を求めよ．$\delta_{i,j}$ は**クロネッカー (Kronecker) のデルタ**であり $i=j$ のとき 1，$i \neq j$ のとき 0 となるような関数である．この分布関数は $m_{(n)} = 1, 1-2/n, 1-4/n, 1-6/n, \cdots, 1-2(n-1)/n, -1$ に値をもち，磁化 $m_{(n)}$ が観測される確率を表す．

問題 2.5

平均 μ，分散 σ の**正規分布**

$$P(x|\mu,\sigma)=\frac{1}{\sqrt{2\pi\sigma^2}}\exp\left[-\frac{(x-\mu)^2}{2\sigma^2}\right]$$

に対し,

$$\begin{aligned}1&=\int_{-\infty}^{\infty}dxP(x|\mu,\sigma),\\ \langle x\rangle&=\int_{-\infty}^{\infty}dx\,xP(x|\mu,\sigma)=\mu,\\ \langle(x-\mu)^2\rangle&=\int_{-\infty}^{\infty}dx(x-\mu)^2P(x|\mu,\sigma)=\sigma^2\end{aligned}$$

を示せ.

問題 2.6

単位時間あたり面積 A を粒子が押す力 F をガウス積分を実行して計算し,式 (2.54) を確認せよ.

第3章

統計力学の基礎：ミクロカノニカル集団

この章で統計力学の基本的な考え方を多数の同種の粒子からなる気体を念頭に説明する．微視的状態を定義しやすく，数えやすいという利点から，有限の体積に閉じ込められている互いに相互作用しない粒子系を量子力学的に考えることから始めよう．

3.1 量子系の状態数

2章で微視的状態の集合と状態の実現確率を取り扱った．この章で状態の実現確率について統計力学的に考察しよう．連続的な状態は確率密度で考える必要があり取り扱いが少し面倒なので，まずは離散的な微視的状態をもつ量子系で考えることにしよう．

孤立した，すなわち外部とまったくやり取りを行わない有限体積の量子系を考える．気体を念頭に，この系には体積や粒子数，エネルギーなどの巨視的で示量的な保存量が存在するとする．有限体積中に閉じ込められた気体のような量子系では，エネルギー固有状態は離散的な状態となり，この固有状態を一つ選べば波動関数が決まり，系の**微視的状態**が記述できる．このため，エネルギー固有状態の一つ一つを2章で考えた微視的状態と見なして良い．

この量子系におけるエネルギー E 以下の固有状態すなわち微視的状態の数を $\Omega(E)$ と書き，この数について考えよう．いまエネルギー固有状態は離散的なので $\Omega(E)$ は正の整数の値をもち，E の増加とともに階段的に増加する．ただこの $\Omega(E)$ が増加するときの階段の幅に相当するエネルギーは，考えている系が量子系であることからプランク (Planck) 定数 h に比例するようなエネルギースケールをもち，巨視的なエネルギースケールから見れば非常に小さい．またあとで見るように$\Omega(E)$の値自体も莫大に大きいので，統計力学で取り扱うような巨視的なエネルギースケールから見れば，$\Omega(E)$はEの連続的な関数であると見なすことができる．$\Omega(E)$を系の**状態数**と呼ぶ．

$\Omega(E)$を具体的な例で調べてみよう．無限に高い障壁をもつ3次元の井戸型ポテンシャルに閉じ込められた質量mの一つの粒子を考える．シュレディンガー(Schrödinger)方程式は，

$$-\frac{\hbar^2}{2m}\boldsymbol{\nabla}^2\phi=E\phi \tag{3.1}$$

である．プランク定数をhとして$\hbar=h/2\pi$，ϕは波動関数，Eがエネルギー固有値である．ポテンシャルの壁の位置を$x=0$とL，$y=0$とL，$z=0$とLとすれば，ここで$\phi=0$となる解は

$$\phi(x,y,z)=A\sin k_x x\sin k_y y\sin k_z z \tag{3.2}$$

と書くことができ，波数は境界条件から

$$k_x=\frac{\pi}{L}n_x,\quad k_y=\frac{\pi}{L}n_y,\quad k_z=\frac{\pi}{L}n_z \tag{3.3}$$

と三つの正の整数(n_x,n_y,n_z)を使って表される．波動関数をシュレディンガー方程式に代入して，

$$E=\frac{\hbar^2}{2m}(k_x^2+k_y^2+k_z^2) \tag{3.4}$$

となり，エネルギー固有値は波数を表す整数の組(n_x,n_y,n_z)で指定される，

$$E(n_x,n_y,n_z)=\frac{\pi^2\hbar^2}{2mL^2}(n_x^2+n_y^2+n_z^2) \tag{3.5}$$

となる．ここで$E_0=\dfrac{\pi^2\hbar^2}{2mL^2}$と置くと，このエネルギースケールが，上で述べた状態数の階段的変化のエネルギースケールに対応する．また系の微視的状態は(n_x,n_y,n_z)で指定できる．

$\Omega(E)$は，$E(n_x,n_y,n_z)\leq E$を満たす正の整数の組(n_x,n_y,n_z)の総数として計算することができる．このエネルギーの条件は$n_x^2+n_y^2+n_z^2\leq E/E_0$と書くことができ，巨視的なエネルギースケール$E$が微視的なエネルギースケール$E_0$に対

して $E \gg E_0$ となる状況では，条件を満たす整数の組の数と連続的な体積の差はほぼ無視できるから，$\Omega(E)$ は半径 $\sqrt{E/E_0}$ の球の体積の 1/8 と等しい．よって

$$\Omega(E) \simeq \frac{1}{8}\frac{4}{3}\pi\left(\frac{E}{E_0}\right)^{3/2} = \frac{(2m)^{3/2}}{6\pi^2\hbar^3}L^3E^{3/2} \tag{3.6}$$

となる．

これは一つの粒子に対する状態数である．系が統計力学の対象になるように井戸型ポテンシャルに閉じ込められた粒子の数を N 個に増やしてみよう．粒子は，同じ種類で互いに相互作用を行わないとする．このような粒子を**自由粒子**と呼ぶ．一つあたり三つの正の整数の組で微視的状態を指定できたので，N 個あるときは，$3N$ 個の正の整数で微視的状態を指定することができる．これらの整数を，記号が煩雑だが，

$$n_x^{(1)}, n_y^{(1)}, n_z^{(1)}, \cdots, n_x^{(N)}, n_y^{(N)}, n_z^{(N)} \tag{3.7}$$

と書くことにしよう．下付の添字が空間を表し，上付きの添字が粒子の番号を表す．このとき全エネルギーは

$$E(\{n_\alpha^{(i)}\}) = E_0 \sum_{i=1}^{N} \sum_{\alpha=x,y,z} (n_\alpha^{(i)})^2 \tag{3.8}$$

と書ける．

このとき状態数 $\Omega(E)$ は，$\sum_{i=1}^{N} \sum_{\alpha=x,y,z} (n_\alpha^{(i)})^2 \leq E/E_0$ を満たす $3N$ 個の正の整数の数になりそうだが，これは実は少し数えすぎている．以下では，粒子数 N としてアボガドロ数のオーダーを考えるのだが，ある特定の (n_x, n_y, n_z) で指定される一粒子のエネルギー固有状態を取る粒子の数が平均として 1 より非常に少ない場合を考えよう[1)]．いま，同種の粒子を考えているので，例えば「一粒子エネルギー固有状態の a 番目の状態に X 番の粒子がいて，b 番目の状態に Y 番の粒子が存在する状態」と「a 番目の状態に Y 番の粒子がいて，b 番目の状態に X 番の粒子が存在する状態」は微視的にみて区別が付かない．一粒子固有状態のエネルギーが下の方にある粒子から順番に粒子の番号を付ければこの問題は発生しない

1) これが 1 に近づいてくるときの状況はこの本の 8 章で取り扱う．

が，そうするとエネルギー E 以下という条件が簡単にならず状態数を数えるのが面倒になる．そこで，上の不等式で一度数えすぎておいてから，後から番号付けの場合の数 $N!$ で割ることで状態数を正しく補正することにしよう[2)]．

このとき，状態数 $\Omega(E)$ として

$$\Omega(E)=\frac{1}{N!}\left(\sum_{i=1}^{N}\sum_{\alpha=x,y,z}(n_{\alpha}^{(i)})^2\leq E/E_0 \text{を満たす} 3N \text{個の正の整数の数}\right) \tag{3.9}$$

となる．この数もまた $E\gg E_0$ の条件の元では球の体積で表すことができる．d 次元の半径 R の球の体積を $\mathcal{V}_d(R)$ と書くことにすると，

$$\Omega(E)=\frac{1}{N!}\frac{1}{2^{3N}}\mathcal{V}_{3N}\left(\sqrt{E/E_0}\right) \tag{3.10}$$

となる．$1/2^{3N}$ の因子は $3N$ 次元空間の第一象限に制限するためについている．d **次元球の体積**の具体的な式は，ガンマ関数

$$\Gamma(x)=\int_0^{\infty}dz\,z^{x-1}e^{-z} \tag{3.11}$$

を使って，

$$\mathcal{V}_d(R)=\frac{\pi^{d/2}}{\Gamma((d/2)+1)}R^d \tag{3.12}$$

と表すことができ (章末演習問題 3.1)，このとき

$$\begin{aligned}\Omega(E)&=\frac{1}{N!}\frac{1}{2^{3N}}\frac{\pi^{3N/2}}{\Gamma((3N/2)+1)}\left(\frac{E}{E_0}\right)^{3N/2}\\&=\frac{1}{N!}\frac{1}{\Gamma((3N/2)+1)}\left(\frac{m}{2\pi\hbar^2}\right)^{3N/2}L^{3N}E^{3N/2}\end{aligned} \tag{3.13}$$

となる．ここで**ガンマ関数**の性質 $\Gamma(x+1)=x!$ および，N が大きいときに成立する

$$N!\simeq N^N e^{-N} \tag{3.14}$$

---

2) この $N!$ のファクターは，ある特定の一粒子のエネルギー固有状態を取る粒子の数が平均として 1 より非常に少ない場合に正確である．例えば，すべての粒子がある一つの固有状態を取っているとしたら，そもそもこのようなファクターは必要ない．

という**スターリング (Starling) の公式** (章末演習問題 3.2) を使うと，最終的に

$$\Omega(E)=e^{5N/2}\left(\frac{m}{3\pi\hbar^2}\right)^{3N/2}\left(\frac{L^3}{N}\right)^N\left(\frac{E}{N}\right)^{3N/2} \tag{3.15}$$

となる.

この状態数は，エネルギー密度 E/L^3 および粒子数密度 N/L^3 に依存した関数 f を使って

$$\Omega(E)=\exp[Nf(E/L^3,N/L^3)] \tag{3.16}$$

という形にまとめることができる[3)]．これからエネルギー密度および粒子数密度を一定に保ったまま N を大きくする極限を考えよう．この極限は**熱力学極限**と呼ばれる．熱力学極限では，状態数は N に対して指数関数的に大きくなることがわかる．このような事情は相互作用のない自由粒子に限らず他の系に対しても一般的に成立し，統計力学的に取り扱う系が熱力学と整合的になるためのきわめて重要な条件である.

3.2 巨視的な熱平衡状態と微視的な状態

前節で体積 $V=L^3$ に閉じ込められた N 個の相互作用しない同種粒子からなる系について，エネルギー E 以下の状態数 $\Omega(E)$ を量子力学にしたがって計算した.この系の熱力学的な熱平衡状態を考えてみよう．対応する熱平衡状態では巨視的な大きさをもつ物理量 (E,V,N) が保存しており，熱平衡状態は巨視的な熱力学量である (E,V,N) を定めれば，一意に決定することができる.

この (E,V,N) で定められる熱平衡状態に対応する微視的な状態はどのような状態だろうか．この微視的状態も熱平衡状態を規定するのと同じ (E,V,N) をもつはずである．いま考えている熱平衡状態と同じ (E,V,N) をもつ微視的状態すべてを，熱平衡状態に対応しているかどうかは問わず，巨視的に許容される微視的状態と呼ぼう．まず，巨視的に許容される微視的状態がどのくらい存在するの

3) ここでは示量的な粒子数 N をくくりだしてまとめたが，粒子数の代わりに他の示量的な変数をくくりだすこともできる．いずれの場合も残りの示量変数に対する依存性は，必ず別の示量変数との比として表すことができる.

か数を数えてみよう．ただ離散的なエネルギー固有状態をもつ量子系の場合，微視的状態のエネルギーがちょうど E をもつという状態は存在しないこともあるので，エネルギーに微小な幅をもたせ，エネルギーが区間 $[E, E+\delta E]$ の間に含まれる状態の数を求めよう．N, V を固定して計算したエネルギー E 以下の状態数 $\Omega(E)$ から，このエネルギー区間に含まれる微視的状態の数は

$$\Omega(E+\delta E)-\Omega(E) \tag{3.17}$$

と表すことができる．いま δE が E より十分小さいと思って状態数をテイラー (Taylor) 展開し，この数を求めてみよう．式 (3.15) をもちいると

$$\begin{aligned}\Omega(E+\delta E)-\Omega(E) &\simeq \frac{\partial\Omega(E)}{\partial E}\delta E \\ &= \frac{3}{2}Ne^{5N/2}\left(\frac{m}{3\pi\hbar^2}\right)^{3N/2}\left(\frac{V}{N}\right)^{N}\left(\frac{E}{N}\right)^{3N/2}\frac{\delta E}{E}\end{aligned} \tag{3.18}$$

となる．

いま問題にしたいのは E や V が日常的な大きさをもつ場合であり，δE を非常に小さくとったとしても，この状態の数は膨大な値になっていることに注意しよう．例えば，温度 $T=300$ K の Ar ガスが体積 $V=1$ L に圧力 $p=1$ atm で存在しているとして，状態の数を式 (3.18) から見積もってみよう．Ar ガスを単原子分子の理想気体と見なし，エネルギー等分配則と理想気体の状態方程式を使うと，全エネルギー E は $E=\frac{3}{2}Nk_{\mathrm{B}}T=\frac{3}{2}pV$ と表すことができる．これより E は約 150 J である．このとき N は $N=pV/k_{\mathrm{B}}T$ より 2.4×10^{22} 個程度となる．Ar ガスについて $m/3\pi\hbar^2$ は 6.3×10^{41} kg J^{-2} s^{-2} であるので，

$$\begin{aligned}\frac{\partial\Omega(E)}{\partial E}\delta E &\sim \frac{3}{2}Ne^{5N/2}(6.3\times10^{41})^{3N/2}(4.2\times10^{-26})^{N}(6.3\times10^{-21})^{3N/2}\frac{\delta E}{E} \\ &\sim \frac{3}{2}N(1.3\times10^{8})^{N}\frac{\delta E}{E}\end{aligned} \tag{3.19}$$

となる．系が離散的なエネルギー固有状態を取ることから導入したエネルギーの幅 δE を，非常に小さく，例えば Ar 原子一つ分がもつエネルギー量 $\delta E=E/N$ 程度 ($\delta E/E=N^{-1}\sim10^{-22}$) に取れたとし，巨視的な熱平衡状態のエネルギーをこの精度で決定できたとしても，状態の数としては $10^{10^{23}}$ ぐらい存在する．これ

は非常に膨大な数である.

いま熱平衡状態と同じ (E, V, N) をもつ微視的状態が, 示強的な量の粒子数乗の数という膨大な数で存在することがわかった. この膨大な巨視的に許容される微視的状態の中で, 熱力学的な熱平衡状態に対応するある少数の特定の特別な微視的状態が存在するのだろうか. 実はそのような少数の特別な微視的状態は存在しないと考えられており, 逆にほとんどすべての巨視的に許容される微視的状態は, 巨視的な物理量を使って特徴づけるかぎりほとんど区別がつかず巨視的な熱平衡状態と同じ性質をもつと考えられている. 膨大な微視的状態の中には, 巨視的な熱平衡状態と相容れないような状態, 例えば極端に粒子の分布が片寄ったような状態も存在するが, このような状態はきわめてごくわずかしか存在しない[4]. ほとんどすべての巨視的に許容される微視的状態が巨視的な熱平衡状態と同じ性質をそれぞれもっており, 巨視的に許容される微視的状態から適当に状態を一つ選んだときその微視的状態が熱平衡状態と同じ性質をもつ典型的な状態であるという性質を**典型性**と呼ぶ.

3.3 等重率の原理とミクロカノニカル集団

ほとんどすべての巨視的に許容される微視的状態が巨視的な熱平衡状態と同じ性質をもっており, 熱平衡状態に対応するある特別な微視的状態が存在しないという事実から, 逆にどんな巨視的に許容される微視的状態も同じ確率で実現すると考えることができる. この考え方だと巨視的な熱平衡状態と相容れないような極端な状態も実現する確率がわずかにあるが, そのような状態の実現確率が小さすぎて熱平衡状態の物理量を計算する際には影響がまったくない. 熱平衡状態と同じ (E, V, N) をもつすべての微視的状態が, 同じ実現確率で実現すると考えることを**等重率の原理**という. 巨視的な熱平衡状態と相容れないような非常にわずかな微視的状態を, 巨視的に許容される微視的状態から取り除いてから考えるのではなく, 等重率の原理にもとづきすべて同じ実現確率で実現すると考えること

4) シリンダーに入った気体をピストンで片側に寄せておいて瞬間的にピストンを引いて断熱自由膨張させるような状況を考えると, 巨視的な熱平衡状態と相容れない状態を簡単に作ることが可能であるが, 熱平衡状態にある系を観測していてそのような状態になることは絶対ない.

で，統計力学的な計算が簡単になる．

これまでに導入した記号を使うと，巨視的に許容される W 個の微視的状態の集合を $\mathcal{S}=\{x_1,x_2,\cdots,x_W\}$ とすれば，この集合に対応する確率分布を $p=1/W$ として $\boldsymbol{P}=(p,p,p,\cdots,p)$ とすることが等重率の原理に対応する．等重率の原理にしたがう微視的状態の集合を，**ミクロカノニカル集団**，**ミクロカノニカルアンサンブル**や，**小正準集団**と呼ぶ．対応する分布のことを，**ミクロカノニカル分布**と呼ぶ．ミクロカノニカル集団は，示量的な巨視的熱力学変数が保存している熱平衡状態に対応する統計力学的な集団である．

離散状態を取る量子系について，ミクロカノニカル集団の定式化をまとめておこう．巨視的で示量的な熱力学量 (E,V,N) で規定される熱平衡状態に対し，対応する量子系の状態数 $\Omega(E)$ を数える．状態数は巨視的なエネルギースケール E から見て連続的に変化しエネルギー E と比較して非常に小さな δE に対して，エネルギー区間 $[E,E+\delta E]$ にある微視的状態の数を

$$W(E,\delta E)=\Omega(E+\delta E)-\Omega(E) \tag{3.20}$$

とする．微視的状態 i のエネルギー E_i が E から $E+\delta E$ の間にあるとき，その状態の**実現確率** p_i を，等重率の原理

$$p_i=\frac{1}{W(E,\delta E)} \tag{3.21}$$

で定める．また $E\gg\delta E$ であることを使って $W(E,\delta E)$ をテイラー展開し

$$W(E,\delta E)=\frac{\partial\Omega(E)}{\partial E}\delta E \tag{3.22}$$

と書く．この $\dfrac{\partial\Omega(E)}{\partial E}$ を**エネルギー状態密度** $g(E)=\dfrac{\partial\Omega(E)}{\partial E}$ と定義し，微視的状態の実現確率を $g(E)$ を使って書くこともできる．

エネルギー状態密度と状態数に関して，興味深い性質がある．いま取り扱っている体積 V に閉じ込められた N 個の自由粒子について，エネルギー状態密度は式 (3.18) から，

$$g(E)=\frac{3}{2}\Omega(E)\frac{N}{E} \tag{3.23}$$

であることがわかる．$\Omega(E)$ は示強的な量の粒子数乗，つまり粒子数に指数関数的に依存して増大し，エネルギー密度 E/V，粒子密度 N/V が一定のまま N を無限に大きくする**熱力学極限**をとると，$\dfrac{3}{2}\dfrac{N}{E}$ は一定なので，$g(E)$ は $\Omega(E)$ と同様に，熱力学的極限で示強的な量の粒子数乗で大きくなる．これは十分に大きな N に対して，エネルギー E 以下の状態数 $\Omega(E)$ とエネルギー E 近傍の状態密度 $g(E)$ がほぼ同じ寄与を与えていることを示しており，$\Omega(E)$ に寄与する微視的状態のほとんどすべてがエネルギー E 付近にあることを意味している．これはエネルギー E の取り得る値に上限がないような系で一般的に成り立つ性質である．

微視的状態の実現確率がわかったので，これでどのような物理量の熱平衡状態の値でも原理的に計算可能である．微視的状態 i に対する物理量 $\hat{A}$ の量子力学的な期待値は，状態ベクトル $|\phi_i\rangle$ を使って $A_i = \langle\phi_i|\hat{A}|\phi_i\rangle$ であり，この微視的状態が巨視的に許容されるならその実現確率が状態の数 $d = W(E, \delta E)$ の逆数で与えられるから，物理量 $\hat{A}$ の熱平衡状態での期待値は

$$\langle\hat{A}\rangle_{\mathrm{eq}} = \sum_{i=1}^{d} A_i p_i = \frac{1}{d}\sum_{i=1}^{d} A_i = \frac{1}{d}\sum_{i=1}^{d}\langle\phi_i|\hat{A}|\phi_i\rangle \tag{3.24}$$

となる．

3.4　古典系の位相空間と状態数

状態が連続的な古典系ではどのように考えれば良いだろうか．考えている系が連続的な状態を取る古典系であるとしても，離散的な微視的状態が現れた量子系のときと同じように，熱平衡状態と同じ (E, V, N) をもつほとんどすべての微視的状態は典型的であり，それぞれが熱平衡状態と同じ性質をもつことは変わりないので，古典系でも等重率の原理を元に考えることができる．よって微視的状態の実現確率を計算するためには，エネルギー E 以下の状態数を連続状態を取る古典系でどのように数えればよいかという問題になる．

3次元の体積 V に閉じ込められた N 個の同種の粒子からなる系では，N 個の運動量ベクトル $\boldsymbol{p}_i$ と N 個の位置ベクトル $\boldsymbol{q}_i$ の組 $\{\boldsymbol{p}_i, \boldsymbol{q}_i\}$ を決めれば微視的状態が指定できる．このような N 個の運動量ベクトル $\boldsymbol{p}_i$ と N 個の位置ベクトル $\boldsymbol{q}_i$

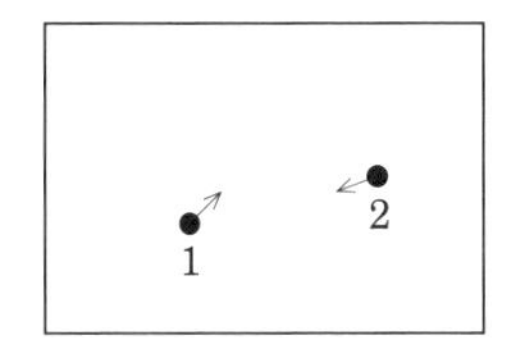

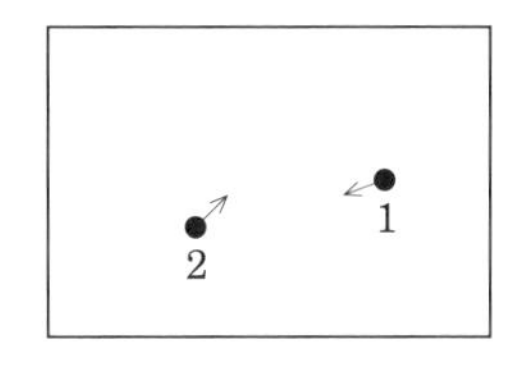

図 3.1　2 次元の 2 粒子系で運動量と位置がまったく同じだが粒子の番号の付け方が異なる状態．四角い領域は粒子の存在できる領域で，粒子につけたベクトルが運動量を表す．同種の粒子なら左右の状態は区別できないので同じ状態である．もし 1 番目の粒子が $+Q$ の電荷をもっており 2 番目の粒子が $-Q$ の電荷をもっているというような場合には上の二つの状態は異なる状態を表す．

の組 $\{\boldsymbol{p}_i,\boldsymbol{q}_i\}$ で指定される $6N$ 次元の空間を**位相空間**と呼ぶ．位相空間中のある領域 $\mathcal{D}$ の体積

$$\int_{\mathcal{D}}\prod_{i=1}^{N}[d^3\boldsymbol{p}_i d^3\boldsymbol{q}_i] \tag{3.25}$$

は，ハミルトニアンで決まる運動にともなって不変であることを示すことができる (章末演習問題 3.3) [5]．これを**リウヴィル (Liouville) の定理**という．このことからエネルギー E 以下の状態の数 $\Omega(E)$ は，$\{\boldsymbol{p}_i,\boldsymbol{q}_i\}$ が与えられたときの全エネルギーを $E(\{\boldsymbol{p}_i,\boldsymbol{q}_i\})$ と書いて，$E(\{\boldsymbol{p}_i,\boldsymbol{q}_i\})\leq E$ を満たす領域 $\mathcal{D}$ についての積分と

$$\Omega(E)\propto\int_{\mathcal{D}}\prod_{i=1}^{N}[d^3\boldsymbol{p}_i d^3\boldsymbol{q}_i] \tag{3.26}$$

という比例関係にあるだろうと期待できる．しかしこの場合にも量子系で出てきた数えすぎの問題がある．いますべての座標と運動量の組が同じで，粒子の名前の付け方だけが違う状態が存在する (図 3.1)．この状態は，同種粒子のときには区別できず，同じ状態である．数えすぎを解消するためには，例えば積分で領域 $\mathcal{D}$ の条件に加え $q_1^{(x)}\leq q_2^{(x)}\leq q_3^{(x)}\leq\cdots\leq q_N^{(x)}$ というような x 座標の小さい方から

5) 運動量と座標 $\{\boldsymbol{p}_i,\boldsymbol{q}_i\}$ を変数とするハミルトニアン $H(\{\boldsymbol{p}_i,\boldsymbol{q}_i\})$ は，全エネルギーに相当し，運動エネルギー $K(\{\boldsymbol{p}_i\})$ とポテンシャルエネルギー $V(\{\boldsymbol{q}_i\})$ の和で表される．時間発展は，正準運動方程式 $\dot{\boldsymbol{p}}_i=-\dfrac{\partial H}{\partial \boldsymbol{q}_i}$，$\dot{\boldsymbol{q}}_i=\dfrac{\partial H}{\partial \boldsymbol{p}_i}$ で決まり，これはニュートンの運動方程式と等しい．詳細は解析力学の教科書を参照して欲しい．

$1,2,3,\cdots,N$ と名前を付ける制限を課すか[6]，制限なしに積分してあとから名前の付け方の場合の数 $N!$ で割るなどの方法がある．ここでは後者が簡単なので，あとで $N!$ で割る方を採用する．このとき

$$\Omega(E)=\frac{a^N}{N!}\int_{\mathcal{D}}\prod_{i=1}^{N}[d^3\boldsymbol{p}_i d^3\boldsymbol{q}_i] \tag{3.27}$$

を得る．ここで a^N は物理的な次元をもつ位相空間の体積と無次元の数である $\Omega(E)$ を対応づける定数である．

いま考えている同種の粒子系の場合に，具体的に $\Omega(E)$ を計算してみよう．$\mathcal{D}$ は $\sum_{i=1}^{N}\frac{|\boldsymbol{p}_i|^2}{2m}\leq E$ を満たす領域となり，運動量の積分から半径 $\sqrt{2mE}$ の $3N$ 次元の球の体積が，座標の積分から V^N が得られる．よって，高次元球の体積の公式 (3.12) を使って

$$\Omega(E)=\frac{a^N}{N!}V^N\mathcal{V}_{3N}(\sqrt{2mE})=\frac{a^N}{N!}V^N\frac{(2\pi mE)^{3N/2}}{\Gamma((3N/2)+1)} \tag{3.28}$$

となる．

状態数を無次元化する比例定数 a を決める必要があるが，いま計算した状態数で a をプランク定数 h を使って $a^{-1}=h^3$ と取れば，量子力学的に計算した状態数 (3.13) と完全に一致する．よって $a^{-1}=h^3$ としよう[7]．

a をこの値に取ることは次のようにも理解することができる．連続的な状態をとる古典系とはいえ，量子力学的な不確定性関係からくる不確定性より小さなずれをもつ二つの状態に対しては同じ状態だと見なす必要があるだろう．不確定性

---

6) もしある二つの粒子に対して $q_i^{(x)}=q_j^{(x)}$ ならば，y 座標の大小を比較して番号をつける．さらに y 座標が同じなら z 座標で比較するとする．すべての座標がまったく同じ値を取るような場合は，連続的な状態を取る場合には無視できる．

7) a は古典的な状態が運動量と座標で指定されるとき，一般的にプランク定数を使ったこの形に取られる．いまの場合，量子系の状態数と古典系の状態数が完全に一致したのは，エネルギー値の制限 $E\gg E_0$ や，ある特定の状態にある平均粒子数が 1 より非常に少ないという条件から，実は量子力学的に状態数を計算したものの，その古典極限を計算していることに対応していたからである．よってここでは古典的に計算した状態数と完全に一致すべきである．3.6 節で計算する調和振動子のように一般には量子系と古典系で状態数は一致しない．

関係から $\Delta q\Delta p\sim h$ 程度でしか状態の差異を区別できないとすれば，ある古典的な微視的状態は，位相空間中で h^{3N} 程度の体積を占めていると見なせる．よって位相空間の積分の微小体積要素 $\prod_{i=1}^{N}[d^3\boldsymbol{p}_i d^3\boldsymbol{q}_i]$ を h^{3N} で割れば，微小体積要素内の異なる状態の数を与える．

まとめると，**古典系の場合の状態数**は N 個の運動量ベクトル $\boldsymbol{p}_i$ と N 個の位置ベクトル $\boldsymbol{q}_i$ の組 $\{\boldsymbol{p}_i,\boldsymbol{q}_i\}$ に対して，全エネルギー $E(\{\boldsymbol{p}_i,\boldsymbol{q}_i\})\leq E$ を満たす領域 $\mathcal{D}$ についての積分

$$\Omega(E)=\frac{1}{N!}\int_{\mathcal{D}}\prod_{i=1}^{N}\left[\frac{d^3\boldsymbol{p}_i d^3\boldsymbol{q}_i}{h^3}\right]=\frac{1}{N!}\int_{\mathcal{D}}\prod_{i=1}^{N}\left[\frac{d^3\boldsymbol{p}_i d^3\boldsymbol{q}_i}{(2\pi\hbar)^3}\right] \tag{3.29}$$

で計算できる[8,9]．この場合でも，全エネルギーが区間 $[E,E+\delta E]$ に入っている状態の数 $W(E,\delta E)$ や，状態密度 $g(E)$ などは量子系のときと同様に計算可能である．

3.5 ボルツマンの公式

エネルギーが与えられた巨視的な熱平衡状態での物理量の期待値を原理的に計算する方法はわかったが，ただこのままでは温度や圧力などの熱力学量で微視的な状態でどのように表現されるのか難しい物理量の期待値を計算するときなどに扱いづらい．そのため統計力学で取り扱う微視的な状態から計算される量と，熱力学で取り扱う巨視的な熱力学量を直接的に関係づける公式が欲しくなる．

ボルツマンによってそのような公式が示され，巨視的に許容される微視的状態の数 $W(E,\delta E)$ と熱力学関数である**エントロピー** $S(E,V,N)$ に

$$S(E,V,N)=k_{\mathrm{B}}\log W(E,\delta E) \tag{3.30}$$

という関係があることが知られている．この関係を**ボルツマンの公式**や**ボルツマンの原理**と呼ぶ．巨視的なエントロピーが満たすべき性質である，エネルギー E

8) 単純に好みの問題なのだが，以降この教科書ではプランク定数 h の代わりに h を 2π で割った $\hbar$ を使う．

9) 古典的な連続状態を取るが，運動量と座標で状態が指定できないような場合もある．そのときは状態数の積分の別の表現を考える必要がある．この例は 7.3 節で取り扱う．

の増加関数であることや，二つの独立な系の合成系に対してエントロピーがそれぞれの和で書けることなどは，巨視的に許容される微視的状態の数 $W(E,\delta E)$ の性質からすぐに確認することができる．

ただこの公式が示すエントロピーが熱力学が要請するエントロピーと整合的であるといわれても，まだこの段階では戸惑うだろうし，実際，ここで完全にわかったなどと思って欲しくはない．この公式は熱力学と統計力学の整合性に関係する重要な公式であり，あとの章でカノニカル集団という考え方を導入するときに，再度熱力学との整合性の議論を行う．この章ではとりあえずボルツマンの公式を認めてもらって議論を進めよう．

とりうるエネルギーに上限がない系では巨視的に許容される微視的状態の数 $W(E,\delta E)$ とエネルギー E 以下の状態数 $\Omega(E)$ は熱力学極限で本質的に同じように振る舞うため

$$
\begin{aligned}
S(E,V,N) &= k_{\mathrm{B}} \log W(E,\delta E) = k_{\mathrm{B}} \log g(E)\delta E \\
&= k_{\mathrm{B}} \log \Omega(E)
\end{aligned}
\tag{3.31}
$$

で計算しても良い[10)]．$W(E,\delta E)$ や $g(E)$，$\Omega(E)$，どれでも計算しやすい量でエントロピーを求めることができる．

また一般の確率分布 $\boldsymbol{P}=(p_1,p_2,\cdots,p_d)$ に対して，**シャノン (Shannon) エントロピー** $I(\boldsymbol{P})$ という分布のもつ不確定性を表す量が知られており，定義は

$$
I(\boldsymbol{P}) = -\sum_{i=1}^{d} p_i \log p_i \tag{3.32}
$$

である[11)]．等重率の原理にしたがう一様な分布を考えれば，シャノンエントロピーは比例定数 k_{B} を除きボルツマンの公式と同じである[12)]．シャノンエントロピーは，すべて等しい実現確率をもつ一様な分布で最大になることが知られてお

---

10) エントロピーの表現で，一般的に $g(E)$ が示強変数の示量変数乗のような振る舞いをするため，dE のところを E,V,N に依存しない適当なエネルギースケール ϵ_0 で置き換えた $S(E,V,N)=k_{\mathrm{B}}\log g(E)\epsilon_0$ でも本質的に同じである．

11) 離散状態の分布の場合．連続のときは適切な積分で定義する．

12) 歴史的にはボルツマンの公式の方が先であり，シャノンが統計力学に習い一般の確率分布に対してエントロピーを定義した．

り (章末演習問題 3.5)，ボルツマンの公式は，シャノンエントロピー最大に対応している．

例 3.1 (E,V,N) で指定される自由粒子の系で具体的にエントロピーを計算してみる．エネルギー E 以下の状態数 $\Omega(E)$ は式 (3.15) であり，状態密度 $g(E)$ と $\Omega(E)$ の関係は式 (3.23) によって

$$g(E)=\frac{3}{2}\Omega(E)\frac{N}{E} \tag{3.33}$$

であった．そして $W(E,\delta E)=g(E)\delta E$ であるから

$$\begin{aligned} S(E,V,N) &= k_{\mathrm{B}}\log\frac{3}{2}\Omega(E)\frac{N}{E}\delta E \\ &= k_{\mathrm{B}}\log\Omega(E)+k_{\mathrm{B}}\log\frac{3}{2}\frac{N}{E}\delta E \end{aligned} \tag{3.34}$$

となる．この最後の表現で，$\Omega(E)=\exp[Nf(E/V,N/V)]$ という形にまとめられることを思い出すと，$\log\Omega(E)$ が示量的な量 N に比例することがわかる．また，δE はもともと非常に小さいとしていたが，もし δE が示量的な量 N に比例する大きさの量であったとしても，第二項は $\log N$ 程度であり，統計力学が適用できる N がアボガドロ数の大きさの世界では，第一項と比較して無視できる．また，δE が 0 の極限では第二項は負に発散してしまうが，もともと δE を導入した経緯から δE を 0 に取ることはできない．よって，実質的に

$$S(E,V,N)=k_{\mathrm{B}}\log W(E,\delta E)=k_{\mathrm{B}}\log\Omega(E) \tag{3.35}$$

となる．これは S が示量的な量であることと整合している．$\Omega(E)$ の具体的な表現を代入すると，

$$S(E,V,N)=Nk_{\mathrm{B}}\log\left[e^{5/2}\left(\frac{m}{3\pi\hbar^2}\right)^{3/2}\frac{VE^{3/2}}{N^{5/2}}\right] \tag{3.36}$$

となる[13].

これはボルツマンの公式によると熱力学的なエントロピーと等しいので，E や V で微分することで熱力学量を得ることができる．例えば，N,V を一定にして E で微分すれば，温度 T を計算することができ，

$$\frac{1}{T}=\left(\frac{\partial S}{\partial E}\right)_{N,V}=\frac{3}{2}Nk_{\mathrm{B}}\frac{1}{E} \tag{3.37}$$

となる．これから

$$E=\frac{3}{2}Nk_{\mathrm{B}}T \tag{3.38}$$

を得る．自由粒子の系では E はすべての運動エネルギーと等しいので，**エネルギー等分配則**が成立していることがわかる．**定積熱容量** C_V は

$$C_V=\left(\frac{\partial E}{\partial T}\right)_V=\frac{3}{2}Nk_{\mathrm{B}} \tag{3.39}$$

となる．また，E,N を一定にして V で微分すれば，圧力 p を計算することができき

$$\frac{p}{T}=\left(\frac{\partial S}{\partial V}\right)_{E,N}=Nk_{\mathrm{B}}\frac{1}{V} \tag{3.40}$$

よって，

$$pV=Nk_{\mathrm{B}}T \tag{3.41}$$

となる．

これらエネルギーと温度の関係や，定積熱容量，圧力は**単原子分子理想気体**の性質として知られているものと完全に一致している．熱力学で現れた単原子分子理想気体は，統計力学的には，互いに相互作用をしない同種粒子の系である自由粒子の系として表現できることがわかる．

---

13) すぐ下で見るように温度とエネルギーは比例しているため，絶対零度の近くではエネルギーが非常に小さい値を取る．このときエントロピーが負の値を取ってしまうような状況も可能であり何かおかしい．もともと Ω は状態の数なので，1 以上の値であるからエントロピーは 0 以上であるはずである．これは状態数を数えるときに，ある特定の一粒子のエネルギー固有状態を取る粒子の数が平均として 1 より非常に少ないことを仮定していたことに関係する．極低温での正しい取り扱いはこの本の 8 章以降で行う．

このように，自由粒子の状態数からボルツマンの公式を経由してエントロピーを計算することで熱平衡状態での熱力学量を計算することができる．また熱力学関数と状態数を関連付けるボルツマンの公式の成立を一度認めてしまうと，自由粒子が理想気体の性質をもっていることがわかり，ボルツマンの公式の確からしさが高まった．

3.6 ミクロカノニカル集団の具体例

ここではいくつかの系に対して，ミクロカノニカル集団の考え方を応用し，熱力学量を求めてみよう．

3.6.1 調和振動子 (古典)

質点がバネ定数一定のバネで空間のある点に固定されており 1 次元的に振動できるとする．このような系を 1 次元の**調和振動子**という．バネとしての実体がなくとも平衡位置からの変位に比例する復元力を生み出すような変位の 2 乗に比例するポテンシャルに閉じ込められているときも調和振動子として記述できる．このような調和振動子が多数存在する場合を統計力学的に取り扱おう．

古典的な 1 次元的に振動する調和振動子 N 個からなる系を考える．それぞれの調和振動子は空間のある位置に固定されているとして取り扱う．ハミルトニアン H は，i 番目の調和振動子の運動量および変位をそれぞれ p_i, q_i，質量を m，調和振動子の角振動数を ω として

$$H = \sum_{i=1}^{N} \left[\frac{p_i^2}{2m} + \frac{1}{2} m \omega^2 q_i^2 \right] \tag{3.42}$$

で与えられる．この系が外部と熱のやり取りをしない壁に囲まれており熱平衡状態にあるとすると，熱平衡状態は巨視的な熱力学量であるエネルギー E と粒子数 N で指定される状態である．

ミクロカノニカル集団として取り扱う際には，古典的な自由粒子の系と同じ考え方が使える．この系のエネルギー E 以下の状態数 $\Omega(E)$ は，自由粒子の系と同じように考えて

$$\Omega(E) = \int_{H \le E} \prod_{i=1}^{N} \left[\frac{dp_i dq_i}{2\pi\hbar} \right] \tag{3.43}$$

と書ける．自由粒子の系と違ってこの積分を $N!$ で割らないのは，調和振動子が空間に固定されており，調和振動子の番号付けを自然に一意に決めることが可能だからである．この積分は高次元の楕円体の体積に相当するため，$x_i = p_i/\sqrt{2m}$, $y_i = \sqrt{m\omega^2/2}q_i$ と変数変換する．このとき変換のヤコビアンから

$$\prod_{i=1}^{N} [dp_i dq_i] = (\sqrt{2m})^N \left(\sqrt{\frac{2}{m\omega^2}} \right)^N \prod_{i=1}^{N} [dx_i dy_i] \tag{3.44}$$

となる．また積分の領域は，この変数変換で半径 $\sqrt{E}$ の $2N$ 次元球へと変更される．高次元球の体積の公式 (3.12) を使い，ガンマ関数を階乗で書くと

$$\Omega(E) = \left(\frac{1}{\pi\omega\hbar} \right)^N \frac{\pi^N}{\Gamma(N+1)} E^N = \frac{1}{N!} \left(\frac{E}{\hbar\omega} \right)^N \tag{3.45}$$

となる．状態密度を計算してみると，

$$g(E) = \Omega(E) \frac{N}{E} \tag{3.46}$$

となり，一粒子あたりのエネルギー E/N を一定にして，N を大きくすると，$g(E)$ は $\Omega(E)$ と同様に，一粒子あたりのエネルギーの N 乗で大きくなることがわかる．状態密度 $g(E)$ の意味を考えると，この系でもほとんどすべての状態は E の近くにあることがわかる．

スターリングの公式 (3.14) をもちいて，$N!$ を近似すると

$$\Omega(E) = \frac{1}{N^N e^{-N}} \left(\frac{E}{\hbar\omega} \right)^N = \left(\frac{E}{Ne^{-1}\hbar\omega} \right)^N \tag{3.47}$$

となり，ボルツマンの公式 (3.31) より，エントロピーは

$$S = Nk_{\mathrm{B}} \log \left(\frac{E}{Ne^{-1}\hbar\omega} \right) \tag{3.48}$$

と表されることがわかる．このエントロピーをエネルギーで微分すれば，温度 T について

$$\frac{1}{T} = \left(\frac{\partial S}{\partial E}\right) = Nk_{\mathrm{B}}\frac{1}{E} \tag{3.49}$$

となり，エネルギーと温度の関係が

$$E = Nk_{\mathrm{B}}T \tag{3.50}$$

となる．定積熱容量は，

$$C_V = \frac{dE}{dT} = Nk_{\mathrm{B}} \tag{3.51}$$

である．調和振動子のエネルギーと熱容量の温度依存性を，次に計算する量子の場合と合わせて図 3.2 (p.41) に示した．

3.6.2 調和振動子 (量子)

上で考えた N 個の 1 次元的な調和振動子を量子力学にもとづいて取り扱ってみよう．調和振動子を量子力学的に取り扱うことで，1 次元的に振動する調和振動子の量子力学的なエネルギー固有値 E_n は，量子数 $n=0,1,2,\cdots$ で指定され

$$E_n = \hbar\omega\left(n + \frac{1}{2}\right) \tag{3.52}$$

であることがわかる．このような調和振動子が N 個あるとき，全エネルギー E' は，それぞれの調和振動子の量子数 n_i を使って

$$E' = \hbar\omega\sum_{i=1}^{N} n_i + \frac{N}{2}\hbar\omega \tag{3.53}$$

と書くことができる．量子数の和を整数 $M = \sum_{i=1}^{N} n_i$ とする．

この場合，エネルギー区間 $[E, E+\delta E)$[14] にある微視的状態の数 $W(E,\delta E)$ に対し，$\delta E = \hbar\omega$ とすると，微視的状態の数を数えるのが簡単である．この微視的状態の数を以下 $W(E)$ と書くことにしよう．このエネルギー区間には $E \leq E' < E + \delta E$ を満たす整数 M が一つ存在する．E と E' の差は最大でも $\hbar\omega$ なので，示量的なエネルギーである E' は E とほぼ同じであり以下では E と E' を区別しない．

14) δE の値を系に固有の値に固定するため半開区間に取る．物理的にはこれまでと何も変わらない．

状態の数 $W(E)$ はそれぞれの調和振動子の量子数 $(n_1,n_2,n_3,\cdots,n_N)$ に対して，この和が M になる組み合わせを考えなければならない．この組み合わせの数を数えるのは，箱で調和振動子を表し，その調和振動子がもつ量子数を丸の数で表すと，それぞれの箱に M 個の丸をどのように分配するかという問題になる．これは絵を描いてみれば，例えば $N=5,M=11$ のある一つの分配例は

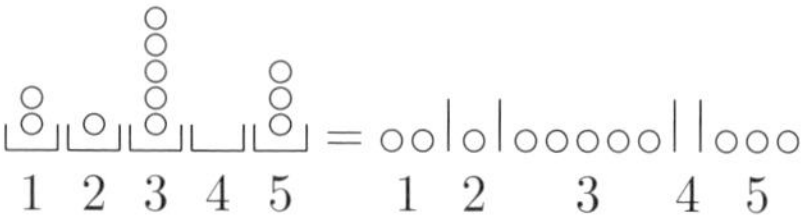

(箱1: ○○，箱2: ○，箱3: ○○○○○，箱4: なし，箱5: ○○○) = ○○|○|○○○○○||○○○
1 2 3 4 5　　1 2 3 4 5

と表すことができ，これは丸 M 個と区切り $N-1$ 個の並べ方の総数と一致することに気がつく．よって

$$W(E)={}_{M+N-1}\mathrm{C}_M=\frac{(M+N-1)!}{M!(N-1)!} \tag{3.54}$$

となる[15)]．M と E の対応は $M=\dfrac{E}{\hbar\omega}-\dfrac{N}{2}$ で決まる．ここでも調和振動子は空間に固定されているので，調和振動子の自然な番号の付け方が存在し，箱の名前を入れ替える場合の数 $N!$ を考慮する必要はない．

状態の数をスターリングの公式 (3.14) を使って近似する．また N,M に比べて 1 は無視できるので

$$W(E)\simeq\frac{(M+N)^{M+N}e^{-M-N}}{M^M N^N e^{-M}e^{-N}}=\frac{(M+N)^{M+N}}{M^M N^N} \tag{3.55}$$

となる．エントロピーは，

$$\begin{aligned}S&=k_\mathrm{B}\log W(E)\\&=k_\mathrm{B}((M+N)\log(M+N)-M\log M-N\log N)\end{aligned} \tag{3.56}$$

15) $W(E)$ から，エネルギーが E 以下の $\Omega(E)$ を計算することができる．$W(E)$ の E の和を M に関する和で実行して，

$$\sum_{M=0}^{L}W(E)=\frac{(N+L)!}{N!L!}.$$

この形は N がアボガドロ数のオーダーであることを考慮すると，$W(E)$ で $E=L\hbar\omega+\dfrac{N}{2}\hbar\omega$ としたものと同じ形であり，ここでも $W(E)\simeq\Omega(E)$ である．

となる．E は M を通して決まり，$E=M\hbar\omega+\frac{N}{2}\hbar\omega$ である．

エントロピーをエネルギーで微分すると，温度 T に対して

$$
\begin{aligned}
\frac{1}{T}&=\frac{\partial S}{\partial E}=\frac{\partial M}{\partial E}\frac{\partial S}{\partial M}\\
&=\frac{k_{\mathrm{B}}}{\hbar\omega}\left(\log(M+N)+\frac{M+N}{M+N}-\log M-M\frac{1}{M}\right)\\
&=\frac{k_{\mathrm{B}}}{\hbar\omega}\log\frac{M+N}{M}
\end{aligned}
\tag{3.57}
$$

を得る．これを M について解くことで[16]

$$
M=\frac{N}{e^{\beta\hbar\omega}-1} \tag{3.58}
$$

となり，M からエネルギー E に戻すと，

$$
E=N\hbar\omega\left(\frac{1}{2}+\frac{1}{e^{\beta\hbar\omega}-1}\right) \tag{3.59}
$$

を得る．

この結果は古典系とは異なる結果である．ただ温度のエネルギースケール $k_{\mathrm{B}}T$ が調和振動子の準位間隔のエネルギースケール $\hbar\omega$ より十分に大きくなる高温の状況を考えると古典系との結果と一致する．実際，$\beta\hbar\omega\ll 1$ として展開すると

$$
\begin{aligned}
\frac{E}{N\hbar\omega}&=\frac{1}{2}+\frac{1}{e^{\beta\hbar\omega}-1}\simeq\frac{1}{2}+\frac{1}{1+\beta\hbar\omega+\frac{1}{2}(\beta\hbar\omega)^2-1}\\
&=\frac{1}{2}+\frac{1}{\beta\hbar\omega}\frac{1}{1+\frac{1}{2}\beta\hbar\omega}\simeq\frac{1}{2}+\frac{1}{\beta\hbar\omega}\left(1-\frac{1}{2}\beta\hbar\omega\right)\\
&=\frac{1}{\beta\hbar\omega}=\frac{k_{\mathrm{B}}T}{\hbar\omega}
\end{aligned}
\tag{3.60}
$$

である．よって

$$
E=Nk_{\mathrm{B}}T \tag{3.61}
$$

となり，古典系の結果と一致する．逆に温度が低下し，温度が決めるエネルギー

16) β は 2 章で $\beta=1/(k_{\mathrm{B}}T)$ と定義した逆温度である．

スケールが調和振動子の量子力学的なエネルギー準位間隔と同じぐらいになると，量子力学的なエネルギーギャップの存在が熱ゆらぎから「見えるように」なり古典系の結果からずれはじめる．

定積熱容量は，

$$C_V = \frac{dE}{dT} = \frac{d\beta}{dT}\frac{dE}{d\beta} = -\frac{1}{k_B T^2}\frac{dE}{d\beta}$$
$$= -\frac{N\hbar\omega}{k_B T^2}\hbar\omega\frac{d}{d(\beta\hbar\omega)}\frac{1}{e^{\beta\hbar\omega}-1}$$
$$= Nk_B(\beta\hbar\omega)^2\frac{e^{\beta\hbar\omega}}{(e^{\beta\hbar\omega}-1)^2} \tag{3.62}$$

となる[17]．低温 $\beta\hbar\omega\to\infty$ では，

$$C_V = Nk_B(\beta\hbar\omega)^2\frac{e^{-\beta\hbar\omega}}{(1-e^{-\beta\hbar\omega})^2} \simeq Nk_B(\beta\hbar\omega)^2 e^{-\beta\hbar\omega} \tag{3.63}$$

となり，絶対零度で $C_V=0$，また絶対零度からの温度の上昇にともない指数関数的増加を示す．低温の極限では基底状態と第一励起状態のみが熱容量に寄与する．このような熱容量の指数関数的依存性は基底状態と第一励起状態のエネルギー準位の間隔が有限の系では一般的な振る舞いである．また高温 $\beta\hbar\omega\to 0$ では，$\beta\hbar\omega=x$ と置いて x で展開すると，

$$\frac{C_V}{Nk_B} = x^2\frac{e^x}{(e^x-1)^2} \simeq \frac{1+x+\frac{1}{2}x^2}{\left(1+\frac{1}{2}x+\frac{1}{6}x^2\right)^2}$$
$$\simeq \left(1+x+\frac{1}{2}x^2\right)\left(1-2\left(\frac{1}{2}x+\frac{1}{6}x^2\right)+3\left(\frac{1}{2}x+\frac{1}{6}x^2\right)^2\right)$$
$$\simeq 1-\frac{1}{12}x^2 = 1-\frac{1}{12}(\beta\hbar\omega)^2 \tag{3.64}$$

のように振る舞い，十分高温で古典的な場合と同じになる．

調和振動子のエネルギーと熱容量の温度依存性を，古典，量子のそれぞれの場合に対して図 3.2 に示しておいた．

---

17) このような比熱の振る舞いは固体の比熱を考察する際にアインシュタイン (**Einstein**) によって導出された．固体の比熱に関しては，後の 5.3 節で詳しく調べる．

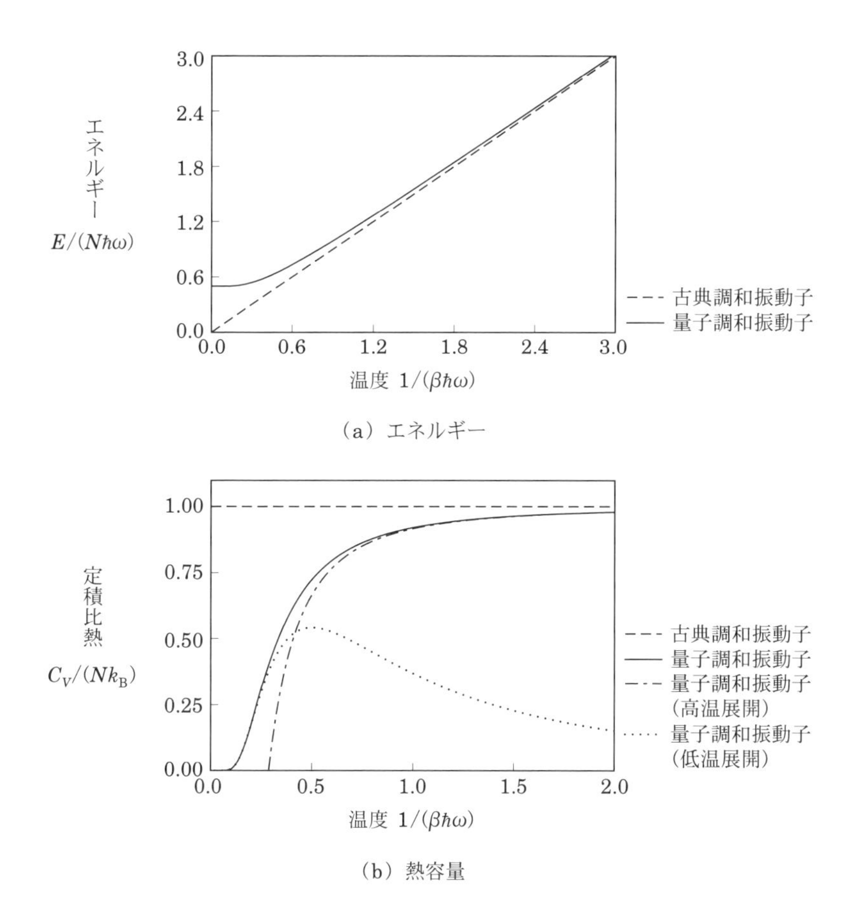

図 3.2　1 次元調和振動子のエネルギーと熱容量 (定積比熱) の温度依存性．古典力学にしたがう調和振動子と量子力学にしたがう調和振動子の場合をともにプロットした．高温では同じ振る舞いだが，低温で古典と量子の違いが見られる．この切り替わる温度の目安は $1/(\beta\hbar\omega)\simeq 1$ すなわち $k_\mathrm{B}T\simeq\hbar\omega$ である．熱容量は，古典系の場合，量子系の場合に加えて量子系の低温展開，高温展開の結果も示した．

3.6.3　常磁性体

これまではエネルギーの上限が存在しない系を考えていたが，エネルギーの上限が存在する系も考察することができる．2 章で考察した磁性体の熱平衡状態をミクロカノニカル集団で取り扱おう．

磁性体が N 個の原子からなり，一つの原子あたり $(\uparrow,\downarrow)$ という二つのスピンの

状態を取るとする．i 番目の原子の状態に対して，原子は**磁気モーメント**

$$m_i = \begin{cases} m & \uparrow\text{状態} \\ -m & \downarrow\text{状態} \end{cases} \tag{3.65}$$

をもつとする[18]．この磁性体が外部と熱のやり取りをしない壁に囲まれており，外部磁場 (磁束密度) H の下で熱平衡状態にあるとすると，熱平衡状態は巨視的な熱力学量 (E,N) で記述される状態である．また磁性体のエネルギーは全**磁化** $M = \sum_{i=1}^{N} m_i$ として，$E = -HM$ で与えられる．一般に，系の構成要素それぞれに対してエネルギーが離散的な二状態を取る系を**二準位系**と呼ぶ．この磁性体のモデルは二準位系の例になっている．二準位系については 5.1 節で詳細に取り扱う．

この場合も，量子力学にしたがう調和振動子を考察したときと同じように，全磁化 M によって決まるエネルギー E をもつ状態の数 $W(E)$ を直接数えるのが簡単である．磁場と同じ向きを向いている磁気モーメントの数を $N_\uparrow$，逆向きを $N_\downarrow$ とすれば，磁化 M は，$M = m(N_\uparrow - N_\downarrow)$ となる．また，$N' = N_\uparrow - N_\downarrow$ とすれば，エネルギー E と N' の関係について，$E = -N'Hm$ が成立する．よってエネルギー一定の状態は，上向きスピンをもつ原子の数と下向きスピンをもつ原子の数の差が一定の状態に対応する．全体の原子数が決まっているので，状態の数は，上向きスピンをもつ原子の数と下向きスピンをもつ原子の数の値がある値のときに，それら上向きと下向きの並べ方の総数を計算すれば求めることができる．いま，磁性体の原子は空間に固定されているので，原子の番号付けは一意に決めることができ，ここでも気体のときに考えた $N!$ のような因子を考慮する必要はないことに注意しよう．よって $W(E)$ は，

$$W(E) = {}_N\mathrm{C}_{N_\uparrow} = \frac{N!}{N_\uparrow! N_\downarrow!} = \frac{N!}{\left(\dfrac{N+N'}{2}\right)! \left(\dfrac{N-N'}{2}\right)!} \tag{3.66}$$

となる．

エントロピー S はボルツマンの公式 (3.31) で与えられ，$N_\uparrow, N_\downarrow$ が十分大きい

18) m は磁気モーメントの単位となる量であり，9.4 節で詳しく述べる．

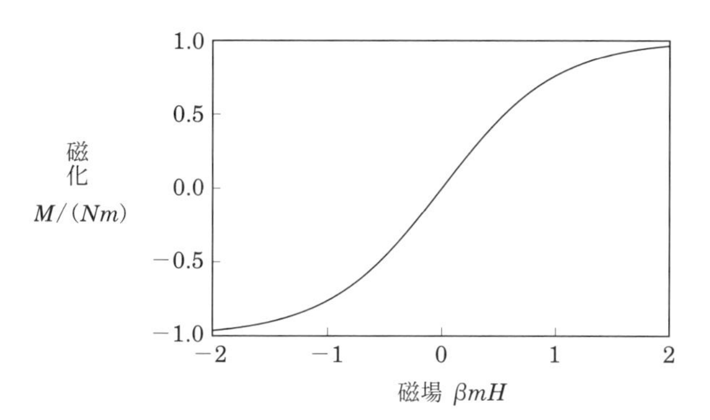

図 3.3 磁化の磁場依存性．磁場に対して奇関数なのは自明である．横軸が H/T に比例するため，磁場が正の領域で温度を固定して磁場を大きくすると磁化が大きくなる．また磁場を固定して温度を下げても磁化が大きくなる．

としスターリングの公式 (3.14) をもちいると，

$$S = k_{\mathrm{B}} \log \frac{N!}{\left(\frac{N+N'}{2}\right)!\left(\frac{N-N'}{2}\right)!}$$
$$\simeq k_{\mathrm{B}}\left(N\log N - \frac{N+N'}{2}\log\frac{N+N'}{2} - \frac{N-N'}{2}\log\frac{N-N'}{2}\right) \tag{3.67}$$

となる．N' と E との対応関係は $N' = -E/(mH)$ である．

熱力学関係式 $\dfrac{1}{T} = \left(\dfrac{\partial S}{\partial E}\right)_N$ をもちいて，エントロピーをエネルギーで微分すると，温度 T での全系の磁化が，エネルギーを通して

$$M = mN\tanh\left(\frac{mH}{k_B T}\right) \tag{3.68}$$

と計算できる．磁化の磁場に対する振る舞いを図 3.3 に示した．

磁性体では，磁化が磁場にどのように応答するかを記述する**帯磁率**という量が重要になる．$H=0$ での帯磁率は $\chi_T = \lim_{H\to 0}\left(\dfrac{\partial M}{\partial H}\right)_T$ と定義され，

$$\chi_T = \frac{m^2 N}{k_{\mathrm{B}}T}\frac{1}{\cosh^2\frac{mH}{k_{\mathrm{B}}T}} \xrightarrow[H\to 0]{} \frac{m^2 N}{k_{\mathrm{B}}T} \tag{3.69}$$

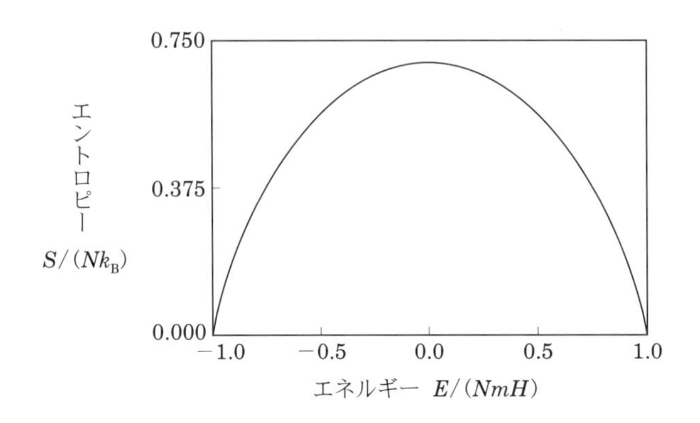

図 3.4 エントロピーのエネルギー依存性.

となる. 帯磁率が温度の逆数に比例することを**キュリー (Curie) の法則**と呼ぶ[19].

上で計算したエントロピーのエネルギー依存性を図 3.4 に示した. エントロピーのエネルギー微分が温度の逆数に比例するため, この図でエネルギー $E<0$ だけが熱力学的な平衡状態に対応し, $E>0$ は, 絶対温度が負になり熱平衡状態では実現できない. このような状態は「負の温度」をもつ状態と呼ばれることがあり, 例えば, 二準位系を使ってレーザー光を発生させる際に熱平衡状態ではない非平衡状態として実現される. 一般的に系のとりうるエネルギー値に上限があるときにはこのような状況が実現する.

3.7 ギブスの修正因子, ギブスのパラドックス

これまで等重率の原理にもとづくミクロカノニカル集団による統計力学的取り扱いを見てきた. そこでは「粒子が区別できないから $N!$ で割る」や「自然な番号付けがあるので $N!$ で割らない」などといって $N!$ の因子を付けたり付けなかったりした. ここで $N!$ の意味をもう少し考えておこう. この因子 $N!$ は**ギブス (Gibbs) の修正因子**と呼ばれる.

まず粒子が区別できるとは, あくまで粒子がもつ物理的属性, 質量や大きさ, 電

19) ピエール・キュリー (Pierre Curie) による. マリー・キュリー (Marie Curie) の配偶者である.

荷などで区別できることをいう．逆に，粒子のもつ属性がまったく同じならば区別できないことに注意しよう．量子力学にしたがい運動を行っているときには原理的に区別できないし，古典力学にしたがって運動しているときにも実際的には区別できない．

もし区別できない粒子を区別できるとすると次のようなパラドックスが生じる．

ギブスのパラドックス．N 個の自由粒子が体積 V，エネルギー E で熱平衡状態にあるとする．このとき粒子が区別できないとして計算したエントロピー (3.36) を $S(E,V,N)$，区別ができるとして計算したエントロピーを $\widetilde{S}(E,V,N)$ とする．計算の過程を思い出すと，

$$S(E,V,N)=\widetilde{S}(E,V,N)-k_{\mathrm{B}}\log N! \tag{3.70}$$

である．この熱平衡状態にあるまったく同じ系を二つ用意し，接触させ壁を取り除いて混合することを考えよう．どちらの系も同じ熱平衡状態にあるのだから接触させ壁を取り除いたとすると，粒子数 $2N$，体積 $2V$，エネルギー $2E$ の熱平衡状態になりエントロピーはちょうど 2 倍になるはずである．実際，$S(E,V,N)$ の式から

$$S(2E,2V,2N)=2S(E,V,N) \tag{3.71}$$

であるが

$$\widetilde{S}(2E,2V,2N)=2\widetilde{S}(E,V,N)+k_{\mathrm{B}}\log\frac{(2N)!}{N!N!} \tag{3.72}$$

となり，区別ができるとしたエントロピーでは示量性が破れることがわかる[20)]．

結局，状態数を数えるときに状態を数えすぎていないかどうかを状況に応じて適切に考察する必要がある．次に示すようにまったく同じハミルトニアンをもつが，割るのが適切な場合と割ってはいけない場合が存在することもあるので，適

20) 本当にすべての粒子が区別できる場合には，この log の項は混合によるエントロピーの増加を表し，スターリングの公式を使うと

$$k_{\mathrm{B}}\log\frac{(2N)!}{N!N!}\simeq 2Nk_{\mathrm{B}}\log 2$$

となる．

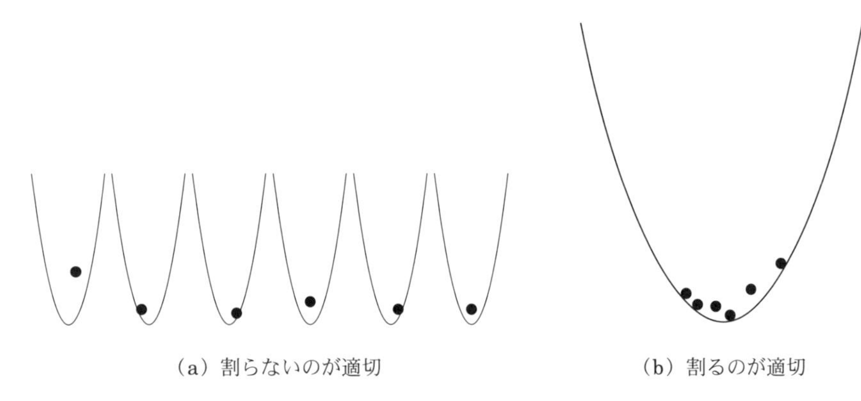

図 3.5 調和振動子の座標積分に制限を付けずに実行するとしたとき，同じハミルトニアンをもつがギブスの修正因子で割らないのが適切な場合と，割るのが適切な場合．(a) では，空間の各点に調和振動子のポテンシャルが固定されており，その自然な番号付けが存在する．(b) では，一つの調和ポテンシャルの中に複数の粒子が閉じ込められており，自然な番号付けは存在しない．

切に考察することは重要である[21)]．

例えば，図 3.5 のような調和ポテンシャルに閉じ込められた粒子の系を考える．前節で見た古典的な調和振動子の例 (図 3.5 (a)) では空間の各点に調和振動子が固定されており自然な番号付けが存在するのでギブスの修正因子で割る必要はない．一方，一つの調和ポテンシャルの中に閉じ込められた理想気体のような状況 (図 3.5 (b)) では，ギブスの修正因子で割る必要がある．両者はハミルトニアンはまったく同じであるが，エントロピーの振る舞いは異なり，前者は示量性をもつが，後者では示量性を失っている．

---

21) 古典的な粒子の運動がニュートン方程式にしたがうと考え，コンピューター上で運動方程式を解くことで熱平衡状態を実現し統計力学的な性質を調べるという研究手法がある．その場合に計算で出てきた状態数に当たるものを $N!$ で割るべきか，割らないかという議論がなされたが，この場合は割る必要がない．割る立場は，同じ初期配置で粒子の番号を入れ替えたものを計算して $N!$ で割ることに対応し，自明に同じ計算を $N!$ 回することになるので無駄である．

3.8 エルゴード性

過去に古典的な力学にもとづいて等重率の原理を数学的に正当化するための議論がなされた．そこでは位相空間中の時間発展にともなう軌道上で物理量を長時間にわたり平均した結果と，等重率の原理にしたがう確率分布による平均が一致するというエルゴード性が成立することが重要であるとされた．もしエルゴード性が成立するならば，ミクロカノニカル集団で得られた物理量の値と，実験的に長時間観測して得られた物理量が等しいというわけである．それらの研究から多くの成果が得られているが，現代的には等重率の原理に対するエルゴード性の成立はそれほど重要視されていない．そもそもミクロカノニカル集団を構成している状態の数は先に計算したように粒子密度のアボガドロ数乗ぐらいあり，すべての状態を時間発展で回って物理量の時間平均を得るようなことは現実問題不可能である．よって現代的には典型性の議論によって等重率の原理を基礎づけようとする流れの方が盛んである．

ただ**エルゴード性**という言葉は，巨視的に許容される微視的状態のどのような状態にも力学的に遷移可能であるということ[22)]に重点を置いて現代でも使われる．例えば，この本の最後に取り扱う相転移現象においては自発的に対称性が破れることで，許容される微視的状態のうちのある状態から別のある状態に力学的に遷移できなくなる場合があり，このようなときに**エルゴード性の破れ**が生じたなどという言い方をする．

コラム◉**典型性**

ほとんどすべての微視的状態が巨視的な熱平衡状態と同じ性質をもっているという**典型性**について量子力学の観点から見ておこう．

考えている熱平衡状態に対して巨視的に許容される微視的状態の集合をエネルギー固有状態の集合 $\mathcal{S}=\{|\phi_1\rangle,|\phi_2\rangle,\cdots,|\phi_d\rangle\}$ で表そう．この集合は $d=W(E,\delta E)$ 個の状態を含む．ある示量的な物理量 $\hat{A}$ のミクロカノニカル集団での平均 $\langle\hat{A}\rangle_{\mathrm{mc}}$ は式 (3.24) で与えられ，それは

---

22) もちろんこの性質がないと元の意味でもエルゴード性は成立しない．

$$\langle \hat{A} \rangle_{\mathrm{mc}} = \frac{1}{d} \sum_{i=1}^{d} \langle \phi_i | \hat{A} | \phi_i \rangle \tag{3.73}$$

であった.

$\mathcal{S}$ に含まれる固有状態を使って，一つの微視的状態に対応する純粋状態 $|\phi\rangle$ をランダムに構成しよう.

$$|\phi\rangle = \sum_{i=1}^{d} c_i |\phi_i\rangle. \tag{3.74}$$

ここで係数 c_i は $\sum_i |c_i|^2 = 1$ という条件の下で一様分布しているランダムな複素数であるとする．一様分布から係数を選んでいるので，この微視的状態は何のバイアスもなく選ばれた典型的な一つの微視的状態である．この純粋状態に対する物理量 $\hat{A}$ の量子力学的な期待値は

$$\langle \phi | \hat{A} | \phi \rangle = \sum_{i,j} c_i^* c_j \langle \phi_i | \hat{A} | \phi_j \rangle \tag{3.75}$$

であり，ランダムに選んだ係数に対する期待値を $\overline{\quad}$ をつけて表すことにすると

$$\overline{\langle \phi | \hat{A} | \phi \rangle} = \langle \hat{A} \rangle_{\mathrm{mc}} \tag{3.76}$$

$$\overline{(\langle \phi | \hat{A} | \phi \rangle - \langle \hat{A} \rangle_{\mathrm{mc}})^2} \leq \frac{1}{d+1} (\langle \hat{A}^2 \rangle_{\mathrm{mc}} - \langle \hat{A} \rangle_{\mathrm{mc}}^2) \tag{3.77}$$

となることを示すことができる[23, 24]．よってランダムに選ばれた典型的な状態での期待値が，ミクロカノニカル集団としての期待値と一致することがわかる．また典型的な状態での期待値とミクロカノニカル集団としての期待値の差の 2 乗のランダム平均は，d が N とともに指数関数的に増大する量であり物理量の分散は大きくても N 程度であることから，熱力学極限で，ほぼ 0 であることがわかる．よってランダム平均を取らなくても，巨視的に許容される微視的状態から適

23) $\overline{c_i^* c_j} = \delta_{i,j}/d$ が成立する．また $\overline{c_i^* c_i c_j^* c_j} = (1+\delta_{i,j})/(d(d+1))$ であり，これ以外の 4 次の期待値はすべて 0 である.

24) ここで示したランダムに選んだ微視的状態による物理量の期待値がミクロカノニカル集団での期待値と一致することはほぼ自明である．分散の評価式は A. Sugita, “On the Basis of Quantum Statistical Mechanics”, *Nonlinear Phenom. Complex Syst.*, **10**, 192 (2007) を参考にした.

当に選んだ純粋状態は，ほとんどすべて典型的な熱平衡状態でありミクロカノニカル集団での期待値と同じ期待値を与えることがわかる．

このような典型性の議論はフォン・ノイマンによって始められ[25)]，盛んに研究されている[26)]．最近ではランダムに選んだ純粋状態 $|\phi\rangle$ ではなく，$|\phi\rangle$ を構成するエネルギー固有状態 $|\phi_i\rangle$ に対し，ほとんどすべてのエネルギー固有状態が熱平衡状態と同じ性質をもつという固有状態熱化仮説がある条件下で証明されている[27)]．

演習問題

問題 3.1

半径 R の d 次元球の体積 $\mathcal{V}_d(R)$ が

$$\mathcal{V}_d(R) = \frac{\pi^{d/2}}{\Gamma((d/2)+1)} R^d$$

となることを示せ．$\Gamma(x)$ は**ガンマ関数**

$$\Gamma(x) = \int_0^\infty dz\, z^{x-1} e^{-z}$$

である．またガンマ関数の定義を部分積分することで $\Gamma(x+1) = x\Gamma(x)$ であることを，さらに $\Gamma(1)=1$, $\Gamma(1/2)=\sqrt{\pi}$ であることを示せ．(前半のヒント：2 次元

25) フォン・ノイマンは時間発展も含めて議論している．John von Neumann, "Beweis des ergodensatzes und des H-theorems in der neuen mechanik", *Zeitschrift für Physik*, **57**, p. 30, (1929). この論文の日本語訳が，ちくま学芸文庫『数理物理学の方法』ノイマン・コレクション，伊東恵一 (編訳)，新井朝雄，一瀬 孝，岡本 久，高橋広浩，山田道夫 (訳)，筑摩書房 (2013) にある．

26) 次の章で取り扱うカノニカル集団に関する典型性も議論されている．S. Goldstein, J. L. Lebowitz, R. Tumulka, and N. Zanghi, "Canonical Typicality", *Phys. Rev. Lett.*, **96**, 050403 (2006).

27) E. Iyoda, K. Kaneko, and T. Sagawa, "Fluctuation Theorem for Many-Body Pure Quantum States", *Phys. Rev. Lett.*, **119**, 100601 (2017).

球の体積 (面積), 3 次元球の体積は, それぞれ

$$\pi R^2 = \int_0^R 2\pi R dR,$$
$$\frac{4}{3}\pi R^3 = \int_0^R 4\pi R^2 dR$$

である. これから, 一般に $R=1$ のときの d 次元球の表面積 S_d を使って, 球対称な領域の微小体積要素 $d\mathcal{V}_d(R)$ と体積 $\mathcal{V}_d(R)$ が

$$\mathcal{V}_d(R) = \int_0^R d\mathcal{V}_d(R) = \int_0^R S_d R^{d-1} dR = \frac{R^d}{d} S_d$$

と書けることがわかる. (S_d の定義だと思っても良い.) この微小要素を使って, d 重のガウス積分を計算し S_d を求める.)

問題 3.2

N が大きいときに成り立つ**スターリングの公式**

$$N! \simeq N^N e^{-N}$$

を示せ. (ヒント: $\log N! = \sum_{n=1}^{N} \log n$ を考え,

$$\int_{n-1}^{n} dx \log x \leq \log n \leq \int_{n-1}^{n} dx \log(x+1)$$

という関係を使う.)

問題 3.3

位相空間の体積

$$\int_{\mathcal{D}} \prod_{i=1}^{N} [d^3\boldsymbol{p}_i d^3\boldsymbol{q}_i]$$

がハミルトニアンで決まる運動に対して不変であることを示せ.

問題 3.4

異なる二種類の自由粒子がそれぞれ N_A 個, N_B 個, 合計 N 個存在する場合, 古典的な状態数を計算するには $N!$ ではなく何で割れば良いか考えよ.

問題 3.5

シャノンエントロピー

$$I(\boldsymbol{P}) = -\sum_{i=1}^{d} p_i \log p_i$$

が一様分布で最大になることを示せ.

第4章

カノニカル集団

前章で，エネルギー E，体積 V，粒子数 N が一定の熱平衡状態に対して，対応する微視的状態の実現確率が等重率の原理にもとづき決まること，また微視的状態の数と熱力学的なエントロピーが関係することを見た．実際の応用では，全エネルギー E が与えられていることはまれで，温度 T が与えられている場合が多い．ここではそのような場合にどのようにすれば良いか考察する．

4.1 カノニカル集団の導出

(E,V,N) が与えられた巨視的な熱平衡状態はミクロカノニカル集団として考えることができ，そこでは等重率の原理にもとづいて微視的状態の実現確率が決まった．ただ一般の応用を考えるときには (E,V,N) が与えられている状況はまれである．熱力学でも (E,V,N) が与えられたときのエントロピーと，例えばエネルギー E の代わりに温度 T を使って，(T,V,N) が与えられたときの**ヘルムホルツ (Helmholtz) の自由エネルギー** $F(T,V,N)$ を使い分けて議論したように，この章では (T,V,N) が与えられたときの巨視的な熱平衡状態を表す微視的状態の集合を考えよう．これを**カノニカル集団**，**カノニカルアンサンブル**，または**正準集団**と呼ぶ．対応する分布は**カノニカル分布**と呼ばれる．また**ギブス**によって考えられたため，この集団を**ギブス集団**，分布を**ギブス分布**と呼ぶこともある．

まずカノニカル集団にしたがう微視的状態の実現確率がどのようになるか考えよう．ここでも微視的状態を一つ一つ数えることができるという利点のため，またしばらくは有限体積に閉じ込められた気体を量子力学的に考えることを念頭に議論を進めよう．

基本となるのはミクロカノニカル集団の考え方である．まずミクロカノニカル

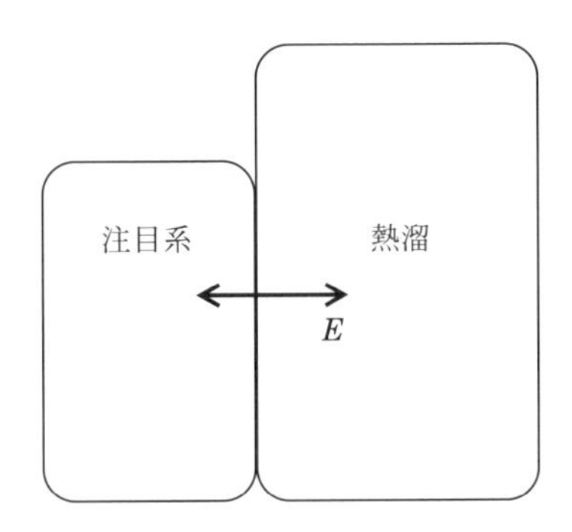

図 4.1 カノニカル集団の設定: 全系と注目系，熱溜．全系は注目系と熱溜からなり，全系は孤立している．注目系と熱溜はエネルギーのやり取りが可能である．

集団として取り扱うことができる孤立した系を考えよう．これを全系と呼ぶ．全系は孤立しているため，(E,V,N) を指定すれば巨視的な熱平衡状態を決めることができる．全系を二つに分け，一つを注目する系とし，残りを熱溜と呼ぶ．熱溜は注目する系と比較して十分に大きく巨視的であるとする[1)]．また全系は孤立しているが注目する系は熱溜と相互作用があり，熱溜の間とのエネルギーのやり取りが可能であるとする．注目する系から見ると，注目する系は外部 (熱溜) とエネルギーのやり取りが可能な開放系である．注目する系と熱溜の間の相互作用は十分に小さいとしておこう (図 4.1)．

全系は，孤立しておりミクロカノニカル集団として取り扱うことができる．全系の微視的状態は，注目系の微視的状態と熱溜の微視的状態を決めると決定することができる．注目系の微視的状態を i，熱溜の微視的状態を α と書くことにすると，全系の微視的状態は (i,α) の組で決まる．全系のエネルギーを E_{total}，注目系のエネルギーを E_i，熱溜のエネルギーを E_α とすれば，

$$E_{\mathrm{total}} = E_i + E_\alpha \tag{4.1}$$

と書ける．ここで注目系と熱溜との相互作用が十分に小さいとして，その分のエネルギーを無視した．全系の微視的状態 (i,α) の実現確率 $p_{(i,\alpha)}$ は，エネルギー区間 $[E_{\mathrm{total}}, E_{\mathrm{total}}+\delta E]$ の間にある全系の微視的状態の数 $W_{\mathrm{total}}(E_{\mathrm{total}},\delta E)$ を

1) 導出の過程では，注目する系は特に巨視的である必要はない．熱溜と合わせた全系がミクロカノニカル集団として取り扱える巨視的な系であれば良い．

使って，等重率の原理より $p_{(i,\alpha)}=1/W_{\mathrm{total}}(E_{\mathrm{total}},\delta E)$ と決まる．

一方，注目系の微視的状態をある微視的状態 i に固定すると，エネルギー値 E_i が固定される．注目系を微視的状態 i に固定したときの全系の微視的状態 (i,α) の数は，i が固定されているので熱溜の微視的状態の数で決まる．熱溜のエネルギー値 E_α は全系のエネルギーが満たすエネルギー区間から E_i 分だけシフトした $E_{\mathrm{total}}-E_i \leq E_\alpha \leq E_{\mathrm{total}}+\delta E-E_i$ という区間にあることから，この熱浴の微視的状態の数は $W_{\mathrm{R}}(E_{\mathrm{total}}-E_i,\delta E)$ と表すことができる[2)]．ここで $W_{\mathrm{R}}(E,\delta E)$ は熱浴のみに対する微視的状態の数である．この関係を使えば，注目系の微視的状態の総数を n として，注目系の微視的状態 i が任意の状態を取るときの全系の微視的状態の数は

$$W_{\mathrm{total}}(E_{\mathrm{total}},\delta E)=\sum_{i=1}^{n} W_{\mathrm{R}}(E_{\mathrm{total}}-E_i,\delta E) \tag{4.2}$$

と表すことができる．

これでカノニカル集団における微視的状態の実現確率を計算する準備が整った．まず，全系が微視的状態 (i,α) にある確率は，等重率の原理より

$$p_{(i,\alpha)}=\frac{1}{W_{\mathrm{total}}(E_{\mathrm{total}},\delta E)} \tag{4.3}$$

だった．欲しいのは，熱溜の状態によらず注目系が微視的状態 i にある確率 p_i である．この確率は，注目系が微視的状態 i にあるときに熱溜がとりうる微視的状態の数をかければ求めることができる．この微視的状態の数は式 (4.2) を書いたときに出てきた $W_{\mathrm{R}}(E_{\mathrm{total}}-E_i,\delta E)$ であり，

$$\begin{aligned} p_i &= W_{\mathrm{R}}(E_{\mathrm{total}}-E_i,\delta E)p_{(i,\alpha)} \\ &= \frac{W_{\mathrm{R}}(E_{\mathrm{total}}-E_i,\delta E)}{W_{\mathrm{total}}(E_{\mathrm{total}},\delta E)} \end{aligned} \tag{4.4}$$

となる．本質的にこれで p_i は決まりカノニカル集団での微視的状態の実現確率を得るという目的を達成したのだが，W_{R} や W_{total} が残っており扱いづらい．そこで式 (4.2) を使うと，

2) 微視的状態の数 W に熱溜 (reserver) の R をつけて表した．

$$p_i = \frac{W_{\mathrm{R}}(E_{\mathrm{total}} - E_i, \delta E)}{\sum_{i=1}^{n} W_{\mathrm{R}}(E_{\mathrm{total}} - E_i, \delta E)} \tag{4.5}$$

となり W_{total} を含まない形にすることができる．またボルツマンの公式により

$$W_{\mathrm{R}}(E_{\mathrm{total}} - E_i, \delta E) = \exp\left[\frac{1}{k_{\mathrm{B}}} S_{\mathrm{R}}(E_{\mathrm{total}} - E_i)\right] \tag{4.6}$$

である．ここで $S_{\mathrm{R}}(E_{\mathrm{total}} - E_i)$ は熱溜のエネルギーが $E_{\mathrm{total}} - E_i$ であるときの，熱溜のエントロピーである．熱溜は注目系と比較して十分に大きいという最初の仮定を思い出すと，$E_{\mathrm{total}} \simeq E_\alpha \gg E_i$ であることが期待できる．よってエントロピーをエネルギーで展開すれば，

$$S_{\mathrm{R}}(E_{\mathrm{total}} - E_i) \simeq S_{\mathrm{R}}(E_{\mathrm{total}}) - \left.\frac{\partial S_{\mathrm{R}}}{\partial E}\right|_{E=E_{\mathrm{total}}} E_i = S_{\mathrm{R}}(E_{\mathrm{total}}) - \frac{1}{T_{\mathrm{R}}} E_i \tag{4.7}$$

となる．ここで T_{R} は熱溜のエネルギーが E_{total} であるときの熱溜の温度である．熱溜が十分巨視的であればこの値は確定していることに注意しよう．このエントロピーの展開を代入し整理すれば，注目系が**微視的状態 i をとる実現確率**は

$$p_i = \frac{\exp\left[-\frac{E_i}{k_{\mathrm{B}} T_{\mathrm{R}}}\right]}{\sum_{i=1}^{n} \exp\left[-\frac{E_i}{k_{\mathrm{B}} T_{\mathrm{R}}}\right]} \tag{4.8}$$

となる．n は注目系の微視的状態の数である．この結果では熱溜の情報は熱溜の温度 T_{R} にのみ残っており，注目系の微視的状態の数 n と微視的状態 i のときのエネルギーの値 E_i が決まると微視的状態 i の実現確率が決まることになる．

ここで求めた微視的状態の実現確率がカノニカル集団で考えるときの基礎を与える．(T, V, N) が与えられたときの微視的状態の集合としていたが，実現確率に現れる温度は厳密には熱溜の温度であることに注意しよう．注目系と熱溜の間でエネルギーのやり取りが可能であるため，熱平衡状態では注目系と熱溜が同じ温度 T になっていることで T を注目系の温度であるとする．以下では特別な場合を除き T_{R} のことを T と書くことにする．

この微視的状態の実現確率の分子

$$\exp\left[-\frac{E_i}{k_{\mathrm{B}}T}\right] \tag{4.9}$$

を**ボルツマン因子**と呼ぶことがあり，微視的状態の実現確率はその状態のもつエネルギーが大きいほど指数関数的に小さくなることを表している．

実現確率の分母は，全系のエネルギーが与えられたエネルギー区間に入っているという条件の下での注目系の取り得る微視的状態すべてについての和であるが，熱浴が注目系と比較して十分に大きい場合には，注目系のすべての微視的状態に関する和と見なして良い[3)]．よって以下では，注目系の微視的状態はすべての状態を取るとする．あらためて実現確率の分母を Z と置き

$$Z = \sum_{i:\text{すべての微視的状態}} \exp\left[-\frac{E_i}{k_{\mathrm{B}}T}\right] \tag{4.10}$$

と書く．この Z を**分配関数**と呼ぶ．また**逆温度** $\beta = \dfrac{1}{k_{\mathrm{B}}T}$ を使って，

$$Z = \sum_{i:\text{すべての微視的状態}} \exp[-\beta E_i] \tag{4.11}$$

とも書ける．分配関数は単なる確率の規格化因子を超えて，ミクロカノニカル集団の $\Omega(E)$ や $W(E,\delta E)$ と同じぐらい重要な熱力学関数と関係する量であることを 4.3 節で見る．

上の式で，すべての微視的状態 i で和を取るところは，粒子が区別できるかできないかを含めて状態を決めているが，ミクロカノニカル集団でやったように，ここで状態を数えすぎておいて後からギブスの修正因子で割るというように和を取ることもできる．その場合は $N!$ で割ることが必要である．

また状態が古典的で連続的なときには，すべての状態で和を取ることは位相空間中のすべての領域で積分することで置き換える．3 次元空間中の N 個の同種粒子系に対して，微視的状態は N 個の運動量ベクトル $\boldsymbol{p}_i$ と N 個の位置ベクトル

---

3) 注目系のすべての微視的状態で和を取るとすると，E_i が正の無限大に発散するときに E_{total} より大きい場合もあるのでは，と気になるかもしれないが，そもそもそのような状態の実現確率はボルツマン因子により指数関数的に小さい．よって実質そのような状態は物理量の期待値の計算には寄与しない．

$\boldsymbol{q}_i$ の組 $\{\boldsymbol{p}_i,\boldsymbol{q}_i\}$ で指定でき，その状態のエネルギーがハミルトニアン $H(\{\boldsymbol{p}_i,\boldsymbol{q}_i\})$ で決まるときは，

$$Z=\frac{1}{N!}\int_{\text{すべての領域}}\prod_{i=1}^{N}\left[\frac{d^3\boldsymbol{p}_i d^3\boldsymbol{q}_i}{(2\pi\hbar)^3}\right]\exp[-\beta H(\{\boldsymbol{p}_i,\boldsymbol{q}_i\})] \tag{4.12}$$

となる．

ここで計算する量の観点からミクロカノニカル集団と比較しておこう．ミクロカノニカル集団では状態数 $\Omega(E)$ や $W(E,\delta E)$ を計算する際に，エネルギー E 以下という条件が計算の煩わしさを生んでいたのだが，カノニカル集団の場合，重要な量である分配関数 Z を計算する際に，E 以下という条件を課さずにすべての微視的状態に対して和を取ることから少し計算が簡単になる．また，4.5 節で見るようにミクロカノニカル集団で考えることとカノニカル集団で考えることはまったく等価であるため，計算が簡単なことからもカノニカル集団で考えることが多い．

4.2 カノニカル集団の基本的な性質

4.2.1 期待値の表現

カノニカル集団を使って物理量の期待値を書いてみよう．まずは注目系のハミルトニアンを $\hat{H}$ として量子力学的に考える．微視的状態 i をハミルトニアンの固有状態で決めることにし，この微視的状態での物理量 $\hat{A}$ の量子力学的な期待値は，状態ベクトル $|\phi_i\rangle$ を使って

$$A_i=\langle\phi_i|\hat{A}|\phi_i\rangle \tag{4.13}$$

である．エネルギー $E_i=\langle\phi_i|\hat{H}|\phi_i\rangle$ をもつ微視的状態 i の実現確率 P_i が式 (4.8) で与えられるので，カノニカル集団における熱平衡状態での物理量の期待値は

$$\langle\hat{A}\rangle_{\mathrm{eq}}=\sum_{i:\text{すべての微視的状態}}A_i p_i=\sum_{i:\text{すべての微視的状態}}A_i\frac{e^{-\beta E_i}}{Z} \tag{4.14}$$

と書ける．ここで Z は分配関数である．量子系の場合は**トレース**[4] を使って書き直すことができ，

4) トレースは Tr で表し，すべての固有状態の対角成分の和として定義される．

$$\begin{aligned}\langle \hat{A} \rangle_{\text{eq}} &= \sum_{i:\text{すべての微視的状態}} A_i \frac{e^{-\beta E_i}}{Z} = \sum_{i:\text{すべての微視的状態}} \langle \phi_i | \hat{A} \frac{e^{-\beta \hat{H}}}{Z} | \phi_i \rangle \\ &= \frac{1}{Z} \mathrm{Tr} \left[\hat{A} e^{-\beta \hat{H}} \right] \end{aligned} \tag{4.15}$$

となる．また分配関数 Z も

$$Z = \mathrm{Tr} e^{-\beta \hat{H}} \tag{4.16}$$

と書くことができる．ハミルトニアンを使った演算子 $\hat{\rho}_c$ を

$$\hat{\rho}_c = \frac{e^{-\beta \hat{H}}}{Z} \tag{4.17}$$

と定義して，カノニカル集団に対応する**密度行列**と呼ぶ．

古典系の場合にもほぼ同じように表すことができる．離散的な微視的状態の場合は上の量子系の場合とほぼ同じであるし，連続的な微視的状態に対しては，例えば3次元空間中のハミルトニアン $H(\{\boldsymbol{p}_i, \boldsymbol{q}_i\})$ をもつ N 個の同種粒子系に対して，物理量 $f(\{\boldsymbol{p}_i, \boldsymbol{q}_i\})$ の期待値は

$$\langle f \rangle_{\text{eq}} = \frac{1}{Z} \frac{1}{N!} \int_{\text{すべての領域}} \prod_{i=1}^{N} \left[\frac{d^3 \boldsymbol{p}_i d^3 \boldsymbol{q}_i}{(2\pi\hbar)^3} \right] f(\{\boldsymbol{p}_i, \boldsymbol{q}_i\}) \exp[-\beta H(\{\boldsymbol{p}_i, \boldsymbol{q}_i\})] \tag{4.18}$$

となる．Z は，式 (4.12) で与えられる分配関数である．

4.2.2　エネルギー，エネルギー分散の期待値と熱容量

物理量として系のハミルトニアン H を取り，期待値を考えてみよう．以下では離散的な微視的状態を使って書くが，連続的な微視的状態に対しても和を積分に置き換えるだけで，そのまま同じ性質が成り立つ．

ハミルトニアン H の期待値は

$$\langle H \rangle_{\text{eq}} = \sum_{i:\text{すべての微視的状態}} E_i \frac{e^{-\beta E_i}}{Z} \tag{4.19}$$

となる．この式を見ると，

$$\langle H \rangle_{\text{eq}} = \frac{1}{Z} \sum_{i:\text{すべての微視的状態}} \frac{\partial}{\partial(-\beta)} e^{-\beta E_i}$$

$$=-\frac{1}{Z}\frac{\partial}{\partial\beta}Z=-\frac{\partial}{\partial\beta}\log Z \tag{4.20}$$

と書けることに気がつく．よって，**エネルギーの期待値**は，式 (4.20) のように分配関数の対数の逆温度による微分で書ける．

また**エネルギーの分散**を計算してみよう．

$$\begin{aligned}\langle H^2\rangle_{\mathrm{eq}} &= \sum_{i:\text{すべての微視的状態}} E_i^2\frac{e^{-\beta E_i}}{Z}=\frac{1}{Z}\sum_{i:\text{すべての微視的状態}}\frac{\partial^2}{\partial\beta^2}e^{-\beta E_i}\\ &=\frac{1}{Z}\frac{\partial^2}{\partial\beta^2}Z \end{aligned}\tag{4.21}$$

より，

$$\langle H^2\rangle_{\mathrm{eq}}-\langle H\rangle_{\mathrm{eq}}^2=\frac{1}{Z}\frac{\partial^2}{\partial\beta^2}Z-\left(\frac{\partial}{\partial\beta}\log Z\right)^2=\frac{\partial^2}{\partial\beta^2}\log Z \tag{4.22}$$

となる．よってエネルギー分散は分配関数の対数の逆温度による二階微分で書ける．

エネルギー分散は熱容量と関係がある．定積熱容量 C_V は，エネルギーの期待値から

$$C_V=\frac{d}{dT}\langle H\rangle_{\mathrm{eq}}=\frac{d\beta}{dT}\frac{d}{d\beta}\langle H\rangle_{\mathrm{eq}}=\frac{1}{k_{\mathrm{B}}T^2}\frac{\partial^2}{\partial\beta^2}\log Z \tag{4.23}$$

であり，これはエネルギー分散を使うと，

$$C_V=\frac{1}{k_{\mathrm{B}}T^2}(\langle H^2\rangle_{\mathrm{eq}}-\langle H\rangle_{\mathrm{eq}}^2) \tag{4.24}$$

と表すことができる．

熱容量は温度を変えたときのエネルギーの変化率であり，そのような変化率が物理量の分散で書けるというのは一般的な性質である．ここで示した熱容量とエネルギー分散の関係は，**揺動応答関係**と呼ばれるゆらぎと応答の関係のもっとも簡単な例になっている (章末演習問題 4.3).

4.2.3　互いに独立な部分系からなる注目系

注目系が, n 個の互いに独立な部分系からなっている場合を考えよう (図 4.2). このとき注目系全体の微視的状態 i はそれぞれの部分系の微視的状態の集合 $\{i_1, i_2, \cdots,$

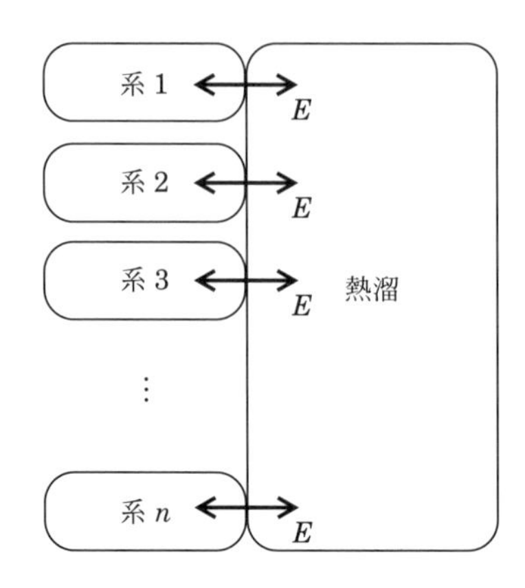

図 4.2　注目系が互いに独立な n 個の部分系からなっている場合.

$i_n\}$ で表すことができる[5]．また注目系全体のエネルギー E_i はそれぞれの部分系のエネルギーの和 $E_{i_1}+E_{i_2}+\cdots+E_{i_n}$ となる．よって微視的状態の実現確率は

$$p_{\{i_1,i_2,\cdots,i_n\}}=\frac{e^{-\beta(E_{i_1}+E_{i_2}+\cdots+E_{i_n})}}{Z} \tag{4.25}$$

である．分配関数は，それぞれの部分系についてすべての状態の和で，指数関数の性質から

$$Z=\sum_{i_1}\sum_{i_2}\cdots\sum_{i_n}e^{-\beta(E_{i_1}+E_{i_2}+\cdots+E_{i_n})}=\prod_{\alpha=1}^{n}\left(\sum_{i_\alpha}e^{-\beta E_{i_\alpha}}\right) \tag{4.26}$$

のように，それぞれの部分系の分配関数の積で書くことができる．ある部分系の状態 i_α の実現確率 p_{i_α} が必要であれば，i_α 以外の微視的状態に関して和を取れば良く，この結果は，部分系一つのカノニカル集団と同じになる．

$$p_{i_\alpha}=\sum_{i_1}\sum_{i_2}\cdots\sum_{i_{\alpha-1}}\sum_{i_{\alpha+1}}\cdots\sum_{i_n}p_{\{i_1,i_2,\cdots,i_n\}}=\frac{e^{-\beta E_{i_\alpha}}}{\sum_{i_\alpha}e^{-\beta E_{i_\alpha}}}. \tag{4.27}$$

特に部分系がすべて同じ系である場合は，部分系一つの分配関数を Z_1 と書いて

5) 以下，微視的状態として離散的な数えられる状態を念頭に議論を進める．連続的な状態に対しても和を積分に置き換えることで同じ性質が成立する．

$$Z = \begin{cases} Z_1^n & \text{部分系が区別でき自然な名前の付け方が存在するとき} \\ \dfrac{1}{n!} Z_1^n & \text{部分系が区別できないとき} \end{cases} \tag{4.28}$$

と書くことができる．この性質を使った具体的な計算例は 4.4 節で示す．

4.3 分配関数とヘルムホルツの自由エネルギー

ミクロカノニカル集団ではボルツマンの公式

$$S(E) = k_\mathrm{B} \log W(E, \delta E) \tag{4.29}$$

を認めて微視的状態の数とエントロピーの対応から統計力学と熱力学の関係を明らかにした．カノニカル集団でも同様な関係を付けることができる．

ミクロカノニカル集団では，等重率の原理にしたがう一様な微視的状態の実現確率に対するシャノンエントロピーがボルツマンの公式に対応していた．カノニカル集団でも微視的状態の実現確率のシャノンエントロピー (3.32) を計算してみよう．シャノンエントロピーが熱力学的なエントロピーと同じ次元をもつように k_B を掛けて，その確率分布 p_i にカノニカル集団での分布 (4.8) を代入する．すると

$$\begin{aligned} S &= -k_\mathrm{B} \sum_{i:\text{すべての微視的状態}} p_i \log p_i \\ &= k_\mathrm{B} \beta \langle H \rangle_\mathrm{eq} + k_\mathrm{B} \log Z \end{aligned} \tag{4.30}$$

という関係を得る．$\langle H \rangle_\mathrm{eq}$ はエネルギーの期待値なので，熱力学では内部エネルギー E に相当する．この期待値を E で置き換え，逆温度 β を温度 T で書き直すと，

$$E - TS = -k_\mathrm{B} T \log Z \tag{4.31}$$

となる．この右辺は統計力学で計算される分配関数を使って表されており，左辺は熱力学で知っている**ヘルムホルツ (Helmholtz) の自由エネルギー** F である．よって，

$$F = -k_\mathrm{B} T \log Z \tag{4.32}$$

という関係が，カノニカル集団における熱力学と統計力学をつなぐ関係になりそうである．

これを確かめてみよう．p を圧力，V を体積として気体に対する熱力学第一法則を思い出すと

$$TdS = dE + pdV \tag{4.33}$$

であり，**ルジャンドル (Legendre) 変換**[6]で変数を取り替えると

$$d\left(\frac{F}{T}\right) = Ed\left(\frac{1}{T}\right) - \frac{p}{T}dV \tag{4.34}$$

となる[7]．この関係から熱力学では，体積 V が一定の条件で F/T を $1/T$ で微分すると，

$$E = \frac{\partial}{\partial(1/T)}\left(\frac{F}{T}\right)_V \tag{4.35}$$

となる．これは $F = -k_{\mathrm{B}}T\log Z$ とすると，カノニカル集団でエネルギーの期待値を求める公式，

$$\langle H\rangle_{\mathrm{eq}} = -\frac{\partial}{\partial\beta}\log Z \tag{4.36}$$

とまったく同じである．よって $-k_{\mathrm{B}}T\log Z$ の温度に関する依存性はヘルムホルツ自由エネルギーの温度に関する依存性と等しい．

また体積についての依存性も，$F = -k_{\mathrm{B}}T\log Z$ として計算すると，

$$\frac{\partial}{\partial V}\left(\frac{F}{T}\right)_T = \frac{1}{T}\left\langle\frac{\partial H}{\partial V}\right\rangle_{\mathrm{eq}} \tag{4.37}$$

となり，体積を変えたときのエネルギーの変化率を与える．熱力学を使うと，

$$p = -\left\langle\frac{\partial H}{\partial V}\right\rangle_{\mathrm{eq}} \tag{4.38}$$

---

6) ルジャンドル変換については，例えば田崎晴明『熱力学』，培風館 (2000) の付録などを参照して欲しい．

7) $-F/T$ は**マシュー (Massieu) 関数**という $1/T, V, N$ を自然な変数とする熱力学関数である．

という関係が得られ，これは圧力の定義そのものであり，体積依存性も熱力学と一致している．

よってカノニカル集団では，式 (4.32) が熱力学的なヘルムホルツの自由エネルギーと統計力学的な分配関数の関係をつける．

4.4 カノニカル集団の具体例

形式的な話が続いたので，ミクロカノニカル集団で取り扱ったのと同じ題材をカノニカル集団で計算してみよう．

4.4.1 自由粒子 (量子)

理想気体をカノニカル集団で考察しよう．理想気体は自由粒子の系で実現される．一辺が L の立方体 (体積 $V=L^3$) に閉じ込められた N 個の自由粒子をカノニカル集団で考えよう．質量を m とし，量子力学的に考えると，一粒子のエネルギー固有値 $E(n_x,n_y,n_z)$ は，式 (3.5) に示したように，三つの正の整数 (n_x,n_y,n_z) を使って，

$$E(n_x,n_y,n_z)=\frac{\pi^2\hbar^2}{2mL^2}(n_x^2+n_y^2+n_z^2) \tag{4.39}$$

と書くことができる．N 個の同種な自由粒子に対する分配関数 Z_N は，$E_0=\dfrac{\pi^2\hbar^2}{2mL^2}$ と置き i 番目の粒子の α 軸方向の量子数を $n_\alpha^{(i)}$ と書くと，同種粒子であり粒子の自然な番号付けが存在しないのでギブスの修正因子が必要なことも踏まえて

$$Z_N=\frac{1}{N!}\sum_{\{n_\alpha^{(i)}\}}\exp\left[-\beta E_0\sum_{i=1}^{N}\sum_{\alpha=x,y,z}(n_\alpha^{(i)})^2\right] \tag{4.40}$$

となる．それぞれの粒子は独立なので，Z_N は一粒子に対する分配関数 Z_1 の積で書くことができ

$$Z_1=\sum_{n_x}\sum_{n_y}\sum_{n_z}\exp\left[-\beta E_0\sum_{\alpha=x,y,z}(n_\alpha)^2\right] \tag{4.41}$$

として

$$Z_N = \frac{1}{N!}\prod_{i=1}^{N} Z_1 \tag{4.42}$$

である．さらに各方向も独立であるから

$$Z_1 = \prod_{\alpha=x,y,z}\left\{\sum_{n_\alpha}\exp[-\beta E_0 \times (n_\alpha)^2]\right\} = \left\{\sum_{n=1}^{\infty}\exp[-\beta E_0 n^2]\right\}^3 \tag{4.43}$$

となる．

この最後に残った和を求めたいのだが，この和をそのまま閉じた表現にすることはできない．そこでミクロカノニカル集団で E_0 が小さいとして状態数 $\Omega(E)$ を連続的な体積で置き換えたのと本質的に同じ操作で，和を積分で置き換えて計算しよう．$\beta E_0 n^2 = x^2$ と置き，$\beta E_0 \ll 1$ として，和を積分で近似すると，

$$\begin{aligned}\sum_{n=1}^{\infty}\exp[-\beta E_0 n^2] &= \frac{1}{\sqrt{\beta E_0}}\sum_{n=1}^{\infty}\sqrt{\beta E_0}e^{-x^2} \\ &\simeq \frac{1}{\sqrt{\beta E_0}}\int_0^{\infty} dx e^{-x^2} \\ &= \sqrt{\frac{\pi}{4\beta E_0}}\end{aligned} \tag{4.44}$$

となる．E_0 を元のパラメーターに戻し，スターリングの公式 (3.14) を使うと

$$Z_N = \frac{1}{N!}V^N\left(\frac{m}{2\pi\hbar^2\beta}\right)^{3N/2} = \left(\frac{V}{N}\right)^N\frac{1}{e^{-N}}\left(\frac{m}{2\pi\hbar^2\beta}\right)^{3N/2} \tag{4.45}$$

となる．

ところで，分配関数が物理的な次元をもたないことを考えると，V が長さの次元の 3 乗をもつので，長さの次元をもつ量 λ

$$\lambda = \sqrt{\frac{2\pi\hbar^2\beta}{m}} \tag{4.46}$$

が存在することがわかる．これを**熱的ド・ブロイ (de Broglie) 波長**と呼ぶ．ド・ブロイ波長が運動量と量子力学的な波長の関係を表したのに対し，熱的ド・ブロイ波長は温度と量子力学的な波長の関係を表す．和を積分で近似したときに $\beta E_0 \ll 1$ という条件を使ったが，これを熱的ド・ブロイ波長で書くと，$\lambda \ll L$ に対応し，温度に対応するエネルギースケールをもつ量子力学的な粒子の波長が系の長さよ

りも十分に短い条件，つまり古典的な条件を表している．

内部エネルギー E はエネルギーの期待値の関係から[8)]

$$E = -\frac{\partial}{\partial\beta}\log Z_N = \frac{3}{2}Nk_\mathrm{B}T. \tag{4.47}$$

定積熱容量 C_V は

$$C_V = \frac{3}{2}Nk_\mathrm{B} \tag{4.48}$$

となる．これはミクロカノニカル集団で導出したものとまったく同じである．

また $F = -k_\mathrm{B}T\log Z_N$ からヘルムホルツの自由エネルギーを求めると，

$$F(T,V,N) = -Nk_\mathrm{B}T\log\left(\frac{V}{N}e\left(\frac{m}{2\pi\hbar^2\beta}\right)^{3/2}\right) \tag{4.49}$$

である．熱力学の関係式にもとづき自由エネルギーの微分から内部エネルギーを求めても上と同じ結果を得る．自由エネルギーを体積で偏微分すると圧力 p が得られる．

$$p = -\left(\frac{\partial F}{\partial V}\right)_T = Nk_\mathrm{B}T\frac{1}{V}. \tag{4.50}$$

この結果もミクロカノニカルと同じである．さらに，エントロピー S は

$$S = -\left(\frac{\partial F}{\partial T}\right)_V = Nk_\mathrm{B}\log\left(e^{5/2}\left(\frac{m}{2\pi\hbar^2}\right)^{3/2}\frac{V}{N}(k_\mathrm{B}T)^{3/2}\right) \tag{4.51}$$

となり，$E = \frac{3}{2}Nk_\mathrm{B}T$ を使えば，ミクロカノニカル集団で求めたエントロピーとまったく同じである．

また一つの自由粒子が，ある (n_x, n_y, n_z) で指定されるエネルギー固有状態にある確率は

$$\frac{e^{-\beta E_0(n_x^2+n_y^2+n_z^2)}}{Z_1} < \frac{1}{Z_1} = \frac{\lambda^3}{V} \tag{4.52}$$

8) もちろん E はハミルトニアンの期待値であり，これまでは $E = \langle H\rangle_\mathrm{eq}$ と書いていたが，今後は期待値の記号をしばしば省略する．記号が紛らわしいときや，期待値として強調したいときはあらためて期待値の記号を復活させる．

と上から評価することができる．いま使った近似から $\lambda^3 \ll V$ であるため，この確率は1より非常に小さい．この条件は3章の22ページで自由粒子の状態数を数えたときに置いた条件と整合的である．

4.4.2 自由粒子 (古典)

上と同じ自由粒子を古典的に考えてみよう．ハミルトニアン H は

$$H = \sum_{i=1}^{N} \frac{|\boldsymbol{p}_i|^2}{2m} \tag{4.53}$$

であるから，N 粒子の分配関数は，

$$Z_N = \frac{1}{N!} \int_{\text{すべての領域}} \prod_{i=1}^{N} \left[\frac{d^3\boldsymbol{p}_i d^3\boldsymbol{q}_i}{(2\pi\hbar)^3}\right] \exp\left[-\beta \sum_{i=1}^{N} \frac{|\boldsymbol{p}_i|^2}{2m}\right] \tag{4.54}$$

を計算すれば良い．この場合もギブスの修正因子が必要である．各粒子が独立で，運動量の向きも独立であることから

$$\begin{aligned}
Z_N &= \frac{1}{N!}\left(\int \left[\frac{d^3\boldsymbol{p} d^3\boldsymbol{q}}{(2\pi\hbar)^3}\right] \exp\left[-\beta \frac{|\boldsymbol{p}|^2}{2m}\right]\right)^N \\
&= \frac{1}{N!}\left(\frac{V}{(2\pi\hbar)^3} \int d^3\boldsymbol{p} \exp\left[-\beta \frac{|\boldsymbol{p}|^2}{2m}\right]\right)^N \\
&= \frac{1}{N!}\left(\frac{V}{(2\pi\hbar)^3} \left(\int_{-\infty}^{\infty} dp \exp\left[-\beta \frac{p^2}{2m}\right]\right)^3\right)^N \\
&= \frac{1}{N!} V^N \left(\frac{m}{2\pi\hbar^2\beta}\right)^{3N/2}
\end{aligned} \tag{4.55}$$

となる．これは先に計算した量子系の場合とまったく同じ分配関数なので，いろいろな物理量の計算はすべて先の計算と同じ結果を与える．

4.4.3 調和振動子 (古典)

1次元的に振動する古典的な調和振動子をカノニカル集団で考えよう．それぞれの調和振動子は空間に固定されているとすると，N 個の調和振動子の分配関数 Z_N は，一つの調和振動子の分配関数 Z_1 の N 乗で書ける．

$$Z_N = Z_1^N. \tag{4.56}$$

一つの調和振動子のハミルトニアンを，

$$H_1 = \frac{p^2}{2m} + \frac{1}{2}m\omega^2 q^2 \tag{4.57}$$

とすると，Z_1 はガウス積分の積になり

$$Z_1 = \iint_{-\infty}^{\infty} \frac{dpdq}{2\pi\hbar} \exp\left[-\beta\left(\frac{p^2}{2m} + \frac{1}{2}m\omega^2 q^2\right)\right] = \frac{k_{\mathrm{B}}T}{\hbar\omega} \tag{4.58}$$

と計算できる．よって

$$Z_N = \left(\frac{k_{\mathrm{B}}T}{\hbar\omega}\right)^N \tag{4.59}$$

となる．ヘルムホルツの自由エネルギーは

$$F = -Nk_{\mathrm{B}}T\log\frac{k_{\mathrm{B}}T}{\hbar\omega} \tag{4.60}$$

であり，エネルギーの期待値は

$$E = -\frac{\partial}{\partial\beta}\log Z_N = Nk_{\mathrm{B}}T \tag{4.61}$$

となる．これはミクロカノニカル集団で求めたエネルギーと温度の関係とまったく同じである．また $F = E - TS$ からエントロピーを求めると，この結果もミクロカノニカル集団で求めたものと同じになる．

4.4.4 調和振動子 (量子)

上で考えた N 個の 1 次元的な調和振動子を量子力学にもとづいて取り扱ってみよう．1 次元的に振動する調和振動子の量子力学的なエネルギー固有値 E_n は，量子数 $n = 0,1,2,\cdots$ で指定され

$$E_n = \hbar\omega\left(n + \frac{1}{2}\right) \tag{4.62}$$

であった．これから，一つの調和振動子の分配関数は

$$Z_1 = \sum_{n=0}^{\infty} \exp\left[-\beta\hbar\omega\left(n + \frac{1}{2}\right)\right] \tag{4.63}$$

と書ける．これは等比級数の和であるから

$$Z_1 = e^{-\beta\hbar\omega/2}\frac{1}{1-e^{-\beta\hbar\omega}} \tag{4.64}$$

と計算できる．ヘルムホルツの自由エネルギーは

$$F = -Nk_{\rm B}T\log Z_1 = -Nk_{\rm B}T\log\frac{e^{-\beta\hbar\omega/2}}{1-e^{-\beta\hbar\omega}} \tag{4.65}$$

となる．またエネルギーの期待値は，

$$E = -\frac{\partial}{\partial\beta}N\log Z_1 = N\hbar\omega\left(\frac{1}{2}+\frac{1}{e^{\beta\hbar\omega}-1}\right) \tag{4.66}$$

となり，これもまたミクロカノニカル集団で求めたものと同じである．よって熱容量なども同じ結果になる．

調和振動子を量子力学的に取り扱う際に，一つの調和振動子に対して**生成および消滅演算子** $\hat{a}^\dagger,\hat{a}$ を，運動量および座標演算子 $\hat{p},\hat{q}$ を使って，

$$\hat{a}^\dagger = \frac{1}{\sqrt{2\hbar m\omega}}(m\omega\hat{q}-i\hat{p}), \qquad \hat{a} = \frac{1}{\sqrt{2\hbar m\omega}}(m\omega\hat{q}+i\hat{p}) \tag{4.67}$$

と定義すると，一つの調和振動子のハミルトニアンが

$$H = \hbar\omega\left(\hat{a}^\dagger\hat{a}+\frac{1}{2}\right) \tag{4.68}$$

と書けることが知られている．これとエネルギーの期待値を見比べると，一つの調和振動子あたりの $\hat{a}^\dagger\hat{a}$ の熱平衡での期待値は量子数 n の期待値 $\langle n\rangle_{\rm eq}$ と等しく

$$\langle n\rangle_{\rm eq} = \frac{1}{e^{\beta\hbar\omega}-1} \tag{4.69}$$

となることがわかる．$\hat{a}^\dagger\hat{a}$ は**粒子数演算子**とよばれ，いまの場合 $\langle n\rangle_{\rm eq}$ はエネルギー $\hbar\omega$ をもつ仮想的な粒子が一つの調和振動子あたり平均何個存在するかを表している．この $\langle n\rangle_{\rm eq}$ は，8 章で取り扱う，(化学ポテンシャル $\mu=0$ の) **ボース (Bose) 分布**と同じ形をしている．

4.5 カノニカル集団とミクロカノニカル集団の関係

いくつか具体的な例で見たが，カノニカル集団とミクロカノニカル集団はまったく同じ結果を与える．これば，考え方は異なるものの集団としては実はまったく同じものを見ていることを表している．この節では二つの集団の等価性を考察しよう．

まず準備として，ミクロカノニカル集団で導入したエネルギー状態密度 $g(E)$ がディラック (Dirac) の**デルタ関数** $\delta(x)$ [9]を使って

$$g(E) = \sum_{i:\text{すべての微視的状態}} \delta(E - E_i) \tag{4.70}$$

と表せることに注意しよう．これがミクロカノニカル集団で導入したエネルギー状態密度と等しいことは，微小なエネルギー区間で積分することを考えるとすぐにわかる．微視的状態が連続状態を取るときには，和を位相空間の積分で置き換えると同じようにデルタ関数を使ってエネルギー状態密度を表すことができる．以下では，注目系の取り得る最小のエネルギーの値を 0 と固定する．最小エネルギーが 0 でないときは，適当にエネルギーの原点をずらして 0 に固定することができる．

カノニカル集団で，系がエネルギー区間 $[E, E+dE]$ にある状態を取る確率 $p(E)dE$ は，エネルギー E をもつ微視的状態の実現確率に，そのエネルギーをもつ状態の数を掛ければ表現することができるので，エネルギー状態密度を使って

$$p(E)dE = \frac{g(E)e^{-\beta E}dE}{Z(\beta)} \tag{4.71}$$

となる．このとき分配関数[10]はエネルギーに関する積分で表すことができ，

$$Z(\beta) = \int_0^\infty dE g(E) e^{-\beta E} \tag{4.72}$$

---

9) デルタ関数 $\delta(x)$ は，$\delta(x) = \begin{cases} \infty & x = 0 \\ 0 & x \neq 0 \end{cases}$ という値を取り，$\int_{-\infty}^{\infty} f(x)\delta(x)dx = f(0)$ という性質をもつ超関数である．また $f(x) = 1$ として，$\int_{-\infty}^{\infty} \delta(x)dx = 1$ が成立する．

10) この節では分配関数が β の関数であることを強調し $Z(\beta)$ と書くことにする．

となる．エネルギー状態密度に式 (4.70) を代入し，デルタ関数の定義を使うとこれまでの離散状態に対して定義した分配関数と等しいことはすぐに確かめることができる．

ミクロカノニカル集団では $g(E)dE$ が等重率の原理を通して微視的状態の実現確率を決め，また $g(E)dE$ を使ったボルツマンの公式で熱力学的なエントロピーを記述した．つまり $g(E)$ を知ることができればすべてわかったことになる．一方，ここで求めた分配関数のエネルギー状態密度を使った表現 (4.72) は，よく見るとエネルギー状態密度の**ラプラス (Laplace) 変換**となっており，数学的な意味で $g(E)$ と $Z(\beta)$ はまったく同等の情報をもっていることがわかる．実際，分配関数を温度の関数として知っていれば，**逆ラプラス変換**によりエネルギー状態密度を再構成することが可能である．

$$g(E) = \frac{1}{2\pi i}\int_{\beta'-i\infty}^{\beta'+i\infty} d\beta Z(\beta) e^{\beta E}. \tag{4.73}$$

ここで β' は，複素数化した逆温度 β の平面において $Z(\beta)$ のすべての極の実部より大きい実数である．よってミクロカノニカル集団とカノニカル集団は，数学的にはまったく同じ情報をもっていることがわかり等価である．どちらの考え方で計算しても問題なく，計算しやすい方で計算すれば良い．

次に，考えている集団自体が物理的にもまったく同じものであることを見よう．温度 T_0 (逆温度 β_0) のカノニカル集団を考える．エネルギー分布を与える確率密度 $p(E)$ (式 (4.71)) は，エネルギー状態密度 $g(E)$ とボルツマン因子 $e^{-\beta_0 E}$ との積に比例する．図 4.3 に概念的に示すように，状態密度は一般にエネルギーの上限のない系で E に対して E^N というように指数関数的に示量変数乗で大きくなり，一方ボルツマン因子は E に対して指数関数的に小さくなる．それらの積である $p(E)$ は，図に示したようにあるエネルギー E^* で最大値をもつことが期待できる．このエネルギー値では

$$\left.\frac{\partial p(E)}{\partial E}\right|_{E=E^*} = 0 \tag{4.74}$$

となる．この左辺を計算すると，

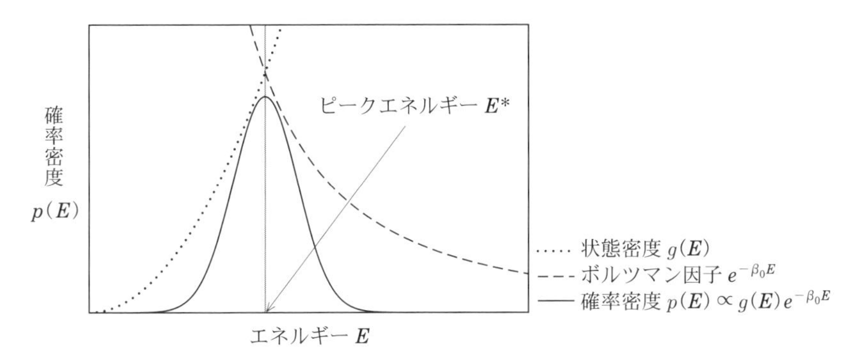

図 4.3 エネルギー状態密度とボルツマン因子の積がエネルギー分布の確率密度を決める．状態密度とボルツマン因子の指数関数的なエネルギーに対する依存性から，どこかのエネルギーでエネルギー分布が最大値を取ることが期待できる．

$$\frac{\partial p(E)}{\partial E}=\frac{e^{-\beta_0 E}}{Z(\beta_0)}\left(\frac{\partial g}{\partial E}-\beta_0 g(E)\right) \tag{4.75}$$

であるから，$E=E^*$ で，

$$\left.\frac{\partial g}{\partial E}\right|_{E=E^*}=\beta_0 g(E^*) \tag{4.76}$$

となる．ミクロカノニカル集団で $S(E)=k_{\mathrm{B}}\log g(E)dE$ と書けたので，$g(E)$ をエントロピーを使って $g(E)dE=\exp\left[\frac{1}{k_{\mathrm{B}}}S(E)\right]$ と表すと，この条件は，

$$\left.\frac{\partial S}{\partial E}\right|_{E=E^*}=\frac{1}{T_0} \tag{4.77}$$

となる．よって温度 T_0 のカノニカル集団でエネルギー分布の確率密度の最大値を与える E^* は，ミクロカノニカル集団で温度 T_0 を与える全エネルギー E^* と同じである．また，このカノニカル集団でエネルギーの期待値 $\langle E\rangle_{\mathrm{can.}}$ を計算すると，

$$\langle E\rangle_{\mathrm{can.}}=E^* \tag{4.78}$$

となることを次のように示すことができる．

エネルギー確率密度 $p(E)$ で，エネルギー状態密度をエントロピーを使って表すと，

$$p(E)dE = \frac{1}{Z(\beta_0)} \exp\left[\frac{1}{k_{\mathrm{B}}}\left(S(E) - \frac{1}{T_0}E\right)\right] \tag{4.79}$$

となる．この指数関数の肩 $S(E)-\dfrac{1}{T_0}E$ を $E=E^*$ のまわりでテイラー展開する．0 次項は

$$S(E^*) - \frac{1}{T_0}E^* \tag{4.80}$$

であり，1 次項の係数は

$$\frac{\partial S}{\partial E} - \frac{1}{T_0} \tag{4.81}$$

であるが，E^* の定義からこれは 0 である．2 次項の係数は

$$\frac{\partial^2 S}{\partial E^2} = \frac{\partial}{\partial E}\left(\frac{1}{T(E)}\right) = -\frac{1}{T(E)^2}\frac{1}{C_V} \tag{4.82}$$

に比例し，ここで C_V は定積熱容量であり示量的な大きさをもつ．$E=E^*$ を代入して，最終的にテイラー展開は

$$S(E) - \frac{1}{T_0}E = S(E^*) - \frac{1}{T_0}E^* - \frac{1}{2T_0^2 C_V}(E-E^*)^2 + \mathcal{O}[(E-E^*)^3] \tag{4.83}$$

となる．よって

$$p(E)dE = \frac{A}{Z(\beta_0)} \exp\left[\frac{1}{k_{\mathrm{B}}}\left(S(E^*) - \frac{1}{T_0}E^*\right)\right] \exp\left[-\frac{1}{2k_{\mathrm{B}}T_0^2 C_V}(E-E^*)^2\right] \tag{4.84}$$

となる．ここで熱力学極限 $N\to\infty$ では $A=\exp[\mathcal{O}[(E-E^*)^3]]$ の項は 1 になり分布に寄与しないことを示すことができる．この $p(E)$ は E が平均 E^* をもつ正規分布にしたがうことを表しており，カノニカル集団でのエネルギーの期待値 $\langle E\rangle_{\mathrm{can.}}$ はエネルギー分布の確率密度が最大値を取るエネルギー E^* と等しいことがわかる．

また E が N に比例しない量 ϵ を使って，分布の最大値を取るエネルギー E^* からずれた値 $E=E^*+\epsilon N$ を取ったとする．これは E が巨視的なオーダーでわずかにずれたことに相当する．このとき，

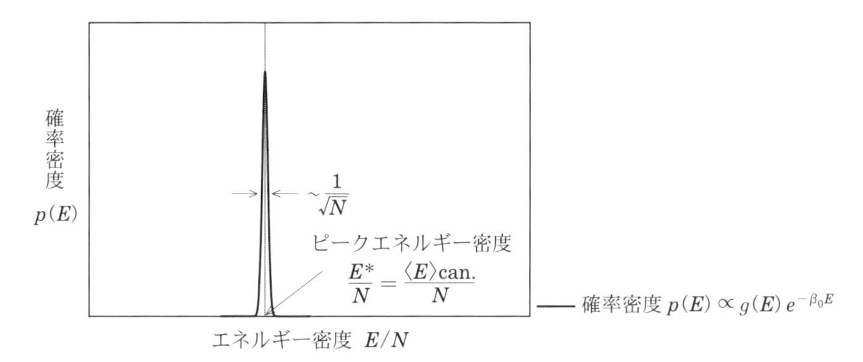

図 4.4 エネルギー分布の確率密度の実際の分布．カノニカル集団で微視的状態はさまざまなエネルギーをとっても良いとしていたが，実質的には対応するミクロカノニカル集団で考えている状態しか実現できない．エネルギー確率密度の分布は正規分布であり，エネルギー密度で見れば分布の分散は $1/\sqrt{N}$ に依存し，熱力学極限 $N \to \infty$ ではエネルギー密度のゆらぎは 0 である．

$$p(E^* + \epsilon N) dE = \frac{1}{Z(\beta_0)} \exp\left[\frac{1}{k_\mathrm{B}}\left(S(E^*) - \frac{1}{T_0} E^*\right)\right] \exp\left[-\frac{\epsilon^2 N^2}{2k_\mathrm{B} T_0^2 C_V}\right] \quad (4.85)$$

となる．C_V は N のオーダーなのでおおよそ $p(E^* + \epsilon N) \sim \exp[-\epsilon^2 N]$ のように N に依存し，十分に大きな N に対し，このようなエネルギーをとる微視的状態は実質的にカノニカル集団には寄与しないことがわかる (図 4.4)．

よって温度 T_0 のカノニカル集団で内部エネルギーの期待値はエネルギー分布の確率密度で最大値を取るエネルギー E^* であり，E^* をもつミクロカノニカル集団で計算される温度は，対応するカノニカル集団での温度 T_0 である．またカノニカル集団では，エネルギーが熱溜とやり取りしてさまざまなエネルギーをもつ微視的状態が実現してもよいとしたが，E^* からずれたエネルギーをもつ状態の実現確率は指数関数的に小さくほぼ 0 であり，さまざまなエネルギーをもつ状態のなかでも対応するミクロカノニカル集団と同じ状態しか実質的には実現しない．よって，物理的に実現する状態を比較しても，ミクロカノニカル集団とカノニカル集団はまったく同じである．

4.6 統計力学と熱力学の対応

ミクロカノニカル集団とカノニカル集団が物理的にまったく同じことを前節で見た．そこではエネルギー分布の確率密度を最大値を取るエネルギー E^* のまわりで展開して確率密度を評価した．そのような計算手法は**鞍点法**や**最急降下法**などとよばれる手法のもっとも簡単なものである．ここで使ったのは被積分関数に，大きくなるパラメーター N をもつ指数関数を含む

$$I=\int_{-\infty}^{\infty}dx\, e^{-Nf(x)} \tag{4.86}$$

のような積分を，$f(x)$ が最小値を取る点 x^* (ここでは一つしかないと仮定する) のまわりで展開して

$$I\simeq e^{-Nf(x^*)}\int_{-\infty}^{\infty}dx\exp\left[-\frac{N}{2}\left.\frac{\partial^2 f(x)}{\partial x^2}\right|_{x=x^*}(x-x^*)^2\right] \tag{4.87}$$

と近似することであった．これは被積分関数が図4.4のように鋭いピークをもつ場合に有効であり，この操作で積分はガウス積分になり実行できる．

さらにこの鞍点法で積分を評価することは，よりいっそう熱力学との関係を明らかにする．カノニカル分布の分配関数はヘルムホルツの自由エネルギー F を使って表すと，

$$Z(\beta)=e^{-\beta F(\beta)} \tag{4.88}$$

である．また分配関数 (4.72) に対して，エネルギー状態密度 $g(E)$ をエントロピー $S(E)$ と適当なエネルギースケール ϵ_0 を使って $g(E)=\dfrac{1}{\epsilon_0}\exp\left[\dfrac{1}{k_{\mathrm{B}}}S(E)\right]$ と表すと[11]，

$$e^{-\beta F(\beta)}=\int_0^{\infty}\frac{dE}{\epsilon_0}\exp\left[\frac{1}{k_{\mathrm{B}}}\left(S(E)-\frac{1}{T}E\right)\right] \tag{4.89}$$

となる．このエネルギー積分に対して鞍点法を使うことは式 (4.84) の導出と本質

11) $g(E)$ はエネルギーの逆数の次元をもつため無次元の指数関数で表すとエネルギースケール ϵ_0 が必要になる．これまでは dE を使っていたが，すぐ後にエネルギーで積分するため dE は使えない．32ページの脚注も参照．

的に同じであり，

$$e^{-\beta F(\beta)} = \exp\left[\frac{1}{k_{\mathrm{B}}}\left(S(E^*) - \frac{1}{T}E^*\right)\right]\int_0^\infty \frac{dE}{\epsilon_0}\exp\left[-\frac{1}{2k_{\mathrm{B}}T^2C_V}(E-E^*)^2\right] \tag{4.90}$$

を得る．ガウス積分を実行すると $\mathcal{O}[\sqrt{N}]$ の項が出るが，その項や適当に選んだエネルギースケール ϵ_0 は熱力学極限 $N\to\infty$ では左辺の自由エネルギーに寄与しない．よって示量的な大きさの自由エネルギーと，エントロピー，エネルギーの間に

$$-\beta F(\beta) = \frac{1}{k_{\mathrm{B}}}\left(S(E^*) - \frac{1}{T}E^*\right) \tag{4.91}$$

という関係が成立する．E^* は，$S(E) - \dfrac{1}{T}E$ を最大化するエネルギー E であったことを思うと，$\max\limits_E f(E)$ (または $\min\limits_E f(E)$) を E をいろいろ変えたときの $f(E)$ の最大値 (または最小値) として

$$-\beta F(\beta) = \max_E \frac{1}{k_{\mathrm{B}}}\left(S(E) - \frac{1}{T}E\right) \tag{4.92}$$

という関係が成立する．これは熱力学で独立変数をエネルギーから温度に取り替える**ルジャンドル変換**に他ならない．また書き換えることで，

$$F(T) = \min_E (E - TS(E)) \tag{4.93}$$

というよりなじみのあるルジャンドル変換になる．

また分配関数の逆ラプラス変換 (4.73) に対して $Z(\beta) = e^{-\beta F}$ として，鞍点法を適用することで，

$$S(E) = \min_T \left(\frac{E - F(T)}{T}\right) \tag{4.94}$$

という関係を得る[12)]．この関係も熱力学で温度からエネルギーに独立変数を取り替えるルジャンドル変換である．

---

12) ここでも ϵ_0 や $2\pi i$ などは影響しない．指数関数の肩にある示量変数の間のみの関係が成立する．

ここまでで見たように統計力学のミクロカノニカル集団やカノニカル集団は，状態密度や分配関数がラプラス変換で関係づけられており，そのラプラス変換の被積分関数は熱力学極限で鋭いピークをもつ関数となっている．このラプラス変換を鞍点法で評価すると，そこから出てくる関係が熱力学ででてきたルジャンドル変換に対応している．

エネルギー状態密度とエントロピーを関係づけるボルツマンの公式や分配関数とヘルムホルツの自由エネルギーの関係は，統計力学的な微視的状態と熱力学的な巨視的状態の間をつなぐ関係であるが，この関係は，熱力学的に正しい結果を導くことからはもちろん，上記の意味でも熱力学でのルジャンドル変換を統計力学で再現することができるという意味でも妥当である．

コラム◉熱力学第二法則を証明する

カノニカル分布で記述される熱平衡状態を初期状態として，系のパラメーター λ，例えば体積などを λ_0 から λ_1 まで変化させて外部から系に仕事 W を与えると，この仕事の初期状態に関する期待値は

$$\langle W\rangle \geq F(\lambda_1)-F(\lambda_0) \tag{4.95}$$

を満たす．ここで $F(\lambda)$ は外部パラメーター λ のときのヘルムホルツの自由エネルギーである．これは**熱力学第二法則**の結果であり，等号は準静的にパラメーターを変化させたときに実現する．**ジャルジンスキー (Jarzynski)** は，1997 年に仕事と自由エネルギー差に対して

$$\langle \exp(-\beta W)\rangle = e^{-\beta(F(\lambda_1)-F(\lambda_0))} \tag{4.96}$$

といういまでは**ジャルジンスキー等式**と呼ばれる等式が成立することを示した[13)]．これは驚くべき等式であり，準静的な操作はもちろん非常に速い非平衡状態を経由するような操作に関しても成立する．またこの等式に，下に凸な関数 $f(x)$ に対して $\langle f(x)\rangle \geq f(\langle x\rangle)$ が成立するという凸関数の期待値に対する**イェンセン**

---

13) C. Jarzynski, "Nonequilibrium Equality for Free Energy Differences", *Phys. Rev. Lett.*, **78**, 2690, (1997).

(Jenseon) の不等式を使うと (4.95) を証明することができ，熱力学第二法則がある意味で証明されたことになる．この等式は，ゆらぎの定理と呼ばれるエントロピー生成の分布関数に対する法則と合わせ，近年の非平衡統計力学の発展の多くを生み出している．

ジャルジンスキー等式は力学的な時間発展や確率的な時間発展などさまざまな場合に証明されているが，ここでもっとも簡単なハミルトン力学系の場合について示しておこう．時刻 s での位相空間中の点を Γ_s，パラメーターを λ_s と書く．ハミルトニアンを $H(\Gamma_s;\lambda_s)$ として，初期値 Γ_0 を熱平衡分布にとり，時間発展に沿った仕事 W を指数関数の上にあげたものの期待値は，

$$\langle \exp(-\beta W)\rangle = \int d\Gamma_0 \frac{1}{Z_0} e^{-\beta H(\Gamma_0;\lambda_0)} e^{-\beta W} \tag{4.97}$$

と書ける．仕事 W は，操作 $\lambda_0 \to \lambda_1$ と運動にともなう時間発展に依存した仕事であり，

$$W = \int_0^1 ds \frac{dH(\Gamma_s;\lambda_s)}{ds} = H(\Gamma_1;\lambda_1) - H(\Gamma_0;\lambda_0) \tag{4.98}$$

である．よって，

$$\begin{aligned}
\langle \exp(-\beta W)\rangle &= \int d\Gamma_0 \frac{1}{Z_0} e^{-\beta H(\Gamma_1;\lambda_1)} \\
&= \frac{1}{Z_0} \int d\Gamma_1 \left| \frac{d\Gamma_0}{d\Gamma_1} \right| e^{-\beta H(\Gamma_1;\lambda_1)} \\
&= \frac{Z_1}{Z_0} = e^{-\beta(F(\lambda_1) - F(\lambda_0))}
\end{aligned} \tag{4.99}$$

となる．途中で，積分変数を Γ_1 に変数変換してヤコビアンが 1 であることを使った．これで等式が示された．

演習問題

問題 4.1

エネルギーの期待値が一定である条件のもと，シャノンエントロピー (3.32) を最大化する確率分布はカノニカル分布になることを示せ．

問題 4.2

古典調和振動子の分配関数 (4.59) を逆ラプラス変換 (4.73) することにより，古典調和振動子の状態密度を求め，結果が (3.46) と一致することを確認せよ．

問題 4.3

ある系が温度 T の熱平衡状態にあるとする．この系に，物理量 B に共役な外場 h_B をかけたとき，ハミルトニアンが $H=H_0-h_B B$ となったとする．この外場の下で，物理量 A の応答係数

$$\chi_{AB}=\left.\frac{\partial\langle A\rangle_{\mathrm{eq}}}{\partial h_B}\right|_{h_B=0}$$

が，

$$k_{\mathrm{B}}T\chi_{AB}=\langle AB\rangle_0-\langle A\rangle_0\langle B\rangle_0$$

を満たすことを示せ．ここで $\langle\cdots\rangle_0$ は，外場 $h_B=0$ での熱平衡期待値を表す．

第5章

カノニカル集団の応用

この章ではカノニカル集団の応用を考えよう．具体的な例として二準位系，二原子分子，格子振動，また黒体輻射を取り扱う．

5.1 二準位系

3.6.3 節においてミクロカノニカル集団で取り扱った常磁性体のように，エネルギー的に二つの状態しか取らないもの (今後「サイト」と呼ぶことにする) の集団からなる系を**二準位系**と呼ぶ．二準位系と見なせる系は磁性体を含めさまざま存在し，その振る舞いを理解することは重要である．ここでは二準位系の性質をカノニカル集団を使って考察しよう．

二つの状態のエネルギーを $\pm\epsilon$ ($\epsilon>0$) としよう．低いエネルギーをもつ状態を基底状態，高いエネルギーをもつ状態を励起状態と呼ぶ．このような二状態を取るサイトが空間に固定されており，N 個あるとする．一サイトあたりの分配関数 $Z_1(\beta)$ は,

$$Z_1(\beta)=\sum_i e^{-\beta E_i}=e^{-\beta\epsilon}+e^{\beta\epsilon}=2\cosh(\beta\epsilon) \tag{5.1}$$

である．各サイトは独立なので，全体の分配関数は

$$Z_N(\beta)=Z_1(\beta)^N \tag{5.2}$$

となる．

エネルギーの期待値 E は

$$E=-\frac{\partial}{\partial\beta}\log Z_N(\beta)=-N\epsilon\tanh(\beta\epsilon) \tag{5.3}$$

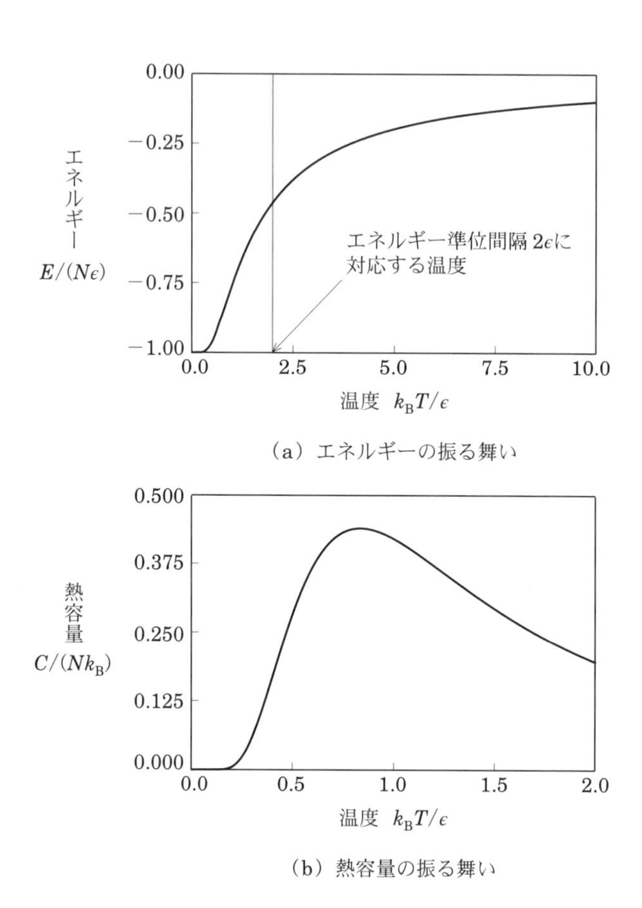

図 5.1 二準位系のエネルギーおよび熱容量の振る舞い.

となり，熱容量 C は

$$C=\frac{dE}{dT}=Nk_{\mathrm{B}}(\beta\epsilon)^2\frac{1}{\cosh^2(\beta\epsilon)} \tag{5.4}$$

となる．このエネルギーと熱容量の振る舞いを図 5.1 に示した．エネルギーは絶対零度で $-N\epsilon$ であり，温度がわずかに増加してもほぼその値を保つ．これは二つの状態のエネルギーの間にギャップが空いておりわずかな温度上昇では励起状態に遷移できないからである．十分低温 $\beta\epsilon\gg 1$ では励起状態は存在しないのと同じである．その後，温度が上昇すると励起状態を取るサイトの数が増加し，エネルギーの値が増加を始める．また十分高温 $\beta\epsilon \ll 1$ になると二つの状態のエネルギー差が温度のエネルギースケールに比べて無視でき，エネルギーの期待値は基底状態と励起状態のエネルギー値の平均値である 0 になる．

この振る舞いは熱容量で見ると顕著にわかる．熱容量を $\beta\epsilon \gg 1$ として低温で展開すると

$$C \simeq 4(\beta\epsilon)^2 e^{-2\beta\epsilon} \tag{5.5}$$

のように振る舞い，絶対零度近傍では 0 から指数関数的に熱容量が大きくなる．その後，熱容量は準位間のエネルギー幅 2ϵ に対応する温度 $k_{\mathrm{B}}T = 2\epsilon$ の 4 割ぐらいの値でピークをもつ．高温で熱容量が 0 に収束するのは，温度が準位間のエネルギースケールと比較して十分高くなると，基底状態にあるサイトと励起状態にあるサイトの数が等しくなり温度を上げてもエネルギーの変化が起きないからである．ここで見た熱容量の振る舞いを**ショットキー (Schottky) 型の熱容量**や**ショットキー異常**などと呼ぶ．熱容量の振る舞いから，系に特徴的なエネルギースケールが存在することや，基底状態と励起状態の間にエネルギーギャップがあることなどを読み取ることができる．

エネルギーの温度に対する振る舞いからほぼ明らかなのだが，基底状態と励起状態を取る確率を見ておこう．微視的状態の実現確率から

$$\begin{aligned} p_{\text{基底状態}} &= \frac{e^{\beta\epsilon}}{e^{\beta\epsilon}+e^{-\beta\epsilon}} = \frac{1}{1+e^{-2\beta\epsilon}}, \\ p_{\text{励起状態}} &= \frac{e^{-\beta\epsilon}}{e^{\beta\epsilon}+e^{-\beta\epsilon}} = \frac{e^{-2\beta\epsilon}}{1+e^{-2\beta\epsilon}} \end{aligned} \tag{5.6}$$

である．この温度依存性を図 5.2 に示す．絶対零度では基底状態のみ存在し，そこからわずかに温度が上がってもほぼ基底状態ばかりである．エネルギーギャップに対応する温度あたりで励起状態は 3 割程度を占め，十分高温では両者の実現確率はほぼ等しくなる．

5.2 二原子分子

二原子分子をカノニカル集団をもちいて古典的に考察しよう．体積 V の箱の中に，異なる二原子からなる同一の二原子分子が N 個閉じ込められているとする．

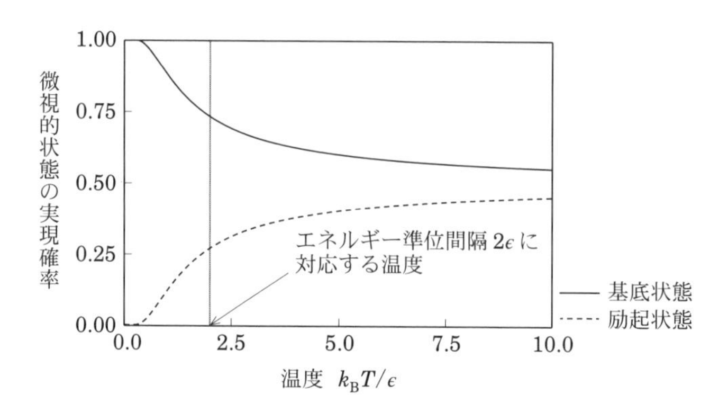

図 5.2　二準位系での基底状態と励起状態の実現確率.

いま，化学的に結合している原子間の振動は無視できると仮定し，原子間の間隔を a とする．この仮定の妥当性については後に検討する．またそれぞれの原子の質量を m_1 と m_2 とする．

二原子分子であるから，重心の運動に加えて回転の運動を考察する必要がある．そのため，まずはポテンシャル $V(r)$ で相互作用する二体系を考える．ハミルトニアンは，

$$H=\frac{\boldsymbol{p}_1^2}{2m_1}+\frac{\boldsymbol{p}_2^2}{2m_2}+V(|\boldsymbol{q}_1-\boldsymbol{q}_2|) \tag{5.7}$$

である．重心座標 $\boldsymbol{Q}=(m_1\boldsymbol{q}_1+m_2\boldsymbol{q}_2)/(m_1+m_2)$，全質量 $M=m_1+m_2$，換算質量 $m=m_1m_2/M$ を使って，重心の運動量は $\boldsymbol{P}=M\dot{\boldsymbol{Q}}=\boldsymbol{p}_1+\boldsymbol{p}_2$ であること，相対座標 $\boldsymbol{q}=\boldsymbol{q}_1-\boldsymbol{q}_2$ に対する運動量は $\boldsymbol{p}=m\dot{\boldsymbol{q}}$ となることなどはすぐに示すことができる．このとき，ハミルトニアンの運動エネルギー部分は，重心運動量，相対運動量を使って

$$\frac{\boldsymbol{p}_1^2}{2m_1}+\frac{\boldsymbol{p}_2^2}{2m_2}=\frac{\boldsymbol{P}^2}{2M}+\frac{\boldsymbol{p}^2}{2m} \tag{5.8}$$

と書ける．

いま，原子間の振動が無視できると仮定したので，相対運動は $|\boldsymbol{q}|=a$ という拘束条件のもと運動することになる．この相対運動の分配関数には，相対運動に対する一般化運動量を考える必要がある．拘束条件付きの相対運動は位置が半径 a

の球面上にあり，天頂角 θ と方位角 ϕ でラグランジアン L を書き下すと

$$L = \frac{1}{2} m \{ (a\dot{\theta})^2 + (a \sin\theta \dot{\phi})^2 \} \tag{5.9}$$

となる．ラグランジアンから一般化運動量を求め，相対運動のハミルトニアン H_r を構成しよう．一般化運動量は

$$p_\theta = \frac{\partial L}{\partial \dot{\theta}} = ma^2 \dot{\theta}, \qquad p_\phi = \frac{\partial L}{\partial \dot{\phi}} = ma^2 \sin^2\theta \dot{\phi} \tag{5.10}$$

なので，

$$\begin{aligned} H_r &= \dot{\theta} \frac{\partial L}{\partial \dot{\theta}} + \dot{\phi} \frac{\partial L}{\partial \dot{\phi}} - \frac{1}{2} m \{ (a\dot{\theta})^2 + (a \sin\theta \dot{\phi})^2 \} \\ &= \frac{1}{2ma^2} \left(p_\theta^2 + \frac{p_\phi^2}{\sin^2\theta} \right) \end{aligned} \tag{5.11}$$

となる．また，ma^2 は重心回りの慣性モーメントになっていることは，すぐに確認できる．

重心の運動量 $\boldsymbol{P}$，座標 $\boldsymbol{Q}$，全質量 M として，重心の一分子分配関数 Z_c は，

$$Z_c = \int \frac{d^3\boldsymbol{P} d^3\boldsymbol{Q}}{(2\pi\hbar)^3} e^{-\beta \frac{|\boldsymbol{P}|^2}{2M}} = V \left(\frac{M}{2\pi\hbar^2\beta} \right)^{3/2} \tag{5.12}$$

であり，回転の一分子分配関数 Z_r は，一般化運動量 p_θ, p_ϕ と一般化座標 θ, ϕ $(0 \leq \theta \leq \pi, 0 \leq \phi \leq 2\pi)$ を使って，

$$\begin{aligned} Z_r &= \int \frac{dp_\theta d\theta dp_\phi d\phi}{(2\pi\hbar)^2} e^{-\frac{\beta}{2ma^2}\left(p_\theta^2 + \frac{p_\phi^2}{\sin^2\theta} \right)} \\ &= \frac{ma^2}{\beta\hbar^2} \int d\theta \sqrt{\sin^2\theta} \end{aligned} \tag{5.13}$$

とできる[1)]．最後の積分で，θ は 0 から π まで変化するので，$\sin\theta$ は負にならず，根号を外すことができる．よって，

---

1) 30 ページで，ミクロカノニカル集団において運動量と座標で指定される古典的な連続状態に対して状態数を数えるとき，分配関数が物理的な次元をもたないようにするために a という因子をいれて，$a = h^{-1}$ と取った．いまの場合は運動量と座標ではなく一般化運動量と一般化座標であるが，この場合も $a = h^{-1}$ と取る必要がある．

$$Z_r = \frac{ma^2}{\beta\hbar^2}\int_0^\pi d\theta \sin\theta = \frac{2ma^2}{\beta\hbar^2} \tag{5.14}$$

となる．一分子あたりのエネルギー E は，

$$E = -\frac{\partial}{\partial\beta}\log Z_c Z_r = -\frac{\partial}{\partial\beta}\log\beta^{-3/2}\beta^{-1} = \frac{5}{2}k_B T \tag{5.15}$$

であり，一分子あたりの定積比熱 $c_V (= C_V/N)$ は

$$c_V = \frac{5}{2}k_B \tag{5.16}$$

となる．

例えば，一酸化炭素の 298.15 K，100 kPa での定圧モル比熱は気体定数を R として $3.506R$ であり[2)]，理想気体を仮定して定積モル比熱に直すと $2.506R$ となる．この値は上で求めた値と非常に近い．

以前，自由粒子を使って理想気体の計算をしたが，そのときは一分子あたりの定積比熱は

$$c_V = \frac{3}{2}k_B \tag{5.17}$$

であった．カノニカル集団の計算過程を見るとハミルトニアンに運動量や座標の2次の項があるごとに比熱への寄与が $\frac{1}{2}k_B$ 分ある．これは**エネルギー等分配則**の統計力学的な計算結果である．自由粒子の結果は重心の運動方向3成分にエネルギーが分配されていることを表している．一方，いま計算した異種原子からなる二原子分子では，分子の回転の自由度が二つ追加され，その自由度分だけ比熱が大きくなっていることがわかる．同種原子からなる二原子分子についても，回転の分配関数 (5.14) が半分になるだけで，定積比熱の値としては異種原子の場合と同じである．

いま二つの原子同士の距離が固定されていると仮定して計算したが，実際は原子同士の間に振動があっても良い．この振動を調和振動子で近似し古典的に考えると，純粋に分子の内部自由度が増えて，振動の運動エネルギーとポテンシャル

2) NIST Chemistry WebBook, `https://webbook.nist.gov/cgi/inchi/InChI%3D1S/CO/c1-2` より．

エネルギー分二つ2次の項の寄与が増えるので，一分子あたりの定積比熱が $\frac{7}{2}k_{\mathrm{B}}$ となることが期待できる．しかしこれは一酸化炭素の室温での測定結果とは合わない．実は，この原子間の結合は非常に強く振動の角振動数 ω が大きいため[3)]，室温付近でも振動のエネルギースケール $\hbar\omega$ に対して $\hbar\omega \gg k_{\mathrm{B}}T$ となっている．よって原子間の振動は量子力学的に考える必要があり，励起状態との間にエネルギーギャップがあるので室温程度のエネルギースケールでは振動が励起されることはない．一酸化炭素では 3300 K まで温度を上げると，一分子あたりの定積比熱がほぼ $\frac{7}{2}k_{\mathrm{B}}$ となることが実験的に知られている．

5.3 格子振動と比熱

5.3.1 デュロン–プティの法則とアインシュタインモデル

ここでは固体の**格子振動**を統計力学的に考察しよう．格子振動とは固体を構成する原子が振動することによる運動であり，格子振動に起因する固体の比熱の実験的に知られている振る舞いを統計力学的に考えよう．

まず実験的に知られている事実として，表 5.1 に示すように，単体の固体は

表 5.1 単体の 298.15 K における定圧モル比熱．
『理科年表 第 93 冊』丸善出版 (2020) より抜粋

物質名	定圧モル比熱 [J mol^{-1} K^{-1}]
ニッケル	26.1
銅	24.5
亜鉛	25.5
パラジウム	26.2
銀	25.5
カドミウム	26.0

3) 前述の NIST のサイトに示されている一酸化炭素の赤外吸収スペクトルでは 2200 cm^{-1} 付近に吸収がある．この吸収は原子間の振動に起因することがわかっており，この波長をもつ光子のエネルギーを温度に換算すると 3000 K 相当である．これは原子間の振動のエネルギースケールが 3000 K 程度であり，分子間の結合が非常に強いことを表している．

室温付近で同じような比熱をもつことが知られている．この値は定圧モル比熱 C_p であり定積モル比熱 C_V とは異なるが，固体に対しては定積モル比熱とほぼ等しい[4)]．この比熱の値は気体定数 R を使って $3R=24.9$ J mol^{-1} K^{-1} に近く，物質に依存しないこの普遍的な定積モル比熱の値を取ることを**デュロン–プティ (Dulong-Petit) の法則**と呼ぶ．

また温度を下げて比熱を測定すると，絶対零度に向かって急激に減少することが知られている．例えば銅に対する実験結果を図 5.3 に示した[5)]．銅は金属であり電気をながす伝導電子の比熱への寄与があるが，図にはその寄与は取り除いて格子振動の比熱への寄与のみプロットしてある．図 5.3 (a) は絶対零度から室温付近までの比熱のプロットであり，絶対零度から急激に立ち上がり，室温付近ではデュロン–プティの値に漸近している様子がわかる．また図 5.3 (b) では，絶対零度付近で比熱を温度 T の 3 乗に対してプロットしている．これが直線的に振る舞っていることから，絶対零度付近の比熱の急激な増加は T^3 に比例していることがわかる[6)]．

ここでは格子振動による定積モル比熱 C_V のこれらの振る舞い

---

4) 温度 T，線膨張率 $\alpha_L = \dfrac{1}{\ell}\left(\dfrac{\partial \ell}{\partial T}\right)_{p,N}$，1 mol あたりの体積 V_m，等温圧縮率 $\kappa_T = -\dfrac{1}{V}\left(\dfrac{\partial V}{\partial p}\right)_{T,N}$ を使って，

$$C_p - C_V = \frac{9T\alpha_L^2 V_m}{\kappa_T}$$

という関係を熱力学により導出できる．単体の固体に対しては $T \sim 1\times10^2$ K，$\alpha_L \sim 1\times10^{-5}$ K^{-1}，$V_m \sim 1\times10^{-5}$ m^3/mol^{-1}，$\kappa_T \sim 1\times10^{-11}$ Pa^{-1} 程度の値なので，定圧モル比熱 C_p と定積モル比熱 C_V の差は，1×10^{-1} J mol^{-1} K^{-1} 程度である．

5) 図 5.3 (a)(b) ともに銅の比熱のデータは，G. T. Furukawa, W. G. Saba, and M. L. Reilly による “Critical Analysis of the Heat-Capacity Data of the Literature and Evaluation of Thermodynamic Properties of Copper, Silver, and Gold from 0 to 300 K”, *National Standard Reference Data Series - National Bureau of Standards*, **18**, (1968) より取った．

6) この本の 9 章で示すが，伝導電子による比熱は低温で T に比例して増加する．

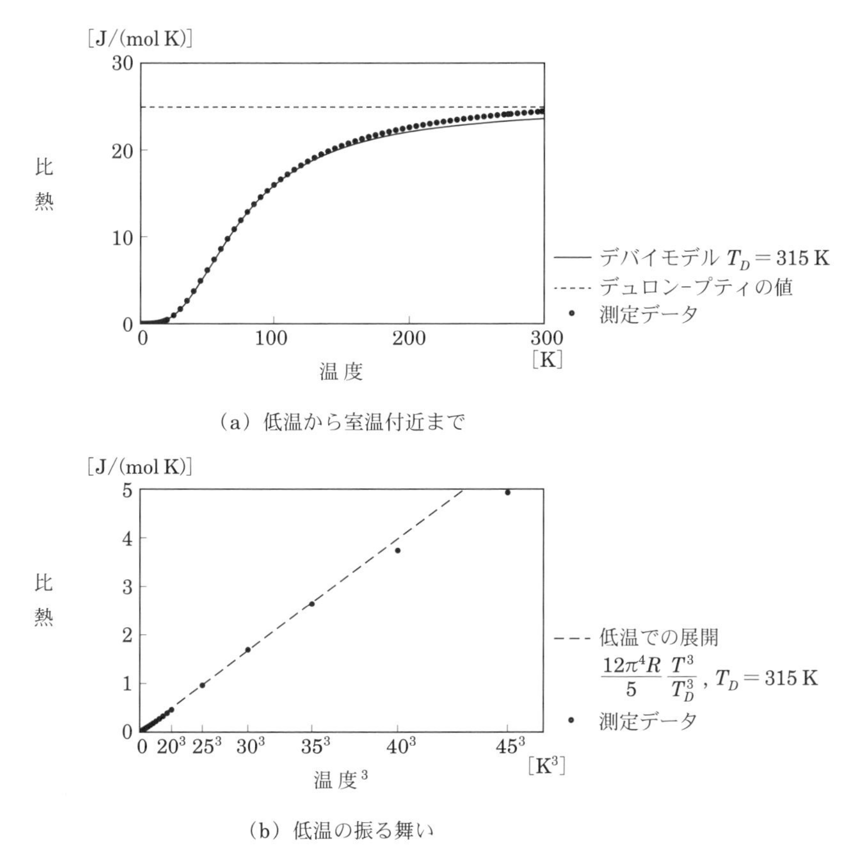

図 5.3 銅の格子振動による比熱．電子による比熱への寄与は取り除いてある．(a) 横に伸びる直線はデュロン–プティの値で気体定数 $R \simeq 8.314$ J mol^{-1} K^{-1} を使って，$3R$ である．曲線はデバイモデル (あとで説明する) による計算結果である．デバイ温度は $T_D = 315$ K に取った．(b) 低温での振る舞い．横軸を T^3 でプロットしている．デバイモデルの低温での展開とよく一致する．

$$C_V \sim \begin{cases} 3R & T \to \infty \\ T^3 & T \to 0 \end{cases} \tag{5.18}$$

を統計力学的に説明しよう．

まずもっとも単純な格子振動のモデル化から始める．単体の固体を，原子が周期的に配列した固体だとしよう．N 個の原子がすべて質量 m の同じ原子とする．微視的状態を運動量と座標の組 $\{\boldsymbol{p}_i,\boldsymbol{q}_i\}$ で表す．原子が固体を構成するためにポテンシャル $V(\boldsymbol{q}_i)$ から力を受けているとしよう．このときハミルトニアンは

$$H=\sum_{i=1}^{N}\frac{|\boldsymbol{p}_i|^2}{2m}+\sum_{i=1}^{N}V(\boldsymbol{q}_i) \tag{5.19}$$

となる．格子振動のモデルとして，まずそれぞれの原子が力学的な平衡位置で微小振動していると仮定しよう．力学的な平衡位置 $\boldsymbol{q}_i^0$ は，その場所でポテンシャルから力を受けない条件

$$\left.\frac{\partial V(\boldsymbol{q}_i)}{\partial \boldsymbol{q}_i}\right|_{\boldsymbol{q}_i=\boldsymbol{q}_i^0}=0 \tag{5.20}$$

で決めることができる．原子の座標を，ポテンシャルの平衡位置 $\boldsymbol{q}_i^0$ からの変位 $\boldsymbol{u}_i$ で記述すると

$$\boldsymbol{u}_i=\boldsymbol{q}_i-\boldsymbol{q}_i^0 \tag{5.21}$$

であり，ポテンシャルは変位が小さいとして変位の 2 次まで展開する．このときハミルトニアンは，$V(\boldsymbol{q}_i^0)=0$ として

$$H=\sum_{i=1}^{N}\frac{|\boldsymbol{p}_i|^2}{2m}+\frac{1}{2}\sum_{i=1}^{N}\boldsymbol{u}_i^T\left.\frac{\partial^2 V}{\partial \boldsymbol{q}_i\partial \boldsymbol{q}_i}\right|_{\boldsymbol{q}_i=\boldsymbol{q}_i^0}\boldsymbol{u}_i \tag{5.22}$$

となる．ポテンシャル部分は 2 次形式になっており，ベクトル成分のインデックス α,β を明示的に書くと

$$\frac{1}{2}\boldsymbol{u}_i^T\left.\frac{\partial^2 V}{\partial \boldsymbol{q}_i\partial \boldsymbol{q}_i}\right|_{\boldsymbol{q}_i=\boldsymbol{q}_i^0}\boldsymbol{u}_i=\sum_{\alpha=x,y,z}\sum_{\beta=x,y,z}\frac{1}{2}(\boldsymbol{u}_i)_\alpha\left(\left.\frac{\partial^2 V}{\partial \boldsymbol{q}_i\partial \boldsymbol{q}_i}\right|_{\boldsymbol{q}_i=\boldsymbol{q}_i^0}\right)_{\alpha,\beta}(\boldsymbol{u}_i)_\beta \tag{5.23}$$

である．本来ならポテンシャル V は原子の並び方などに依存し 2 次の微分係数は微分する向きに依存するが，ここでは等方的であると仮定しよう．このとき，

$$\left(\left.\frac{\partial^2 V}{\partial \boldsymbol{q}_i\partial \boldsymbol{q}_i}\right|_{\boldsymbol{q}_i=\boldsymbol{q}_i^0}\right)_{\alpha,\beta}=m\omega^2\delta_{\alpha,\beta} \tag{5.24}$$

と書くことができる[7].

よって考えるべきハミルトニアンは

$$H = \sum_{i=1}^{N} \frac{|\boldsymbol{p}_i|^2}{2m} + \frac{1}{2}\sum_{i=1}^{N} m\omega^2 |\boldsymbol{u}_i|^2 \tag{5.25}$$

となる．これは振動する三つの方向も含めて独立な $3N$ 個の調和振動子が存在している場合とまったく同じハミルトニアンである．4.4.4 節でやったように量子力学的に取り扱うと，分配関数 $Z_N(\beta)$ として，

$$Z_N(\beta) = \left[\sum_{n=0}^{\infty} e^{-\beta\hbar\omega(n+1/2)}\right]^{3N} \tag{5.26}$$

となる．ここからヘルムホルツの自由エネルギー F は

$$F = -3Nk_{\mathrm{B}}T\log\frac{e^{-\beta\hbar\omega/2}}{1-e^{-\beta\hbar\omega}} \tag{5.27}$$

であり，またエネルギー E は

$$E = 3N\hbar\omega\left(\frac{1}{2} + \frac{1}{e^{\beta\hbar\omega}-1}\right) \tag{5.28}$$

である．定積熱容量 C_V は，3.6.2 節で計算したように，

$$C_V = 3Nk_{\mathrm{B}}(\beta\hbar\omega)^2\frac{e^{\beta\hbar\omega}}{(e^{\beta\hbar\omega}-1)^2} \tag{5.29}$$

となる．低温極限 $\beta\hbar\omega \to \infty$ では，

$$C_V \simeq 3Nk_{\mathrm{B}}(\beta\hbar\omega)^2 e^{-\beta\hbar\omega} \tag{5.30}$$

であり，また高温極限 $\beta\hbar\omega \to 0$ では，

$$C_V \simeq 3Nk_{\mathrm{B}}\left(1 - \frac{1}{12}(\beta\hbar\omega)^2\right) \tag{5.31}$$

である．モルあたりの比熱に直すには N をアボガドロ数 N_A にとり $k_{\mathrm{B}}N_A = R$

---

7) ω を定義したと思って良い．ポテンシャルの平衡位置のまわりで展開し，平衡位置まわりの微小な変位を調和振動子のポテンシャルで近似したことに対応する．

とすれば高温極限でデュロン–プティの法則を再現することがわかる．また $3N$ 個の調和振動子を古典的に取り扱えばデュロン–プティの法則が直接再現できることはすぐにわかる．

単体の固体の格子振動を各原子が力学的に平衡な位置のまわりに微小振動しているとして量子力学的に取り扱うモデルを，**アインシュタインモデル**と呼ぶ．アインシュタインモデルでは，高温でデュロン–プティの法則を再現することができ，また比熱の絶対零度からの急激な立ち上がりを表すことができる．ただこの立ち上がり方は温度の3乗ではなく，指数関数的に立ち上がる．これでは実験事実を再現していないことになる．

5.3.2 デバイモデル

低温での比熱の振る舞いがアインシュタインモデルで説明できないのは，単体からなる固体の原子がそれぞれ個別に平衡位置で微小振動しているという仮定が悪かったためである．この仮定のため格子振動が単一の角振動数をもつ調和振動子の集合となってしまい，低温での T^3 則が説明できなかった．この点を改善するために隣り合った原子同士が相互作用して振動しているようなモデルを考えよう．これは**連成振動**と呼ばれる力学モデルとなる．連成振動の計算は少し複雑なので次の節に回し，ここでは結果だけ先取りし比熱の振る舞いを説明しよう．

連成振動モデルにもとづくと，格子振動は基準振動と呼ばれる独立な調和振動子の集合に分解され，各基準振動の角振動数 ω は波数 $\boldsymbol{k}$ と呼ばれる量に依存しさまざまな値 $\omega_{\boldsymbol{k}}$ を取るようになる[8)]．アインシュタインモデルの計算をこの場合に拡張するには，分配関数において同じ調和振動子の積であった部分を異なる角振動数をもつ調和振動子の積に置き換えれば良い．ヘルムホルツの自由エネルギーやエネルギーなどに関しては N 倍を異なる角振動数の和で置き換えることに対応する．

$$F=-3Nk_{\mathrm{B}}T\log\frac{e^{-\beta\hbar\omega/2}}{1-e^{-\beta\hbar\omega}}\to F=-3\sum_{\boldsymbol{k}}k_{\mathrm{B}}T\log\frac{e^{-\beta\hbar\omega_{\boldsymbol{k}}/2}}{1-e^{-\beta\hbar\omega_{\boldsymbol{k}}}}, \tag{5.32}$$

$$E=3N\hbar\omega\left(\frac{1}{2}+\frac{1}{e^{\beta\hbar\omega}-1}\right)\to E=3\sum_{\boldsymbol{k}}\hbar\omega_{\boldsymbol{k}}\left(\frac{1}{2}+\frac{1}{e^{\beta\hbar\omega_{\boldsymbol{k}}}-1}\right). \tag{5.33}$$

8) 式 (5.63) に具体的な関数の形を示した．

ここで波数 $\boldsymbol{k}$ に関する和は，区間 $[\omega,\omega+d\omega]$ にある角振動数をもつ調和振動子の状態数密度 $\rho(\omega)$

$$\rho(\omega)=\sum_{\boldsymbol{k}}\delta(\omega-\omega_{\boldsymbol{k}}) \tag{5.34}$$

を使うと

$$\sum_{\boldsymbol{k}}\to\int_0^{\omega_D}d\omega\,\rho(\omega) \tag{5.35}$$

と ω 積分に書き換えることができる．ω_D は全体の規格化

$$N=\sum_{\boldsymbol{k}}1=\int_0^{\omega_D}d\omega\,\rho(\omega) \tag{5.36}$$

から決まり，最初に導入した**デバイ** (Debye) の名前を冠して**デバイ振動数**と呼ぶ．

量子力学的な調和振動子の集合を考えているので，低温で比熱に寄与するのは第一励起状態とのエネルギーギャップ $\hbar\omega_{\boldsymbol{k}}$ が小さい調和振動子である．考えている温度スケールと比較しギャップが大きい角振動数をもつ調和振動子は存在しないのと同じで比熱には寄与しない．角振動数が小さい調和振動子の場合[9)]，$\omega_{\boldsymbol{k}}=v_0|\boldsymbol{k}|$ と書け，$\rho(\omega)$ は

$$\rho(\omega)=\frac{V}{2\pi^2v_0^3}\omega^2 \tag{5.37}$$

となることを次の節で式 (5.72) を導出する際に示す．ここで V は固体の体積，v_0 は振動が波動として伝わるときの音速である．この状態数密度のときデバイ振動数は，式 (5.36) から

$$\omega_D^3=6\pi^2v_0^3\frac{N}{V} \tag{5.38}$$

となる．またデバイ振動数に対応する温度を**デバイ温度** T_D，対応する波数の大きさ k_D を**デバイ波数**とよび，それぞれ

---

9) 角振動数が小さい場合，波数も小さくなる．波数が小さいとして展開することを長波長近似という．

$$T_D = \frac{\hbar\omega_D}{k_\mathrm{B}} = \frac{\hbar}{k_\mathrm{B}}\left(\frac{6\pi^2 N}{V}\right)^{1/3} v_0, \qquad k_D^3 = \frac{\omega_D^3}{v_0^3} = 6\pi^2\frac{N}{V} \tag{5.39}$$

である．

この状態数密度を使うと

$$E = 3\int_0^{\omega_D} d\omega\,\rho(\omega)\hbar\omega\left(\frac{1}{2} + \frac{1}{e^{\beta\hbar\omega}-1}\right) \tag{5.40}$$

となる．定積熱容量は温度微分であるから

$$C_V = 3\frac{d}{dT}\int_0^{\omega_D} d\omega\,\rho(\omega)\frac{\hbar\omega}{e^{\beta\hbar\omega}-1} = \frac{3V}{2\pi^2 v_0^3}\frac{d}{dT}\int_0^{\omega_D} d\omega\,\omega^2\frac{\hbar\omega}{e^{\beta\hbar\omega}-1} \tag{5.41}$$

で計算できる．この熱容量を**デバイモデル**による熱容量と呼ぶ[10)]．

温度微分を実行し，$\beta\hbar\omega$ を x という無次元量で変数変換すると，デバイ温度 T_D を使って

$$C_V = 9Nk_\mathrm{B}\left(\frac{T}{T_D}\right)^3\int_0^{T_D/T} dx\,\frac{x^4 e^x}{(e^x-1)^2} \tag{5.42}$$

というデバイ温度と温度の比のみに依存する関数を得る．デバイ温度に比べて十分低温では $T_D/T \gg 1$ であり，積分の上限を無限大で置き換えることで積分は単なる数になり[11)]，比熱が

$$C_V \simeq \frac{12\pi^4}{5}Nk_\mathrm{B}\left(\frac{T}{T_D}\right)^3 \tag{5.43}$$

となって，T^3 則を説明する．また十分に高温では $T_D/T \ll 1$ であり，積分を T_D/T で展開すれば

---

10) 次の節での連成振動の計算結果を先取りしたが，まとめるとデバイモデルとは格子振動を連成振動でモデル化し，角振動数と波数の関係を線形分散をもつように長波長近似して，さらに第一ブリルアンゾーンを球対称で近似したモデルである．

11) 部分積分により $\int_0^\infty dx\,\frac{x^4 e^x}{(e^x-1)^2} = 4\int_0^\infty dx\,\frac{x^3}{e^x-1}$ また，$\int_0^\infty dx\,\frac{x^3}{e^x-1} = \sum_{n=1}^{\infty}\int_0^\infty dx\,x^3 e^{-nx} = 6\sum_{n=1}^{\infty}\frac{1}{n^4}$ となる．この最後の和はゼータ関数 $\zeta(s) = \sum_{k=1}^{\infty}\frac{1}{k^s}$ で書けて $\zeta(4) = \frac{\pi^4}{90}$ より，積分値は $\frac{4\pi^4}{15}$ である．

$$\int_0^{T_D/T} dx \frac{x^4 e^x}{(e^x-1)^2} \simeq \frac{1}{3}\left(\frac{T_D}{T}\right)^3 - \frac{1}{60}\left(\frac{T_D}{T}\right)^5 \tag{5.44}$$

であるから，

$$C_V \simeq 3Nk_{\mathrm{B}}\left(1-\frac{1}{20}\left(\frac{T_D}{T}\right)^2\right) \tag{5.45}$$

となり，デュロン–プティの法則を再現する．固体のデバイ温度を与えて，この積分を数値的に評価してやれば任意の温度での比熱を評価することができる．図 5.3 (a)(b) には，銅のデバイ温度を 315 K と決めて積分を評価したデバイモデルの結果を重ねてプロットした．室温付近で少しデバイモデルからのずれがあるものの温度領域全体に対して非常によく再現していることがわかる．

またデバイモデルでは，デバイ温度という一つのパラメーターだけでさまざまな物質の格子振動による比熱を再現することが知られている．例えば，ダイヤモンドは硬いため音速 v_0 が大きくなり音速に比例するデバイ温度は 2000 K 程度となっている．このためダイヤモンドでは室温付近ではまだ古典的なデュロン–プティの比熱の値まで到達していないが，2000 K 程度までいくとデュロン–プティの比熱の値に漸近する．

比熱の T^3 則の起源は，結局，状態数密度が $\rho(\omega)\sim w^2$ という ω 依存性をもっていたからであった．このべき指数 2 は空間次元に依存し，2 次元では 1，1 次元では 0 である．このとき低温での格子振動による比熱は，それぞれ T^2，T^1 のように振る舞うことがわかる (章末演習問題 5.3).

5.3.3　連成振動と基準振動

後回しにした**連成振動**を考察しよう．単体の固体のモデルとして，式 (5.19) から発展させて

$$H = \sum_{i=1}^{N} \frac{|\boldsymbol{p}_i|^2}{2m} + \frac{1}{2}\sum_{\substack{i=1,j=1\\(i\neq j)}}^{N} V(\boldsymbol{q}_i - \boldsymbol{q}_j) \tag{5.46}$$

という原子間の相互作用ポテンシャル $V(\boldsymbol{r})$ を含む形に拡張する[12]．以下では原子が格子定数 a の単純立方格子の形に並んでいる場合を考える．原子間の相互作用はもっとも近い原子がもっとも強いと考えられるので，力は最近接の原子にのみ働くと仮定する．i 番目の原子の座標を平衡位置 $\boldsymbol{q}_i^0$ からの変位 $\boldsymbol{u}_i$ で表し，隣り合った i 番目，j 番目の原子に対して，変位の差が十分小さい

$$|\boldsymbol{u}_i-\boldsymbol{u}_j| \ll |\boldsymbol{q}_i^0-\boldsymbol{q}_j^0|=a \tag{5.47}$$

として，相互作用ポテンシャルを展開する．$\boldsymbol{q}_{ij}=\boldsymbol{q}_i-\boldsymbol{q}_j$ と略記して

$$\begin{aligned} V(\boldsymbol{q}_{ij}) &= V(\boldsymbol{u}_i-\boldsymbol{u}_j+\boldsymbol{q}_i^0-\boldsymbol{q}_j^0) \\ &\simeq V(\boldsymbol{q}_i^0-\boldsymbol{q}_j^0)+\frac{1}{2}(\boldsymbol{u}_i-\boldsymbol{u}_j)^T \left.\frac{\partial^2 V}{\partial \boldsymbol{q}_{ij}\partial \boldsymbol{q}_{ij}}\right|_{\boldsymbol{q}_i-\boldsymbol{q}_j=\boldsymbol{q}_i^0-\boldsymbol{q}_j^0} (\boldsymbol{u}_i-\boldsymbol{u}_j) \end{aligned} \tag{5.48}$$

となる．展開の 0 次の項は定数でありエネルギーの原点を決めるだけなので 0 となるようにポテンシャルを取る．展開の 1 次の項は $\boldsymbol{q}_i^0, \boldsymbol{q}_j^0$ の定義より 0 である．2 次の微分係数は微分する向きに依存するが，ここでは等方的であると仮定し，$\alpha\beta$ 成分に対して

$$\left(\left.\frac{\partial^2 V}{\partial \boldsymbol{q}_{ij}\partial \boldsymbol{q}_{ij}}\right|_{\boldsymbol{q}_i-\boldsymbol{q}_j=\boldsymbol{q}_i^0-\boldsymbol{q}_j^0}\right)_{\alpha,\beta} = m\omega_0^2 \delta_{\alpha,\beta} \tag{5.49}$$

と書くことにする．よってハミルトニアンは，

$$H=\sum_{i=1}^{N} \frac{|\boldsymbol{p}_i|^2}{2m}+\frac{1}{2}\sum_{\langle i,j \rangle} m\omega_0^2 |\boldsymbol{u}_i-\boldsymbol{u}_j|^2 \tag{5.50}$$

となる．$\sum_{\langle i,j \rangle}$ は最近接の i,j 原子の組に対して和を取ることを表す．

これは連成振動とよばれる運動のハミルトニアンである．隣り合った原子の変位の差に依存する力が働くので原子間の相互作用が含まれており，分配関数を計算しようとすると一見どうして良いかわからないが，実は変数を取り替えることで独

12) 式 (5.19) の場合とは異なり，原子間の相互作用があるので，固体の表面で相互作用をどうするかなどまだこの段階でよくわからない点があるが，いまのところは固体の境界のことは忘れておいて良い．

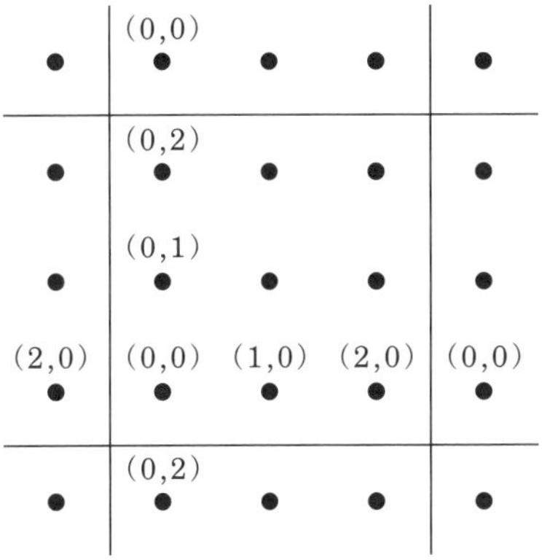

図 5.4 周期境界条件．わかりやすさのため 2 次元の単純正方格子で示している．黒い丸が原子を表し $L=3$ として原子の上に l,m を (l,m) として表示した．中央の 9 個の原子を囲む正方形が考えている固体である．原子 (0,0) の x 軸に沿った両隣が (2,0) と (1,0) になる．

立な調和振動子の集合に変形することができる．この変形を考えるため式 (5.50) を，x,y,z 成分に分解し，

$$H=\sum_{i=1}^{N}\frac{1}{2m}(p_i^x)^2+\frac{1}{2}\sum_{\langle i,j\rangle}m\omega_0^2(u_i^x-u_j^x)^2$$

$$+(x \text{ を } y,z \text{ に置き換えたもの}) \tag{5.51}$$

としてまず x 成分について考えよう．

いま原子の平衡位置は格子間隔 a で単純立方格子の形に並んでいるため，j 番目の原子の平衡位置を，x, y, z 軸各方向の単位ベクトル $\boldsymbol{e}_x,\boldsymbol{e}_y,\boldsymbol{e}_z$ と整数 l,m,n を使って $\boldsymbol{q}_j^0=la\boldsymbol{e}_x+ma\boldsymbol{e}_y+na\boldsymbol{e}_z$ という形に書くことができる．固体全体としても立方体であるとし，$l=0,1,2,\cdots,L-1$, $m=0,1,2,\cdots,L-1$, $n=0,1,2,\cdots,L-1$ という整数の組で原子の平衡位置を指定する．このとき $N=L^3$ である．計算を簡単にするため，原子の配列に関して図 5.4 に示すような**周期境界条件**を仮定しよう．周期境界条件では $l=0$ をもつ原子の x 軸に沿った隣の原子を $l=L-1$, $l=2$ とする．以下，m, n に対しても同様である．l,m,n を整数全体を取るようにして，L を法として同一視すると考えても良い．これは同じ原子が各方向 L ごとに繰り返して現れることを示している．現実の固体で周期境界条件はあり得な

いが，最終的に N が十分に大きい極限を取り扱うのでこのような境界の処理をしても結果には影響しない．

ここで N 個の u_j^x を

$$u_j^x = \frac{1}{\sqrt{N}} \sum_{\boldsymbol{k}} e^{i\boldsymbol{k}\cdot\boldsymbol{q}_j^0} u_{\boldsymbol{k}}^x \tag{5.52}$$

というように新しい N 個の変数 $u_{\boldsymbol{k}}^x$ を使って表す．これは**フーリエ (Fourier) 級数展開**という形の変数変換であり，一見ややこしそうだが，本質的には新しい変数と古い変数の間を行列で線形変換しているだけである．$\boldsymbol{k}$ は N 個の値を取り，どのような値を取るかは上で定義した周期境界条件から決まる．三つの方向に対して周期境界条件 $\boldsymbol{q}_j^0 = \boldsymbol{q}_j^0 + La\boldsymbol{e}_x$，$\boldsymbol{q}_j^0 = \boldsymbol{q}_j^0 + La\boldsymbol{e}_y$，$\boldsymbol{q}_j^0 = \boldsymbol{q}_j^0 + La\boldsymbol{e}_z$ を課した場合，各方向に L だけずらしても変位 u_j^x は同じ値であることから，上の表現から

$$e^{i\boldsymbol{k}\cdot La\boldsymbol{e}_x} = 1, \quad e^{i\boldsymbol{k}\cdot La\boldsymbol{e}_y} = 1, \quad e^{i\boldsymbol{k}\cdot La\boldsymbol{e}_z} = 1 \tag{5.53}$$

でなければならない．よって，$\boldsymbol{k}$ の成分が取る値が決まり，

$$k_x = \frac{2\pi s}{La}, \quad k_y = \frac{2\pi t}{La}, \quad k_z = \frac{2\pi w}{La} \tag{5.54}$$

となる．ここで s,t,w は $s=0,1,\cdots,L-1$, $t=0,1,\cdots,L-1$, $w=0,1,\cdots,L-1$ の値をとる整数である．これら k_x,k_y,k_z を使って $\boldsymbol{k} = k_x\boldsymbol{e}_x + k_y\boldsymbol{e}_y + k_z\boldsymbol{e}_z$ と書く．これを波数ベクトルと呼ぶ．$\boldsymbol{k}$ の和は整数 s,t,w に関する和として置き換える．$\boldsymbol{k}$ を決めた式から，この k_x,k_y,k_z に対しても周期性があり，それぞれの値が $2\pi/a$ だけ異なっていてもまったく同じことがわかる．

またフーリエ級数展開で整数 l に対し，

$$\frac{1}{L} \sum_{s=0}^{L-1} e^{i\frac{2\pi l s}{L}} = \delta_{l=0 \pmod{L}} \tag{5.55}$$

が成立することが知られている[13]．いま，

$$i\boldsymbol{k}\cdot\boldsymbol{q}_j^0 = i\frac{2\pi}{L}(sl + tm + wn) \tag{5.56}$$

13) $\delta_{l=0 \pmod{L}}$ は**クロネッカーのデルタ**の書き換えで $l=0 \pmod{L}$ のとき 1，等しくないとき 0 と定義する．

なので，上の性質から

$$\frac{1}{N}\sum_{\boldsymbol{k}} e^{i\boldsymbol{k}\cdot(\boldsymbol{q}_j^0-\boldsymbol{q}_i^0)} = \delta_{\boldsymbol{q}_j^0,\boldsymbol{q}_i^0},$$
$$\frac{1}{N}\sum_{\boldsymbol{q}_j^0} e^{i(\boldsymbol{k}-\boldsymbol{k}')\cdot\boldsymbol{q}_j^0} = \delta_{\boldsymbol{k},\boldsymbol{k}'} \tag{5.57}$$

が成立することがわかる．ここで $\delta_{\boldsymbol{q}_j^0,\boldsymbol{q}_i^0}$ は，$\boldsymbol{q}_j^0,\boldsymbol{q}_i^0$ を表すそれぞれ三つの整数が $\bmod L$ で等しいことを表す．$\delta_{\boldsymbol{k},\boldsymbol{k}'}$ も同様である．これは変数変換に使った係数を要素とする行列の逆行列を与えていると見ることもできるので，$u_{\boldsymbol{k}}^x$ を表す表現

$$u_{\boldsymbol{k}}^x = \frac{1}{\sqrt{N}}\sum_{\boldsymbol{q}_j^0} e^{-i\boldsymbol{k}\cdot\boldsymbol{q}_j^0} u_j^x \tag{5.58}$$

を得ることができる．この $\boldsymbol{q}_j^0$ の和は整数 l,m,n に関する和である．

ようやく準備ができたので，式 (5.52) をハミルトニアン (5.51) の相互作用の x 成分に代入しよう．結果は

$$\frac{1}{2}m\omega_0^2\frac{1}{N}\sum_{\langle i,j\rangle}\left(\sum_{\boldsymbol{k}}\left(e^{i\boldsymbol{k}\cdot\boldsymbol{q}_i^0}-e^{i\boldsymbol{k}\cdot\boldsymbol{q}_j^0}\right)u_{\boldsymbol{k}}^x\right)\left(\sum_{\boldsymbol{k}'}\left(e^{i\boldsymbol{k}'\cdot\boldsymbol{q}_i^0}-e^{i\boldsymbol{k}'\cdot\boldsymbol{q}_j^0}\right)u_{\boldsymbol{k}'}^x\right)$$
$$=\frac{1}{2}m\omega_0^2\sum_{\boldsymbol{k}}u_{\boldsymbol{k}}^x u_{-\boldsymbol{k}}^x\sum_{\alpha=x,y,z}4\sin^2\frac{k_\alpha a}{2} \tag{5.59}$$

となる．途中で式 (5.57) を使って計算を整理した．また $-\boldsymbol{k}$ は，$\boldsymbol{k}$ の方向ごとの $2\pi/a$ の周期性を使って負の向きに拡張した波数ベクトルである．

運動エネルギーについても

$$p_i^x = m\dot{u}_i^x \tag{5.60}$$

より，同様に計算して

$$\sum_i\frac{1}{2m}(p_i^x)^2 = \frac{1}{2}m\sum_{\boldsymbol{k}}\dot{u}_{\boldsymbol{k}}^x\dot{u}_{-\boldsymbol{k}}^x \tag{5.61}$$

となる．

$u_{\boldsymbol{k}}^x$ の定義式 (5.58) によると，$u_{-\boldsymbol{k}}^x$ は $u_{\boldsymbol{k}}^x$ の複素共役になっていることがわかる．よって $u_{\boldsymbol{k}}^x u_{-\boldsymbol{k}}^x$ や $\dot{u}_{\boldsymbol{k}}^x\dot{u}_{-\boldsymbol{k}}^x$ は，それぞれ $|u_{\boldsymbol{k}}^x|^2$，$|\dot{u}_{\boldsymbol{k}}^x|^2$ である．

よって最終的に連成振動のハミルトニアンは[14)]，y, z 成分も含めて

$$H = \frac{1}{2} m \sum_{\boldsymbol{k}} \left\{ |\dot{u}_{\boldsymbol{k}}^x|^2 + |\dot{u}_{\boldsymbol{k}}^y|^2 + |\dot{u}_{\boldsymbol{k}}^z|^2 + \omega_{\boldsymbol{k}}^2 \left(|u_{\boldsymbol{k}}^x|^2 + |u_{\boldsymbol{k}}^y|^2 + |u_{\boldsymbol{k}}^z|^2 \right) \right\} \tag{5.62}$$

となる．ここで波数に依存した角振動数 $\omega_{\boldsymbol{k}}$ は

$$\omega_{\boldsymbol{k}}^2 = \sum_{\alpha = x, y, z} 4\omega_0^2 \sin^2 \frac{k_\alpha a}{2} \tag{5.63}$$

と定義される．

これは $\boldsymbol{k}$ の値が N 個あることから，もとの連成振動のハミルトニアンと比較して自由度の数はそのまま保たれている[15)]．また $\boldsymbol{k}$ ごとに見ると，それぞれが角振動数 $\omega_{\boldsymbol{k}}$ をもつ独立な調和振動子になっており，相互作用の効果がなくなっている．この結果，前節で行った式 (5.33) などの置き換えが許される．

波数ベクトルが与えられたときに実際にどのような振動が起きているのかは，式 (5.52) から調べることができる．例えば $k_x = 2\pi s/La$，$k_y = k_z = 0$ という波数に対応する $u_{\boldsymbol{k}}^x$ の，虚部が 0 である場合を考えてみよう．このとき u_j^x が実数であることから，$k_x = -2\pi s/La$ の波数に対応する $u_{-\boldsymbol{k}}^x$ は $u_{\boldsymbol{k}}^x$ と等しい．これ以外の波数をもつ $u_{\boldsymbol{k}}^x$ は 0 とする．$\boldsymbol{q}_j^0 = la\boldsymbol{e}_x + ma\boldsymbol{e}_y + na\boldsymbol{e}_z$ とすると，

$$u_j^x = \frac{1}{\sqrt{N}} (e^{i2\pi sl/L} u_{\boldsymbol{k}}^x + e^{-i2\pi sl/L} u_{-\boldsymbol{k}}^x) = \frac{1}{\sqrt{N}} u_{\boldsymbol{k}}^x \cos \frac{2\pi sl}{L} \tag{5.64}$$

となる．$s \neq 0$ ならば角振動数は 0 ではなく，図 5.5 に示すように x 軸に沿った原子に対して波長 La/s をもつ正弦波で表されるような変位の振幅をもつことがわ

14) 正しくは「ハミルトニアンだったもの」である．ハミルトニアンにするために $u_{\boldsymbol{k}}^x$ に共役な運動量をラグランジアンから出発し計算すると

$$p_{\boldsymbol{k}}^x = m\dot{u}_{-\boldsymbol{k}}^x = \frac{1}{\sqrt{N}} \sum_{\boldsymbol{q}_j^0} e^{i\boldsymbol{k}\cdot\boldsymbol{q}_j^0} p_j^x$$

となる．$\boldsymbol{k}$ の符号が変位と逆である．これを使って $\dot{u}_{\boldsymbol{k}}^x$ を書き換えるとハミルトニアンになる．

15) $u_{\boldsymbol{k}}^x$ が複素数になったので自由度の数が倍になっていると思うかもしれないが，$u_{-\boldsymbol{k}}^x$ が $u_{\boldsymbol{k}}^x$ の複素共役であることから，すべての $\boldsymbol{k}$ に対して独立に実部と虚部を取ることができず，結局もとの自由度の数と同じになる．

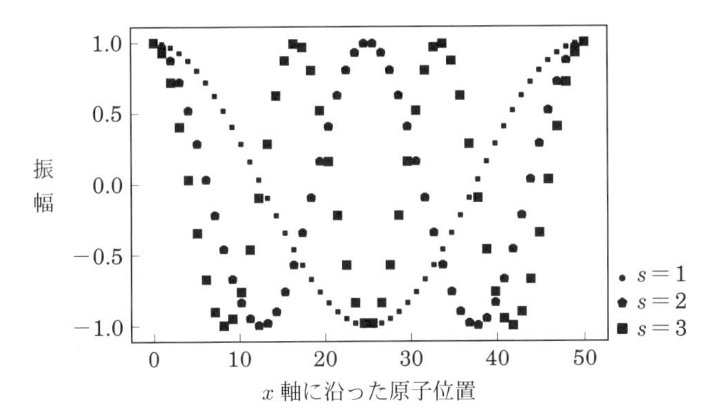

図 5.5 x 軸に沿った原子位置に対する振動の振幅．$L=50$ に対して $s=1,2,3$ をプロットした．

かる．このように連成振動では原子が集団として大きな波を形成し振動が発生する．それぞれの原子が同じ振動数をもって大きな波を形成し振動することを**基準振動**と呼ぶ．各 $\boldsymbol{k}$ ごとに対応する実際の振動の様子を**ノーマルモード (normal mode)** や**固有振動**，**基準モード**などと呼ぶ．また実際の振動の様子を**基準振動**と呼ぶことも多い．角振動数 ω と波数 $\boldsymbol{k}$ の関係 (5.63) を**分散関係**と呼ぶ．

前節で使った角振動数 ω をもつ調和振動子が何個あるかを表す状態数密度 $\rho(\omega)$ について考えよう．定義は式 (5.34) である．波数 $\boldsymbol{k}$ の和は，独立な基準モードの数を表し，いま考えている単純立方格子で $N=L^3$ 個ある．各波数成分が $2\pi/La$ ごとに一つあることを考え，熱力学的極限 $L\to\infty$ で波数は連続的に存在すると見なせるので，和を積分に直すと

$$\sum_{\boldsymbol{k}} \to \left(\frac{La}{2\pi}\right)^3 \int_{-\pi/a}^{\pi/a} dk_x \int_{-\pi/a}^{\pi/a} dk_y \int_{-\pi/a}^{\pi/a} dk_z \tag{5.65}$$

となる．ここで波数の定義域が $0\le k_x \le 2\pi/a$ であったのを，周期性を使って対称性の良い $-\pi/a\le k_x \le \pi/a$ に取り替えた．波数空間でのこの立方体領域を第一ブリルアン (Brillouin) ゾーンと呼ぶ．これを $\mathcal{D}$ と書くと

$$L^3 = \frac{V}{8\pi^3}\int_{\mathcal{D}} d^3\boldsymbol{k} \tag{5.66}$$

と書ける．ここで $V=(aL)^3$ は固体の体積である．よって

$$\rho(\omega) = \sum_{\boldsymbol{k}} \delta(\omega - \omega_{\boldsymbol{k}}) = \frac{V}{8\pi^3} \int_{\mathcal{D}} d^3\boldsymbol{k}\, \delta(\omega - \omega_{\boldsymbol{k}}) \tag{5.67}$$

と書くことができる．$\omega_{\boldsymbol{k}}$ は分散関係 (5.63) から決まる．状態数密度が 0 にならない最大の角振動数をデバイ振動数 ω_D として定義すると，

$$L^3 = \int_0^{\omega_D} d\omega\, \rho(\omega) \tag{5.68}$$

となる．

低温では低エネルギーの振動しか寄与しないことを考えると $\omega_{\boldsymbol{k}}$ の 0 付近，また波数 $\boldsymbol{k}$ も絶対値が小さいところが重要になる．このとき立方体の第一ブリルアンゾーンでも原点付近が重要で第一ブリルアンゾーンの表面付近の構造はあまり影響しないとして，第一ブリルアンゾーンを球で近似しよう．波数の絶対値の最大を k_D と書けば，式 (5.66) より

$$L^3 = \frac{V}{8\pi^3} \int_0^{k_D} dk\, 4\pi k^2 \tag{5.69}$$

となる．また $\hbar\boldsymbol{k} = \boldsymbol{p}$ として，運動量に変数変換することもでき，

$$L^3 = \int_0^{\omega_D} d\omega\, \rho(\omega) = \int_{|\boldsymbol{p}| \le p_D = \hbar k_D} \frac{d^3\boldsymbol{q}\, d^3\boldsymbol{p}}{(2\pi\hbar)^3} \tag{5.70}$$

と表すことも可能である．これは調和振動子の数は古典的な状態数そのものということを表している．分散関係を波数の絶対値が小さいとして近似 (長波長近似) すると，

$$\omega_{\boldsymbol{k}}^2 \simeq \omega_0^2 a^2 (k_x^2 + k_y^2 + k_z^2) = \omega_0^2 a^2 |\boldsymbol{k}|^2 \tag{5.71}$$

という線形の分散関係を得る．位相速度 $v_0 = \omega_0 a$ と定義すると，$\omega_{\boldsymbol{k}} = v_0 |\boldsymbol{k}|$ となる．状態数密度は式 (5.67) で計算することができ，

$$\rho(\omega) = \frac{V}{8\pi^3} \int_0^{k_D} dk\, 4\pi k^2 \delta(\omega - v_0 k) = \frac{V}{2\pi^2 v_0^3} \omega^2 \tag{5.72}$$

となる．また式 (5.68) と式 (5.69) を見比べて，ω と k の間の変数変換を考えても $\rho(\omega)$ を導出することができる．

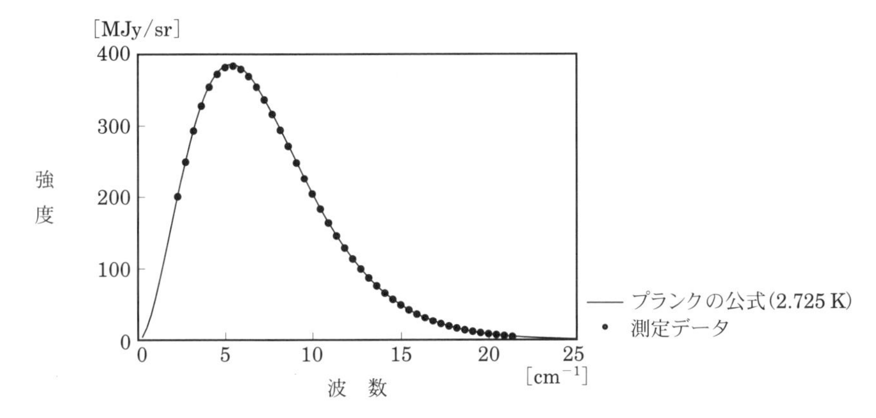

図 5.6 宇宙背景放射のスペクトル．波数を横軸にして強度をプロットした．強度の単位は単位立体角あたりのジャンスキー (Jy)，1 Jy$=1\times10^{-26}$ W m^{-2} Hz^{-1} である．$T=2.725$ K に対応するプランクの公式も同時にプロットした．

5.4 黒体放射

5.4.1 熱放射と黒体放射，空洞放射

一般に有限温度の物体は必ず電磁波を放射している．この放射を**熱放射**，**熱輻射**と呼ぶ．あとで述べる黒体とよばれる理想的な物体からの熱放射には，放射強度を角振動数 ω ごとに分解した放射スペクトル $J(\omega,T)$ が物体の詳細に依存せず温度 T にのみ依存する普遍的な形をもって存在する．これを**プランク (Planck) の法則**と呼ぶ．またこの普遍的な熱放射のスペクトル

$$J(\omega,T)=\frac{1}{4\pi^2c^2}\frac{\hbar\omega^3}{e^{\beta\hbar\omega}-1} \tag{5.73}$$

を**プランクの公式**と呼ぶ．ここで c は光速である．

普遍的なスペクトルをもつ熱放射のよく知られている例として**宇宙の背景放射**があり，その観測結果を図 5.6 に示す[16]．この図では横軸を波数にしてプロットし

16) データは D. J. Fixsen らによる "The Cosmic Microwave Background Spectrum from the Full COBE FIRAS Data Set", *Astrophysical Journal*, **473**, 576 (1996) を元にした `https://lambda.gsfc.nasa.gov/product/cobe/firas_monopole_get.cfm` より引用した．

ているが，電磁波は光速で伝わるので波数はそのまま角振動数に比例する．プランクの公式の曲線も示してあり，対応する温度は $T=2.725$ K である．観測データとプランクの公式の曲線は非常に良く一致している．また太陽からの放射のスペクトルもプランクの公式でよく表されることが知られており，このときの温度は約 5000 K である．プランクの法則は，実は熱平衡状態にある電磁波の性質で説明できることがわかっており，宇宙背景放射は $T=2.725$ K の熱平衡状態に，太陽は約 5000 K の熱平衡状態に対応する．この節では電磁波の統計力学を取り扱い，プランクの法則を考察しよう．

プランクの法則は，一般に電磁波をまったく反射せずすべて吸収してしまう物体に対して成立する．このような電磁波をまったく反射しない物体はある種の理想化であり，まったく電磁波を反射しないことから**黒体**と呼ばれる．黒体からの熱放射を特別に**黒体放射**と呼ぶ．もし電磁波の一部を反射するような物体なら熱放射が物体の反射の性質に依存し，物体ごとに熱放射のスペクトルが異なる．このような場合には普遍的なスペクトルは期待できない．

物体としての黒体が存在しないとしてもこのような状況がまったく実現しないわけではない．例えば熱浴として機能する壁で四方を囲まれた十分に大きな体積をもつ真空領域があるとする．この壁が完全な反射をしない素材でできていると，壁は真空領域に存在する電磁波を吸収し，また壁は熱放射を行い電磁波を放出する．このとき真空領域内部の電磁波は壁と熱平衡状態にある．このような真空領域を，壁に微小な穴を空けて外部とつなごう．実はこの穴は外部から見たときに黒体として振る舞う．実際，外部からこの穴に入射してきた電磁波を考えると，内部の真空領域が十分に大きいときには，入射してきた電磁波は再び穴から外に出ることはないだろう．これは外部から入射した電磁波を完全に吸収したのと同じであり，黒体の性質と等しい．また穴から内部の熱平衡状態にある電磁波が漏れだし，外部に放射を行う．これが黒体放射と同じ性質をもっており，**空洞放射**と呼ばれる．

真空領域での角振動数で分解した電磁波のエネルギー密度を $u(\omega,T)$ と書くことにする．単位体積あたりのエネルギー $U(T)$ は

$$U(T)=\int_0^\infty d\omega u(\omega,T) \tag{5.74}$$

となる．電磁波はすべての方向に光速 c で進行しており，この微小な穴に垂直な速度成分は

$$c_\perp = \frac{c}{4\pi}\int_0^{\pi/2} d\theta \sin\theta \int_0^{2\pi} d\phi \cos\theta = \frac{c}{4} \tag{5.75}$$

と計算でき，穴からの空洞放射スペクトル $J(\omega,T)$ は

$$J(\omega,T) = \frac{c}{4} u(\omega,T) \tag{5.76}$$

と書くことができる．よって黒体輻射のスペクトルを理解するためには，熱平衡状態にある単位体積あたりの電磁波のエネルギー密度を計算する必要がある．

5.4.2 電磁波の基準振動

一辺 L，体積 $V = L^3$ の立方体中の電磁場を考えよう．境界を完全導体とすると，境界で電場 $\boldsymbol{E}$ の境界に平行な成分 $\boldsymbol{E}_\parallel$ が 0，磁場 $\boldsymbol{B}$ の境界に鉛直な成分 $\boldsymbol{B}_\perp$ が 0 となる．真空中の**マクスウェル (Maxwell) 方程式**

$$\begin{aligned} \nabla\cdot\boldsymbol{E} = 0, \quad & \nabla\times\boldsymbol{E} = -\frac{\partial \boldsymbol{B}}{\partial t}, \\ \nabla\cdot\boldsymbol{B} = 0, \quad & \nabla\times\boldsymbol{B} = \epsilon_0\mu_0\frac{\partial \boldsymbol{E}}{\partial t} \end{aligned} \tag{5.77}$$

において，ベクトルポテンシャル $\boldsymbol{A}$ を使って，電場 $\boldsymbol{E}$，磁場 $\boldsymbol{B}$ を

$$\boldsymbol{E} = -\dot{\boldsymbol{A}}, \quad \boldsymbol{B} = \nabla\times\boldsymbol{A} \tag{5.78}$$

と表し，クーロン (Coulomb) ゲージ $\nabla\cdot\boldsymbol{A} = 0$ を取ると，マクスウェル方程式から波動方程式

$$\nabla^2\boldsymbol{A} = \frac{1}{c^2}\frac{\partial^2 \boldsymbol{A}}{\partial t^2} \tag{5.79}$$

が得られる．ここで光速 c は，真空中の誘電率 ϵ_0 と透磁率 μ_0 を使って $c^2 = 1/(\epsilon_0\mu_0)$ と書くことができる．このとき電磁波の全エネルギー E は

$$E = \frac{1}{2\mu_0}\int dV \left[\frac{1}{c^2}\dot{\boldsymbol{A}}^2 + (\nabla\times\boldsymbol{A})^2\right] \tag{5.80}$$

という体積積分の形に書くことができる．

電磁場の境界条件を満たす解は，

$$
\begin{aligned}
A_x(x,y,z,t) &= \sum_{k_x,k_y,k_z} Q_x(\boldsymbol{k},t)\cos(k_x x)\sin(k_y y)\sin(k_z z),\\
A_y(x,y,z,t) &= \sum_{k_x,k_y,k_z} Q_y(\boldsymbol{k},t)\sin(k_x x)\cos(k_y y)\sin(k_z z),\\
A_z(x,y,z,t) &= \sum_{k_x,k_y,k_z} Q_z(\boldsymbol{k},t)\sin(k_x x)\sin(k_y y)\cos(k_z z)
\end{aligned}
\tag{5.81}
$$

のようにフーリエ級数展開の形で表すことができる．ここで $\boldsymbol{k}$ は波数ベクトル

$$
k_x = \frac{\pi n_x}{L}, \quad k_y = \frac{\pi n_y}{L}, \quad k_z = \frac{\pi n_z}{L} \tag{5.82}
$$

であり，$n_x, n_y n_z$ は0以上の整数を取る．また $\boldsymbol{Q}(\boldsymbol{k},t)$ は波数に応じたベクトル値の未知関数である．クーロンゲージの条件から，$\boldsymbol{Q}\cdot\boldsymbol{k}=0$ でなければならないので，

$$
\boldsymbol{Q}(\boldsymbol{k},t) = q_1(\boldsymbol{k},t)\boldsymbol{e}_1(\boldsymbol{k}) + q_2(\boldsymbol{k},t)\boldsymbol{e}_2(\boldsymbol{k}) \tag{5.83}
$$

と書くことができる．$\boldsymbol{e}_1(\boldsymbol{k})$, $\boldsymbol{e}_2(\boldsymbol{k})$ は波数ベクトル $\boldsymbol{k}$ と直交し，かつ互いに直交する二つの単位ベクトルである．この $q_1(\boldsymbol{k},t), q_2(\boldsymbol{k},t)$ が電磁波のもつ偏光の自由度を表す未知の関数である．

このベクトルポテンシャルの表現を波動方程式に代入し，三角関数の直交性を利用すると，ベクトルとして

$$
-|\boldsymbol{k}|^2 \boldsymbol{Q} = \frac{1}{c^2}\frac{\partial^2 \boldsymbol{Q}}{\partial t^2} \tag{5.84}
$$

を，また $\boldsymbol{e}_1(\boldsymbol{k})$, $\boldsymbol{e}_2(\boldsymbol{k})$ との内積を取れば，

$$
-c^2|\boldsymbol{k}|^2 q_i(\boldsymbol{k},t) = \frac{\partial^2 q_i(\boldsymbol{k},t)}{\partial t^2}, \quad i=1,2 \tag{5.85}
$$

を得る．この運動方程式から q_1, q_2 がそれぞれ調和振動子として振る舞うことがわかる．また同時に角振動数と波数の関係を決めることができ，$\omega_{\boldsymbol{k}}^2 = c^2|\boldsymbol{k}|^2$ となる．これは電磁波に対する**分散関係**である．電場や磁場が波数に応じた振動数をもって振動しているので，この場合も**基準振動**と呼ぶ．

またエネルギーの式にベクトルポテンシャルの表現を直接代入し，座標積分を

実行すると

$$E=\frac{L^3}{16\mu_0 c^2}\sum_{\boldsymbol{k}}\left[\left|\dot{\boldsymbol{Q}}(\boldsymbol{k},t)\right|^2+\omega_{\boldsymbol{k}}^2\left|\boldsymbol{Q}(\boldsymbol{k},t)\right|^2\right]$$
$$=\frac{L^3}{16\mu_0 c^2}\sum_{i=1}^{2}\sum_{\boldsymbol{k}}[\dot{q}_i(\boldsymbol{k},t)^2+\omega_{\boldsymbol{k}}^2 q_i(\boldsymbol{k},t)^2] \tag{5.86}$$

となり，電磁場のエネルギーは調和振動子の集団として表現できる．

連成振動のときと同様に，熱力学的極限 $L\to\infty$ を取り波数の和を波数の積分で書き換えることを考える．いま波数はそれぞれの方向に対して π/L ごとに一つあるから，L が十分に大きいときは

$$\sum_{k_x}\to\frac{L}{\pi}\int_0^\infty dk_x \tag{5.87}$$

という書き換えができる．よって，ある波数に依存した関数 $f(\boldsymbol{k})$ のすべての基準モードに対する和は，偏光の自由度も含めて

$$2\sum_{\boldsymbol{k}}f(\boldsymbol{k})\to\frac{2V}{\pi^3}\int_0^\infty dk_x\int_0^\infty dk_y\int_0^\infty dk_z\, f(\boldsymbol{k}) \tag{5.88}$$

となる．被積分関数が波数に対して等方的ならば $|\boldsymbol{k}|=k$ として $f(\boldsymbol{k})$ は k のみの関数 $f(k)$ と書け，

$$\frac{2V}{\pi^3}\int_0^\infty dk_x\int_0^\infty dk_y\int_0^\infty dk_z\, f(k)=\frac{V}{\pi^2}\int_0^\infty dk\, k^2 f(k) \tag{5.89}$$

となる．分散関係 $\omega_{\boldsymbol{k}}=ck$ を使って角振動数の積分で書くこともでき，

$$\frac{V}{\pi^2}\int_0^\infty dk\, k^2 f(k)=\frac{V}{\pi^2 c^3}\int_0^\infty d\omega\,\omega^2 f(\omega/c) \tag{5.90}$$

となる．単位体積あたりの角振動数に対する状態数密度 $\rho(\omega)$ はこの積分から $f=1$ として

$$\rho(\omega)=\frac{\omega^2}{\pi^2 c^3} \tag{5.91}$$

であることがわかる．

5.4.3 熱平衡状態にある電磁波: プランクの法則

前節で，真空中の電磁波は無限個の基準モードをもつ調和振動子の集団として記述されることがわかった．こうなるとカノニカル集団で簡単に計算できる．すぐにわかることはこの調和振動子を古典的に取り扱うと，プランクの法則は成立しない．よって量子力学的に取り扱う必要がある．4.4.4 節より，角振動数 ω をもつ一つの調和振動子に対してエネルギーの期待値 E_ω は

$$E_\omega = \hbar\omega\left(\frac{1}{2} + \frac{1}{e^{\beta\hbar\omega}-1}\right) \tag{5.92}$$

である．よって単位体積あたりのエネルギー $U(T)$ は，式 (5.90) より

$$U(T) = \frac{1}{\pi^2 c^3}\int_0^\infty d\omega\,\hbar\omega^3\left(\frac{1}{2} + \frac{1}{e^{\beta\hbar\omega}-1}\right) = U_0 + \frac{1}{\pi^2 c^3}\int_0^\infty d\omega\,\frac{\hbar\omega^3}{e^{\beta\hbar\omega}-1} \tag{5.93}$$

と書くことができる．ここで U_0 は調和振動子を量子力学的に取り扱った際の零点エネルギーからの寄与であるが，調和振動子の数が無限大なので，単位体積あたりに直したとしても無限である．ただこの無限大のエネルギーは真空がもっているエネルギーであり，実際はそこからの差しか観測することができないので，通常はこの U_0 をエネルギーの原点 0 にとる．よって

$$U(T) = \frac{1}{\pi^2 c^3}\int_0^\infty d\omega\,\frac{\hbar\omega^3}{e^{\beta\hbar\omega}-1} \tag{5.94}$$

である．角振動数で分解したエネルギー密度 $u(\omega, T)$ の定義 (5.74) より

$$u(\omega, T) = \frac{1}{\pi^2 c^3}\frac{\hbar\omega^3}{e^{\beta\hbar\omega}-1} \tag{5.95}$$

となり，黒体放射のスペクトルを表す**プランクの公式**

$$J(\omega, T) = \frac{1}{4\pi^2 c^2}\frac{\hbar\omega^3}{e^{\beta\hbar\omega}-1} \tag{5.96}$$

を得る．プランク自身は量子力学の確立以前に，調和振動子がとびとびのエネルギーの値を取るとしてこの式を導出した．そのときに導入されたのが**プランク定数** h である．

単位体積あたりのエネルギーに対して $x = \beta\hbar\omega$ と置いて積分を書き換えると，

$$U(T)=\frac{1}{\pi^2}\left(\frac{k_{\rm B}T}{\hbar c}\right)^3 k_{\rm B}T\int_0^\infty dx\,\frac{x^3}{e^x-1} \tag{5.97}$$

となる．積分は単なる数なので[17] エネルギー密度が温度 T の 4 乗に比例していることがわかる．これはプランク以前に**シュテファン–ボルツマン (Stefan-Boltzmann) の法則**として知られていた性質であり，熱力学のみから導出することができる．

電磁波の圧力 p を計算してみよう．4.4.4 節より，角振動数 ω をもつ一つの調和振動子に対してヘルムホルツの自由エネルギー F_ω は

$$F_\omega=\frac{\hbar\omega}{2}+k_{\rm B}T\log(1-e^{-\beta\hbar\omega}) \tag{5.98}$$

である．よってヘルムホルツの自由エネルギー F は，すべての基準モードの和として

$$F=\frac{V}{\pi^2c^3}\int_0^\infty d\omega\omega^2\left(\frac{\hbar\omega}{2}+k_{\rm B}T\log(1-e^{-\beta\hbar\omega})\right) \tag{5.99}$$

となる．圧力 p は

$$p=-\left(\frac{\partial F}{\partial V}\right)_T=p_0-\frac{k_{\rm B}T}{\pi^2c^3}\int_0^\infty d\omega\omega^2\log(1-e^{-\beta\hbar\omega}) \tag{5.100}$$

となる．ここで p_0 は，零点エネルギーからの圧力への寄与で無限大であるが，エネルギーのときと同じく無視する．残った積分で ω^2 と $\log(1-e^{-\beta\hbar\omega})$ と分け部分積分を実行すると，

$$p=\frac{1}{3}\frac{1}{\pi^2}\left(\frac{k_{\rm B}T}{\hbar c}\right)^3 k_{\rm B}T\int_0^\infty dx\,\frac{x^3}{e^x-1}=\frac{1}{3}U(T) \tag{5.101}$$

となる．よって電磁波の圧力はエネルギー密度の 1/3 であり，2/3 である理想気体とは異なる．

4.4.4 節で見たように，量子力学的な調和振動子は生成消滅演算子を使って仮想的な粒子として表すことができる．電磁場の場合には対応する仮想的な粒子を光

---

17) この積分は連成振動でも出てきた．92 ページの脚注より $\int_0^\infty dx\,\frac{x^3}{e^x-1}=\frac{\pi^4}{15}$ である．

子と呼ぶ．ここで調べたエネルギーや圧力は，光子からなる気体の熱力学的および統計力学的な性質であると言うことができ，10.4 節で光子の立場から考察する．

演習問題

問題 5.1

N サイトの二準位系で基底状態のエネルギーを 0，励起状態のエネルギーがサイト i に依存し ϵ_i であるとする．エネルギー期待値と熱容量を求めよ．また ϵ_i が確率密度分布 $\rho(\epsilon)\sim$一定 で分布しているとき，低温でのエネルギー期待値と熱容量の温度依存性を調べよ．

問題 5.2

質量 m の単原子分子 N 個からなる理想気体が重力下 (重力加速度を g とする) で，底面積 A，高さ L の長方体の中で温度 T の熱平衡状態にあるとする．鉛直上向きに z 軸を取り，ポテンシャルエネルギーの原点を $z=0$ として分子の z 座標の期待値を $L\to\infty$ の極限で求めよ．

問題 5.3

d 次元 $(d=1,2)$ の連成振動に対し角振動数の状態数密度 $\rho(\omega)$ を，式 (5.72) を導出した議論を参考に求めよ．また熱容量の低温での温度依存性を求めよ．

第6章

グランドカノニカル集団

これまでミクロカノニカル集団，カノニカル集団と (E,V,N)，(T,V,N) が一定の熱平衡状態に対するアンサンブルを考えてきた．ここで粒子数 N の代わりに化学ポテンシャル μ を使う (T,V,μ) が一定である熱平衡状態を取り扱うアンサンブルを考察しよう．

6.1 グランドカノニカル集団の導出

(T,V,N) が一定の熱平衡状態を取り扱うカノニカル集団に対して，粒子数 N の代わりに化学ポテンシャル μ を使う (T,V,μ) が一定の熱平衡状態を取り扱うアンサンブルを**グランドカノニカル集団**，**グランドカノニカルアンサンブル**，また**大正準集合**と呼ぶ．

まずグランドカノニカル集団に対して微視的状態の実現確率がどのようになるか考えよう．基本的な考え方は，4 章でミクロカノニカル集団からカノニカル集団を導いたのと同じである．注目する系の粒子数 N が変わっても良いので，熱溜に加えて粒子溜も考え注目系と熱・粒子溜の間でエネルギーと粒子のやりとりを許すとしよう．全系は注目系と熱・粒子溜からなり，孤立していてミクロカノニカル集団で取り扱うことが可能であるとする．また熱・粒子溜は注目系と比較して十分に大きく巨視的であるとし，注目系と熱・粒子溜の相互作用は十分に小さいとする．

全系の微視的状態は，注目系の微視的状態と熱・粒子溜の微視的状態を決めると決定することができる．注目系の微視的状態および熱・粒子溜の微視的状態は注目系の粒子数 N，熱・粒子溜の粒子数 N_{R} に依存し，それを明示的にするため

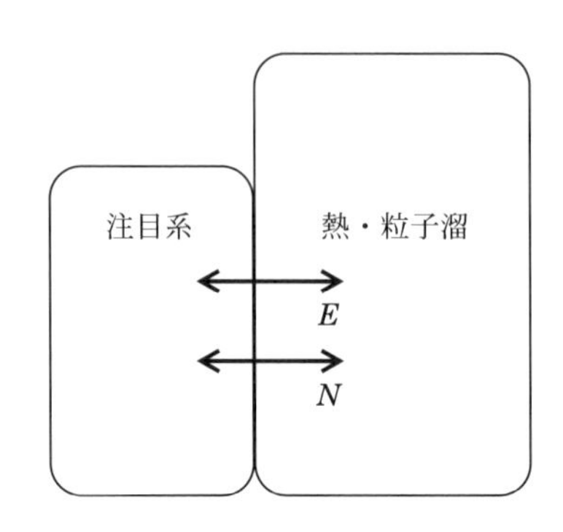

図 6.1　グランドカノニカル集団の設定: 全系と注目系，熱・粒子溜．全系は注目系と熱・粒子溜からなり，全系は孤立している．注目系と熱・粒子溜はエネルギーと粒子のやり取りが可能である．

注目系の微視的状態を $i(N)$，熱・粒子溜の微視的状態を $\alpha(N_{\rm R})$ と書く[1)]．全系の微視的状態は粒子の分配 $(N,N_{\rm R})$ と $(i(N),\alpha(N_{\rm R}))$ の組で決まる．全系のエネルギーを $E_{\rm total}$，粒子数を $N_{\rm total}$，注目系のエネルギーを $E_{i(N)}$，熱・粒子溜のエネルギーを $E_{\alpha(N_{\rm R})}$ とすれば，

$$
\begin{aligned}
E_{\rm total} &= E_{i(N)} + E_{\alpha(N_{\rm R})}, \\
N_{\rm total} &= N + N_{\rm R}
\end{aligned}
\tag{6.1}
$$

と書ける．ここで注目系と熱溜との相互作用が十分に小さいとして，その分のエネルギーを無視した．

これ以降はカノニカル集団を導出した考え方とほぼ並行して議論を進めることができる．全系はミクロカノニカル集団として取り扱うことが可能で，全系の微視的状態 $(i(N),\alpha(N_{\rm R}))$ の実現確率 $p_{(i(N),\alpha(N_{\rm R}))}$ は，エネルギー区間 $[E_{\rm total},E_{\rm total}+\delta E]$ の間にある全系の微視的状態の数 $W_{\rm total}(E_{\rm total},\delta E)$ を使って，等重率の原理より $p_{(i(N),\alpha(N_{\rm R}))}=1/W_{\rm total}(E_{\rm total},\delta E)$ と決まる．

またカノニカル集団を考えたときと同様に，注目系の粒子数を N，微視的状態をある微視的状態 $i(N)$ に固定すると，エネルギー値 $E_{i(N)}$ が固定される．このとき熱・粒子溜の微視的状態の取りうる総数は，熱・粒子溜のエネルギー値 $E_{\alpha}(N_{\rm R})$ が $E_{\rm total}-E_{i(N)}\leq E_{\alpha(N_{\rm R})}\leq E_{\rm total}-E_{i(N)}+\delta E$ を満たす，熱・粒子溜の微視的

1) 以下，微視的状態として離散的な数えられる状態を念頭に議論を進める．

状態の数 $W_{\mathrm{R}}(E_{\mathrm{total}}-E_{i(N)},\delta E)$ で決まる．これから全系の微視的状態の総数は

$$W_{\mathrm{total}}(E_{\mathrm{total}},\delta E)=\sum_{N=0}^{N_{\mathrm{total}}}\sum_{i(N)=1}^{n_N}W_{\mathrm{R}}(E_{\mathrm{total}}-E_{i(N)},\delta E) \tag{6.2}$$

となる．ここで n_N は，注目系の粒子数を N に固定したときの微視的状態の総数である．

カノニカル集団のときと同様に考えて注目系が粒子数 N，微視的状態 $i(N)$ にある確率 $p_{i(N)}$ は，

$$p_{i(N)}=\frac{W_{\mathrm{R}}(E_{\mathrm{total}}-E_{i(N)},\delta E)}{W_{\mathrm{total}}(E_{\mathrm{total}},\delta E)}=\frac{W_{\mathrm{R}}(E_{\mathrm{total}}-E_{i(N)},\delta E)}{\displaystyle\sum_{N=0}^{N_{\mathrm{total}}}\sum_{i(N)=1}^{n_N}W_{\mathrm{R}}(E_{\mathrm{total}}-E_{i(N)},\delta E)} \tag{6.3}$$

となる．

これで注目系の微視的状態の実現確率が熱・粒子溜の微視的状態の数で書けた．$W_{\mathrm{R}}(E_{\mathrm{total}}-E_{i(N)},\delta E)$ をボルツマンの公式を使ってエントロピーで表し，熱・粒子溜が注目系と比較して十分に大きい $(E_{\mathrm{total}}\simeq E_{\alpha(N_{\mathrm{R}})}\gg E_{i(N)},N_{\mathrm{total}}\simeq N_{\mathrm{R}}\gg N)$ として展開しよう．いま展開したい熱・粒子溜のエントロピーは $S_{\mathrm{R}}(E_{\mathrm{total}}-E_{i(N)},N_{\mathrm{total}}-N)$ であり，

$$\begin{aligned}S_{\mathrm{R}}(E_{\mathrm{total}}-E_{i(N)},N_{\mathrm{total}}-N)&\simeq S_{\mathrm{R}}(E_{\mathrm{total}},N_{\mathrm{total}})\\&\quad-\left.\frac{\partial S_{\mathrm{R}}}{\partial E}\right|_{E=E_{\mathrm{total}}}E_{i(N)}-\left.\frac{\partial S_{\mathrm{R}}}{\partial N}\right|_{N=N_{\mathrm{total}}}N\\&=S_{\mathrm{R}}(E_{\mathrm{total}},N_{\mathrm{total}})-\frac{1}{T_{\mathrm{R}}}E_{i(N)}+\frac{\mu_{\mathrm{R}}}{T_{\mathrm{R}}}N\end{aligned} \tag{6.4}$$

となる．ここで T_{R}, μ_{R} は熱・粒子溜の温度および化学ポテンシャルであり，熱・粒子溜が注目系に対して十分大きく巨視的であれば確定した値を取っている．このエントロピーの展開を注目系の**微視的状態の実現確率** に代入すると，

$$p_{i(N)}=\frac{\exp\left[-\dfrac{1}{k_{\mathrm{B}}T_{\mathrm{R}}}E_{i(N)}+\dfrac{\mu_{\mathrm{R}}}{k_{\mathrm{B}}T_{\mathrm{R}}}N\right]}{\displaystyle\sum_{N=0}^{N_{\mathrm{total}}}\sum_{i(N)=1}^{n_N}\exp\left[-\frac{1}{k_{\mathrm{B}}T_{\mathrm{R}}}E_{i(N)}+\frac{\mu_{\mathrm{R}}}{k_{\mathrm{B}}T_{\mathrm{R}}}N\right]} \tag{6.5}$$

となる．この結果で熱・粒子溜の情報は温度 T_R と化学ポテンシャル μ_R にのみ残っており，注目系の粒子数 N と微視的状態 $i(N)$ のときのエネルギー値 $E_{i(N)}$ が決まると微視的状態 $i(N)$ の実現確率が決まることになる．以下では注目系が熱平衡状態では熱・粒子溜と同じ温度，同じ化学ポテンシャルをもつことから $T_\mathrm{R},\mu_\mathrm{R}$ を T,μ と書くことにする．

実現確率の分母を Ξ と置き，これを**大分配関数**と呼ぶ．また熱・粒子溜が十分巨視的であれば，全粒子数について $N_\mathrm{total}=\infty$ としても問題ない．注目系の粒子数を N に固定したときの微視的状態の総数 n_N も，すべての状態を取るとして問題ない．

$$\Xi=\sum_{N=0}^{\infty}\sum_{i(N)=1}^{\infty}\exp\left[-\frac{1}{k_\mathrm{B}T}E_{i(N)}+\frac{\mu}{k_\mathrm{B}T}N\right]. \tag{6.6}$$

大分配関数は N 粒子系に対するカノニカル集団での分配関数 $Z_N(\beta)$ を使って，

$$\Xi=\sum_{N=0}^{\infty}Z_N(\beta)e^{\beta\mu N} \tag{6.7}$$

と書くこともできる．よって古典的な連続状態の場合やギブスの修正因子が必要な場合などは分配関数でカノニカル集団のときと同様に処理する．

この形を見ると大分配関数は分配関数の粒子数に関する (離散的な) ラプラス変換になっていることがわかる．もう予想がつくだろうが，鞍点法で大分配関数の和を評価するとヘルムホルツの自由エネルギーから粒子数を化学ポテンシャルにルジャンドル変換した新たな熱力学関数が大分配関数の対数と関連付くことになる．よって大分配関数の対数から熱力学関数を定義することができ，熱力学的な量はその熱力学関数から計算することができる．このことは 6.4 節で確認する．

6.2 グランドカノニカル集団の基本的な性質

6.2.1 粒子数の期待値と分散

グランドカノニカル集団でも期待値の表現などはカノニカル集団でやったときと同じように考えることができる．ここでは，具体的に粒子数に注目して期待値やその分散などを考えてみよう．

まずは，グランドカノニカル集団での微視的状態の実現確率 (6.5) から，粒子数の期待値を求めよう[2)].

$$\langle N\rangle_{\rm eq}=\sum_{N=0}^{\infty}\sum_{i(N)=1}^{\infty}Np_{i(N)}=\frac{\displaystyle\sum_{N=0}^{\infty}\sum_{i(N)=1}^{\infty}N\exp[-\beta E_{i(N)}+\beta\mu N]}{\displaystyle\sum_{N=0}^{\infty}\sum_{i(N)=1}^{\infty}\exp[-\beta E_{i(N)}+\beta\mu N]} \tag{6.8}$$

であるから，

$$\langle N\rangle_{\rm eq}=\frac{1}{\beta}\frac{1}{\Xi}\frac{\partial}{\partial\mu}\Xi=\frac{1}{\beta}\frac{\partial}{\partial\mu}\log\Xi \tag{6.9}$$

と書くことができる．

また粒子数の 2 乗の期待値は

$$\langle N^2\rangle_{\rm eq}=\frac{\displaystyle\sum_{N=0}^{\infty}\sum_{i(N)=1}^{\infty}N^2\exp[-\beta E_{i(N)}+\beta\mu N]}{\displaystyle\sum_{N=0}^{\infty}\sum_{i(N)=1}^{\infty}\exp[-\beta E_{i(N)}+\beta\mu N]}=\frac{1}{\Xi}\frac{1}{\beta^2}\frac{\partial^2}{\partial\mu^2}\Xi \tag{6.10}$$

であるので，粒子数の分散は

$$\langle N^2\rangle_{\rm eq}-\langle N\rangle_{\rm eq}^2=\frac{1}{\beta^2}\frac{\partial^2}{\partial\mu^2}\log\Xi=k_{\rm B}T\frac{\partial\langle N\rangle_{\rm eq}}{\partial\mu} \tag{6.11}$$

となる．この $\dfrac{\partial\langle N\rangle_{\rm eq}}{\partial\mu}$ は以下のように等温圧縮率 $\kappa_T=-\dfrac{1}{V}\left(\dfrac{\partial V}{\partial p}\right)_{T,N}$ に比例する．

$\dfrac{\partial\langle N\rangle_{\rm eq}}{\partial\mu}$ は, 熱力学的には $\left(\dfrac{\partial N}{\partial\mu}\right)_{T,V}$ であり，ギブス–デュエム (Gibbs-Duhem) 関係式 $SdT+Nd\mu=Vdp$ を使うと，

$$\left(\frac{\partial\mu}{\partial N}\right)_{T,V}=\frac{V}{N}\left(\frac{\partial p}{\partial N}\right)_{T,V} \tag{6.12}$$

2) 粒子数を固定したときの微視的状態は離散的であるとして計算するが，連続的な微視的状態に対しても同様にできる．

となる．一方，$N\left(\frac{\partial p}{\partial N}\right)_{T,V}+V\left(\frac{\partial p}{\partial V}\right)_{T,N}=0$ であるから[3)]，

$$\left(\frac{\partial \mu}{\partial N}\right)_{T,V}=-\left(\frac{V}{N}\right)^2\left(\frac{\partial p}{\partial V}\right)_{T,N}. \tag{6.13}$$

等温圧縮率の定義を使えば，

$$\left(\frac{\partial \mu}{\partial N}\right)_{T,V}=\frac{V}{N^2}\frac{1}{\kappa_T}. \tag{6.14}$$

よって，

$$\frac{\partial \langle N\rangle_{\mathrm{eq}}}{\partial \mu}=\frac{\langle N\rangle_{\mathrm{eq}}^2\kappa_T}{V} \tag{6.15}$$

となる．したがって粒子数の分散は

$$\langle N^2\rangle_{\mathrm{eq}}-\langle N\rangle_{\mathrm{eq}}^2=\frac{\langle N\rangle_{\mathrm{eq}}^2 k_{\mathrm{B}}T\kappa_T}{V} \tag{6.16}$$

となり，等温圧縮率に比例する．

6.2.2 互いに独立な部分系からなる注目系

グランドカノニカル集団でも，注目系が互いに独立な n 個の部分系からなっている場合を考えることができる．このとき注目系全体の微視的状態 $i(N)$ はそれぞれの部分系の微視的状態に分配された粒子数の集合 $\{N_1,N_2,\cdots,N_n\}$ とそれぞれの粒子数に対応した微視的状態の集合 $\{i_1(N_1),i_2(N_2),\cdots,i_n(N_n)\}$ で表すことができる．

また注目系全体のエネルギー $E_{i(N)}$ はそれぞれの部分系のエネルギーの和 $E_{i_1(N_1)}+E_{i_2(N_2)}+\cdots+E_{i_n(N_n)}$，注目系全体の粒子数 N はそれぞれの部分系の粒子数の和 $N=N_1+N_2+\cdots+N_n$ となる．微視的状態の実現確率は

$$p_{\{i_1(N_1),i_2(N_2),\cdots,i_n(N_n)\}}=\frac{1}{\Xi}\prod_{j=1}^{n}\exp[-\beta E_{i_j(N_j)}+\beta\mu N_j] \tag{6.17}$$

であり，大分配関数はそれぞれの部分系について粒子数を含むすべての状態の和で，

3) $p(T,N,V)=p(T,\lambda N,\lambda V)$ より λ で微分して $\lambda=1$ とすると示せる．

$$\Xi = \sum_{N=0}^{\infty} \sum_{N_1=0}^{\infty} \sum_{N_2=0}^{\infty} \cdots \sum_{N_n=0}^{\infty} \delta_{N_1+N_2+\cdots+N_n, N} \sum_{i_1(N_1)=1}^{\infty} \sum_{i_2(N_2)=1}^{\infty} \cdots \sum_{i_n(N_n)=1}^{\infty}$$

$$e^{-\beta E_{i_1(N_1)}} e^{-\beta E_{i_2(N_2)}} \cdots e^{-\beta E_{i_n(N_n)}} e^{\beta\mu N_1} e^{\beta\mu N_2} \cdots e^{\beta\mu N_n} \tag{6.18}$$

と書ける．ここで

$$\sum_{N_1=0}^{\infty} \sum_{N_2=0}^{\infty} \cdots \sum_{N_n=0}^{\infty} \delta_{N_1+N_2+\cdots+N_n, N} \tag{6.19}$$

は $N = N_1 + N_2 + \cdots + N_n$ を満たす分割 $\{N_1, N_2, \cdots, N_n\}$ の総数であり，N に対する和とあわせて，

$$\sum_{N=0}^{\infty} \sum_{N_1=0}^{\infty} \sum_{N_2=0}^{\infty} \cdots \sum_{N_n=0}^{\infty} \delta_{N_1+N_2+\cdots+N_n, N} = \sum_{N_1=0}^{\infty} \sum_{N_2=0}^{\infty} \cdots \sum_{N_n=0}^{\infty} \tag{6.20}$$

と書ける．よって，注目系の大分配関数は，カノニカル集団の分配関数を $Z_{N_j}^{(j)} = \sum_{i_j(N_j)=1}^{\infty} e^{-\beta E_{i_j(N_j)}}$ として

$$\Xi = \sum_{N_1=0}^{\infty} \sum_{N_2=0}^{\infty} \cdots \sum_{N_n=0}^{\infty} Z_{N_1}^{(1)} Z_{N_2}^{(2)} \cdots Z_{N_n}^{(n)} e^{\beta\mu N_1} e^{\beta\mu N_2} \cdots e^{\beta\mu N_n} = \prod_{j=1}^{n} \Xi^{(j)} \tag{6.21}$$

となり，それぞれの部分系の大分配関数の積で書くことができる．

またほとんど自明だが，グランドカノニカル集団で，対応するカノニカル集団の分配関数が一粒子分配関数 $Z_1(\beta)$ の積で書けるとき

$$\Xi = \begin{cases} \displaystyle\sum_{N=0}^{\infty} \frac{1}{N!} e^{\beta\mu N} Z_1(\beta)^N & \text{ギブスの修正因子が必要なとき} \\ \displaystyle\sum_{N=0}^{\infty} e^{\beta\mu N} Z_1(\beta)^N & \text{修正因子が不要なとき} \end{cases} \tag{6.22}$$

となる．これは形式的に N の和を先に実行することができて，

$$\Xi = \begin{cases} \exp(e^{\beta\mu} Z_1(\beta)) & \text{ギブスの修正因子が必要なとき} \\ \dfrac{1}{1 - e^{\beta\mu} Z_1(\beta)} & \text{修正因子が不要なとき} \end{cases} \tag{6.23}$$

となる．

6.3 グランドカノニカル集団の具体例: 自由粒子

グランドカノニカル集団の例として，古典的な自由粒子の例を計算してみよう．N 粒子の分配関数 $Z_N(\beta)$ は，式 (4.55) で示したように

$$Z_N(\beta)=\frac{V^N}{N!}\left(\frac{m}{2\pi\hbar^2\beta}\right)^{3N/2} \tag{6.24}$$

であった．これから大分配関数 Ξ は

$$\Xi=\sum_{N=0}^{\infty}e^{\beta\mu N}Z_N(\beta)=\exp\left[e^{\beta\mu}V\left(\frac{m}{2\pi\hbar^2\beta}\right)^{3/2}\right] \tag{6.25}$$

となる．$e^{\beta\mu}$ を**絶対活動度**と呼ぶことがある．ここでは $\alpha=e^{\beta\mu}$ と置く．

粒子数の期待値は

$$\langle N\rangle_{\rm eq}=\frac{1}{\beta}\frac{\partial}{\partial\mu}\log\Xi=\alpha\frac{\partial}{\partial\alpha}\left(\alpha V\left(\frac{m}{2\pi\hbar^2\beta}\right)^{3/2}\right)=\alpha V\left(\frac{m}{2\pi\hbar^2\beta}\right)^{3/2} \tag{6.26}$$

となる．これから，**化学ポテンシャル** μ を

$$\mu=\frac{1}{\beta}\log\frac{\langle N\rangle_{\rm eq}}{V}\left(\frac{m}{2\pi\hbar^2\beta}\right)^{-3/2} \tag{6.27}$$

と書くこともできる[4]．

粒子数の分散を計算してみよう．式 (6.11) より

$$\langle N^2\rangle_{\rm eq}-\langle N\rangle_{\rm eq}^2=k_{\rm B}T\frac{\partial\langle N\rangle_{\rm eq}}{\partial\mu}=\alpha V\left(\frac{m}{2\pi\hbar^2\beta}\right)^{3/2} \tag{6.28}$$

となる．式 (6.27) を使うと

$$\langle N^2\rangle_{\rm eq}-\langle N\rangle_{\rm eq}^2=\langle N\rangle_{\rm eq} \tag{6.29}$$

となり，粒子数の分散は粒子数の期待値と等しい．また，式 (6.16) を使うと，等

---

4) もちろんミクロカノニカル集団やカノニカル集団でもエントロピーや自由エネルギーを N で微分することで化学ポテンシャルを求めることができる．

温圧縮率 κ_T が

$$\kappa_T = \frac{V}{\langle N \rangle_{\mathrm{eq}} k_{\mathrm{B}} T} \tag{6.30}$$

となる．まだ圧力 p をグランドカノニカル集団で計算していないが，理想気体と同じ状態方程式が成立するはずなので，それを使うと

$$\kappa_T = \frac{1}{p} \tag{6.31}$$

とも書ける．

エネルギーの期待値は，ハミルトニアンを H として

$$\langle H - \mu N \rangle_{\mathrm{eq}} = -\frac{\partial}{\partial \beta} \log \Xi \tag{6.32}$$

と書けることがすぐにわかるので，

$$\langle H \rangle_{\mathrm{eq}} = -\frac{\partial}{\partial \beta} \log \Xi + \mu \langle N \rangle_{\mathrm{eq}} = \frac{3}{2} \langle N \rangle_{\mathrm{eq}} k_{\mathrm{B}} T \tag{6.33}$$

である．グランドカノニカル集団で計算した結果も，ミクロカノニカル集団やカノニカル集団で計算したものと，期待値としてのエネルギー，粒子数の違いはあるもののまったく同じ関係を与える．

6.4 集団の等価性とグランドポテンシャル

前節ではグランドカノニカル集団とミクロカノニカル集団，カノニカル集団で計算したものが一致することを見た．グランドカノニカル集団も集団として，ミクロカノニカル集団，カノニカル集団と等価である．ここではグランドカノニカル集団がカノニカル集団と等価であることを考え，同時に大分配関数の対数がどのような熱力学関数であるか調べよう．

まずすぐにわかるのは，数学的な立場からグランドカノニカル集団がカノニカル集団とまったく同じ情報をもつことである．大分配関数は，絶対活動度 $\alpha = e^{\beta\mu}$ と N 粒子系でのカノニカル集団での分配関数 $Z_N(\beta)$ を使って

$$\Xi(\mu) = \sum_{N=0}^{\infty} Z_N(\beta) \alpha^N \tag{6.34}$$

と書くことができる．このため分配関数が与えられれば大分配関数を構成することができる．また逆に大分配関数を絶対活動度 α のべきで展開するとその展開係数が分配関数となり，大分配関数から分配関数を再構成することが可能である[5)]．よってグランドカノニカル集団とカノニカル集団は数学的には同等の情報をもっている．

集団としても物理的にまったく同じであることを示すことができる．グランドカノニカル集団での微視的状態の実現確率から粒子数 N を固定したときの微視的状態 $i(N)$ で和を取ることで，粒子数が N となる確率 $p(N)$ を求めることができる．

$$p(N)=\sum_{i(N)=1}^{\infty}\frac{\exp[-\beta E_{i(N)}+\beta\mu N]}{\Xi}=\frac{Z_N(\beta)e^{\beta\mu N}}{\Xi}. \tag{6.35}$$

分配関数をヘルムホルツの自由エネルギー $F(T,V,N)$ で書くと，

$$p(N)=\frac{e^{-\beta F(T,V,N)}e^{\beta\mu N}}{\Xi} \tag{6.36}$$

を得る．化学ポテンシャルはヘルムホルツの自由エネルギーを使えば

$$\mu=\left(\frac{\partial F}{\partial N}\right)_{T,V} \tag{6.37}$$

と計算できる．よって $\mu>0$ のときは，N の増加に対して $e^{\beta\mu N}$ は指数関数的に増大，$e^{-\beta F(T,V,N)}$ は指数関数的に減少する．また $\mu<0$ のときは，N の増加に対して $e^{\beta\mu N}$ は指数関数的に減少，$e^{-\beta F(T,V,N)}$ は指数関数的に増大する．これは4.5節でエネルギーについて考えたときと同じ状況であり，$p(N)$ は図4.3と同様に，ある $N=N^*$ で最大値を取る．

この最大値を取る N^* で

$$\left.\frac{\partial p(N)}{\partial N}\right|_{N=N^*}=0 \tag{6.38}$$

であるから，

---

5) $\Xi(\mu)$ が $Z_N(\beta)$ の生成母関数であるという．

$$\mu = \left.\frac{\partial F}{\partial N}\right|_{N=N^*} \tag{6.39}$$

となる．これはヘルムホルツの自由エネルギーから化学ポテンシャルを求める熱力学の関係と同じなので，グランドカノニカル集団で $p(N)$ が最大となる N^* は，対応するカノニカル集団で μ を与える N と同じである．

また 4.5 節で考えたときと同様に，グランドカノニカル集団での粒子数期待値 $\langle N\rangle_{\text{grand.}}$ が N^* と同じであることを示すことができる．式 (6.36) の分子の指数関数の肩を $N=N^*$ のまわりで展開しよう．

$$\begin{aligned}-\beta F(T,V,N)+\beta\mu N &= -\beta F(T,V,N^*)+\beta\mu N^*+\beta\left(\mu-\left.\frac{\partial F}{\partial N}\right|_{N=N^*}\right)(N-N^*)\\ &\quad +\frac{1}{2}\beta\left(-\left.\frac{\partial\mu(N)}{\partial N}\right|_{N=N^*}\right)(N-N^*)^2+\mathcal{O}[(N-N^*)^3].\end{aligned} \tag{6.40}$$

ここで 1 次の項は N^* の定義より 0 である．また 2 次の項の係数 $\left.\frac{\partial\mu(N)}{\partial N}\right|_{N=N^*}$ は，式 (6.14) で計算したように等温圧縮率で書ける．よって

$$p(N) = \frac{A}{\Xi(\mu)}\exp[\beta(-F(T,V,N^*)+\mu N^*)]\exp\left[-\frac{1}{2}\frac{\beta V}{(N^*)^2\kappa_T}(N-N^*)^2\right] \tag{6.41}$$

となる．この係数 A は指数関数の肩に $(N-N^*)^3$ 以上のオーダーを含む項であるが，熱力学極限 $N\to\infty$ で 1 に収束することを示すことができる．よって N は正規分布にしたがって分布し，$\langle N\rangle_{\text{grand.}}=N^*$ であることがわかる．また N が N^* から巨視的なオーダーでわずかにずれた値 $N=N^*+\epsilon N^*$ を取ったとすると，

$$p(N^*+\epsilon N^*) = \frac{1}{\Xi(\mu)}\exp[\beta(-F(T,V,N^*)+\mu N^*)]\exp\left[-\frac{1}{2}\frac{\beta V}{\kappa_T}\epsilon^2\right] \tag{6.42}$$

となり，熱力学極限 $V\to\infty$ でそのような粒子数をとる確率はほぼ 0 となる．

よってグランドカノニカル集団での粒子数の期待値 $\langle N\rangle_{\text{grand.}}$ は対応する化学ポテンシャル μ をカノニカル集団で与える粒子数とまったく同じであり，さらにグランドカノニカル集団ではその粒子数をもつ微視的状態がもっとも多く実現している．またその粒子数から巨視的なオーダーでわずかにずれた粒子数をもつ微

視的状態の実現確率はほぼ 0 であり，対応するカノニカル集団と同じ状態しか実質的には実現していないことがわかる．よってグランドカノニカル集団とカノニカル集団は物理的にもまったく同じ集団となる．

式 (6.36) を N で和を取り，和を鞍点法で評価すると，$p(N)$ の N^* のまわりの展開から，

$$-\frac{1}{\beta}\log\Xi=\min_N(F(T,V,N)-\mu N) \tag{6.43}$$

という熱力学的なルジャンドル変換の対応があることがわかる．対応する熱力学関数を $J(T,V,\mu)$ と書いて

$$J(T,V,\mu)=-\frac{1}{\beta}\log\Xi \tag{6.44}$$

と定義しよう．これを**グランドポテンシャル**と呼ぶ．

全微分形で書いた熱力学第一法則 $TdS=dE+pdV-\mu dN$ から，変数を T,V,μ に取り替えよう．$d(TS)-SdT=dE+pdV-d(\mu N)+Nd\mu$ より，$F=E-TS$ として

$$d(F-\mu N)=-SdT-pdV-Nd\mu \tag{6.45}$$

である．$F-\mu N=J$ より

$$dJ=-SdT-pdV-Nd\mu \tag{6.46}$$

となる．この関係から，粒子数の期待値と大分配関数の関係 (6.9) は熱力学の関係としても，

$$\left(\frac{\partial J}{\partial\mu}\right)_{T,V}=-N \tag{6.47}$$

となって正しい．また圧力は

$$\left(\frac{\partial J}{\partial V}\right)_{T,\mu}=-p \tag{6.48}$$

であるから，

$$p=\frac{1}{\beta}\frac{\partial}{\partial V}\log\Xi \tag{6.49}$$

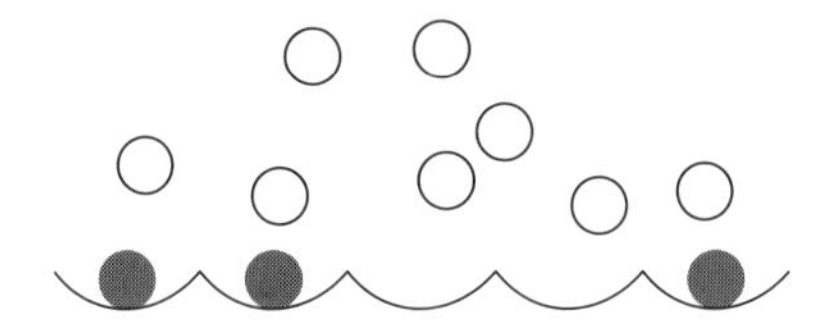

図 6.2　表面吸着の状況．表面と気体が熱平衡状態にあり，表面に気体分子を吸着するとエネルギーが下がるサイトが並んでいる．図では吸着されている分子を灰色で，吸着されていない分子を白で示した．

で計算することができる．さらに示量性の性質 $J(T,\lambda V,\mu)=\lambda J(T,V,\mu)$ を λ で微分して $\lambda=1$ を代入すると，

$$J(T,V,\mu)=-pV \tag{6.50}$$

となり，

$$p=\frac{1}{\beta}\frac{1}{V}\log\Xi \tag{6.51}$$

とも書ける．

6.5　応用: ラングミュアの吸着式

グランドカノニカル集団の応用例として，**表面吸着**の問題を考えよう．図 6.2 のように気体と表面が熱平衡状態にあり，表面には気体分子を吸着するとエネルギーが下がるようなサイトが並んでいるとする．

表面の温度を T，吸着サイトの数を M とする．吸着サイトは気体分子を一つだけ吸着することができ，吸着するとサイトのもつエネルギーが $-\epsilon$ になるとする．$\epsilon>0$ とすると，吸着によりエネルギーが下がることになる．気体の化学ポテンシャルを μ とすると，気体と表面が熱平衡にあるときには表面での化学ポテンシャルも μ である．この状況をグランドカノニカル集団で考えよう．

それぞれの吸着サイトは独立であり，サイトごとの微視的状態としては分子を一つも吸着していないか，一つ吸着してエネルギーが $-\epsilon$ になっているかの二つしかない．よって一つの吸着サイトあたりの大分配関数 Ξ_1 は，これらすべての状態に関して和を取ることで

$$\Xi_1 = 1 + e^{\beta\epsilon} e^{\beta\mu} \tag{6.52}$$

となる．全体では大分配関数 Ξ は

$$\Xi = \Xi_1^M = (1 + e^{\beta\epsilon} e^{\beta\mu})^M \tag{6.53}$$

である．

ところで，この大分配関数を二項係数を使って展開すると，

$$\Xi = \sum_{k=0}^{M} \frac{M!}{k!(M-k)!} e^{\beta\epsilon k} e^{\beta\mu k} \tag{6.54}$$

となることから，吸着サイト M のうち k サイトに吸着しているとしたカノニカル集団の分配関数 Z_k

$$Z_k = \frac{M!}{k!(M-k)!} e^{\beta\epsilon k} \tag{6.55}$$

を計算してから，k に対する和を取るという方針でも計算できることがわかる．もちろんどちらの考え方でも良いので，わかりやすい方を選べば良い．

平均吸着率 n は，平均吸着数をサイト数で割れば良いので，

$$n = \frac{1}{\beta M} \frac{\partial}{\partial\mu} \log\Xi = \frac{e^{\beta(\mu+\epsilon)}}{1 + e^{\beta(\mu+\epsilon)}} \tag{6.56}$$

となる．これは一サイトあたりの吸着状態の実現確率と等しい．表面と平衡状態にある気体を理想気体だと見なすと，化学ポテンシャルを圧力を使って表すことができる．理想気体では，圧力 p は熱的ド・ブロイ波長 (4.46) である λ を使って

$$p = \frac{1}{\beta} e^{\beta\mu} \left(\frac{m}{2\pi\hbar^2\beta} \right)^{3/2} = \frac{1}{\beta\lambda^3} e^{\beta\mu} \tag{6.57}$$

となり，式 (6.56) で化学ポテンシャルを圧力で表すと

$$n = \frac{p}{p + (k_{\mathrm{B}} T e^{-\beta\epsilon}/\lambda^3)} \tag{6.58}$$

を得る．ここで $k_{\mathrm{B}} T e^{-\beta\epsilon}/\lambda^3$ は圧力の次元をもつ特徴的な量である．この表現を**ラングミュア (Langmuir) の等温吸着式**と呼ぶ．この振る舞いを図 6.3 に示した．

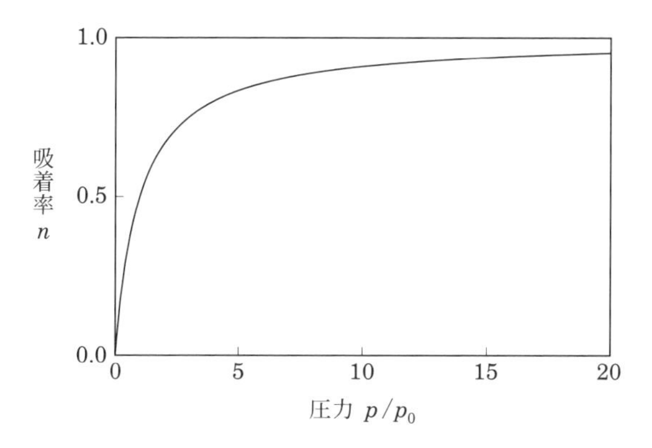

図 6.3 ラングミュアの等温吸着式の振る舞い．圧力 (化学ポテンシャル) が大きくなると吸着率が大きくなる．特徴的な圧力 $p_0 = k_B T e^{-\beta\epsilon}/\lambda^3$ 付近で吸着率の変化が大きい．

6.6 応用: 二原子分子の解離平衡

化学ポテンシャル μ_A をもつ単原子分子 A と化学ポテンシャル μ_{A_2} をもつ二原子分子 A_2 について，$A+A \rightleftarrows A_2$ のような化学平衡を考える．この平衡条件をグランドカノニカル集団を使って記述しよう．

この化学変化は前後のギブス自由エネルギー変化が 0 であるときに平衡状態になる．この条件は

$$2\mu_A - \mu_{A_2} = 0 \tag{6.59}$$

で与えられる．以下では単原子分子も二原子分子もともに自由粒子だと仮定して計算しよう．

単原子分子 A の気体の大分配関数は，単原子分子 A の一分子分配関数 Z_A を使って

$$\Xi_A = \exp(e^{\beta\mu_A} Z_A) \tag{6.60}$$

となる．また粒子数の期待値

$$N_A = e^{\beta\mu_A} Z_A \tag{6.61}$$

から，単原子分子 A の化学ポテンシャルを書くと，

$$\mu_A = \frac{1}{\beta}\log\frac{N_A}{Z_A} \tag{6.62}$$

となる．同様な計算が二原子分子 A_2 に対しても成立する．

平衡条件を使うと

$$2\frac{1}{\beta}\log\frac{N_A}{Z_A} = \frac{1}{\beta}\log\frac{N_{A_2}}{Z_{A_2}} \tag{6.63}$$

となり，

$$\frac{N_{A_2}}{N_A^2} = \frac{Z_{A_2}}{Z_A^2} \tag{6.64}$$

を得る．それぞれの分子の密度 $[N_A]=N_A/V$，$[N_{A_2}]=N_{A_2}/V$ を使って表せば，

$$\frac{[N_{A_2}]}{[N_A]^2} = \frac{V^2}{V}\frac{Z_{A_2}}{Z_A^2} \tag{6.65}$$

となり，この右辺がいわゆる**平衡定数** K を与える．

一分子分配関数 Z_A は，分子の内部自由度の分配関数 $Z_{int}^{(A)}$，熱的ド・ブロイ波長 λ_A を使って $Z_A = V\lambda_A^{-3}Z_{int}^{(A)}$ と分解され，Z_{A_2} も同様に分解すると，

$$K = \frac{V^3\lambda_{A_2}^{-3}Z_{int}^{(A_2)}}{V^3\lambda_A^{-6}Z_{int}^{(A)2}} = \frac{\lambda_{A_2}^{-3}Z_{int}^{(A_2)}}{\lambda_A^{-6}Z_{int}^{(A)2}} = \frac{\lambda_{A_2}^{-3}}{\lambda_A^{-6}}\exp\left[-\frac{F_{int}^{(A_2)}-2F_{int}^{(A)}}{k_{\mathrm{B}}T}\right] \tag{6.66}$$

となる．よって平衡定数 K は分子の密度によらず温度のみを変数とする関数であり，それぞれの分子の内部自由度がもつ自由エネルギーの差で書ける．これは**質量作用の法則**と呼ばれる．

演習問題

問題 6.1

グランドカノニカル集団の微視的状態の実現確率を使ったシャノンエントロピー (3.32) を I とする．I を計算し，エントロピー $S=k_{\mathrm{B}}I$ として，熱力学的なグランドポテンシャルの定義 $J=E-TS-\mu N$ と矛盾しないことを確認せよ．

第7章

その他のアンサンブル

ここではミクロカノニカル集団，カノニカル集団，グランドカノニカル集団以外の一般のアンサンブルの作り方を見よう．

7.1 他のアンサンブルの作り方

これまで (E,V,N) が与えられた熱平衡状態に対応するミクロカノニカル集団，(T,V,N) が与えられた熱平衡状態に対応するカノニカル集団，(T,V,μ) が与えられた熱平衡状態に対応するグランドカノニカル集団を見てきた．それらの集団の等価性を調べる中で，熱力学と統計力学の構造の関係が明らかになった．ここでは熱力学の**ルジャンドル変換**と統計力学の**ラプラス変換**の関係を背景に一般のアンサンブルをどのように作るか考えよう．アンサンブルを自由に移り変われると，計算が簡単になるアンサンブルに移り変わって計算することができる．

これまでの復習も踏まえて，一般的な方針を述べる．まず出発点のアンサンブルを決める．出発点は何でも良いが，ここではミクロカノニカル集団を取ることにしよう．エネルギー，体積，粒子数 (E,V,N) が一定の熱平衡状態に対応する．すべて示量的な変数なので，対応する熱力学関数はエントロピー $S(E,V,N)$ になる．対応する統計力学的な量はボルツマンの公式により，エネルギー状態密度 $g(E,V,N)=\epsilon_0^{-1}e^{\frac{1}{k_\mathrm{B}}S(E,V,N)}$ である．(ϵ_0 は適当なエネルギースケールで本質的に重要な役割を果たさない．)

次に移行するアンサンブルを決める．例えばカノニカル集団としよう．このとき温度，体積，粒子数 (T,V,N) が一定の熱平衡状態に対応する．(T,V,N) に対応する熱力学関数は，エントロピーからのルジャンドル変換で決めることができる．微分形では $TdS=dE+pdV-\mu dN$ より，

$$d\left(S-\frac{E}{T}\right)=-Ed\left(\frac{1}{T}\right)+\frac{p}{T}dV-\frac{\mu}{T}dN \tag{7.1}$$

となる．よって対応する熱力学関数はヘルムホルツの自由エネルギーを温度で割った $-\dfrac{F(T,V,N)}{T}=S-\dfrac{E}{T}$ である．またこれは

$$-\frac{F(T,V,N)}{T}=\max_{E}\left\{S(E,V,N)-\frac{E}{T}\right\} \tag{7.2}$$

というルジャンドル変換で書ける．このルジャンドル変換が鞍点法で出てくるようにラプラス変換を決めれば対応する統計力学ができる．

$$g(E,V,N)=\epsilon_0^{-1}e^{\frac{1}{k_{\rm B}}S(E,V,N)}\rightarrow$$

$$Z(T,V,N)=\int\frac{dE}{\epsilon_0}e^{\frac{1}{k_{\rm B}}\left(\underbrace{S(E,V,N)-\frac{E}{T}}_{\text{ルジャンドル変換に対応}}\right)}=e^{-\beta F(T,V,N)}. \tag{7.3}$$

つづけて (T,V,N) から (T,V,μ) を作ろう．出発点に対応する熱力学関数はヘルムホルツの自由エネルギー $F(T,V,N)$ である．熱力学第一法則の微分形

$$dF=-SdT-pdV+\mu dN$$

から，

$$dF=-SdT-pdV+d(\mu N)-Nd\mu$$

であり，

$$d(F-\mu N)=-SdT-pdV-Nd\mu$$

である．よってグランドポテンシャル $J(T,V,\mu)=F-\mu N$ が

$$J(T,V,\mu)=\min_{N}\{F(T,V,N)-\mu N\} \tag{7.4}$$

というルジャンドル変換で書ける．よって，

$$Z(T,V,N)=e^{-\beta F(T,V,N)}\rightarrow$$

$$\Xi(T,V,\mu)=\sum_N e^{-\beta(\underbrace{F(T,V,N)-\mu N}_{\text{ルジャンドル変換に対応}})}=e^{-\beta J(T,V,\mu)} \tag{7.5}$$

となる．

7.2 応用: TpN アンサンブル

応用として (T,p,N) に対応するアンサンブルを作ってみよう．これはカノニカル集団を出発点として体積 V から圧力 p へ変数を取り替えれば良い．熱力学では，$dF=-SdT-pdV+\mu dN$ より

$$d(F+pV)=-SdT+Vdp+\mu dN \tag{7.6}$$

として**ギブスの自由エネルギー** $G(T,p,N)=F+pV$ が (T,p,N) に対応する熱力学関数として出てくる．また

$$G(T,p,N)=\min_V\{F(T,V,N)+pV\} \tag{7.7}$$

である．これから統計力学では分配関数を V についてラプラス変換すれば良いことがわかる．よって

$$\begin{aligned}&Z(T,V,N)=e^{-\beta F(T,V,N)}\to\\&Y(T,p,N)=\int\frac{dV}{v_0}e^{-\beta(F(T,V,N)+pV)}=e^{-\beta G(T,p,N)}\end{aligned} \tag{7.8}$$

という新しい分配関数 $Y(T,p,N)$ とギブスの自由エネルギー $G(T,p,N)$ の関係がわかる．ここで v_0 は結果に本質的な影響を与えない適当な体積スケールである．

微視的状態 i は V,N に依存し，この状態が実現する確率は，新しい分配関数 $Y(T,p,N)$ が確率の総和になっていることから

$$p_{(i,V)}\propto e^{-\beta E_i-\beta pV} \tag{7.9}$$

と書ける．

例 7.1 (**自由粒子**)　自由粒子の系を TpN アンサンブルで計算してみよう．自由粒子のカノニカル集団での分配関数は，式 (4.55) で計算したように熱的ド・ブ

ロイ波長 $\lambda=\sqrt{\dfrac{2\pi\hbar^2\beta}{m}}$ を使って

$$Z_N(\beta)=\frac{1}{N!}\frac{V^N}{\lambda^{3N}} \tag{7.10}$$

であった．TpN アンサンブルでの新しい分配関数 Y は

$$Y=\int\frac{dV}{v_0}Z_N(\beta)e^{-\beta pV}=\frac{1}{N!}\frac{1}{\lambda^{3N}}\int\frac{dV}{v_0}V^Ne^{-\beta pV} \tag{7.11}$$

で計算できる．これは

$$Y=\frac{1}{N!}\frac{1}{\lambda^{3N}}\frac{1}{(-\beta)^N}\frac{\partial^N}{\partial p^N}\int\frac{dV}{v_0}e^{-\beta pV}=\frac{1}{N!}\frac{1}{\lambda^{3N}}\frac{1}{(-\beta)^Nv_0}\frac{\partial^N}{\partial p^N}\left(\frac{1}{\beta p}\right) \tag{7.12}$$

と書ける．微分を計算して

$$Y(T,p,N)=\frac{1}{\lambda^{3N}}\frac{1}{\beta^N}\frac{1}{p^N}\frac{1}{v_0p\beta} \tag{7.13}$$

となる．ギブスの自由エネルギーは $G(T,p,N)=-k_{\mathrm{B}}T\log Y(T,p,N)$ であり，

$$G(T,p,N)=Nk_{\mathrm{B}}T\log(\lambda^3\beta p)-k_{\mathrm{B}}T\log(v_0p\beta) \tag{7.14}$$

となるが，v_0 をふくむ第二項は N に比例する示量的な第一項に対して無視でき

$$G(T,p,N)=Nk_{\mathrm{B}}T\log(\lambda^3\beta p) \tag{7.15}$$

となる．微視的状態の実現確率から

$$\langle E+pV\rangle_{\mathrm{eq}}=-\frac{\partial}{\partial\beta}\log Y=\frac{5}{2}Nk_{\mathrm{B}}T. \tag{7.16}$$

これから定圧熱容量 $C_p=\dfrac{5}{2}Nk_{\mathrm{B}}$ である．また熱力学から

$$V=\left(\frac{\partial G}{\partial p}\right)_{T,N}=Nk_{\mathrm{B}}T\frac{1}{p} \tag{7.17}$$

となり，理想気体の状態方程式が成立する．

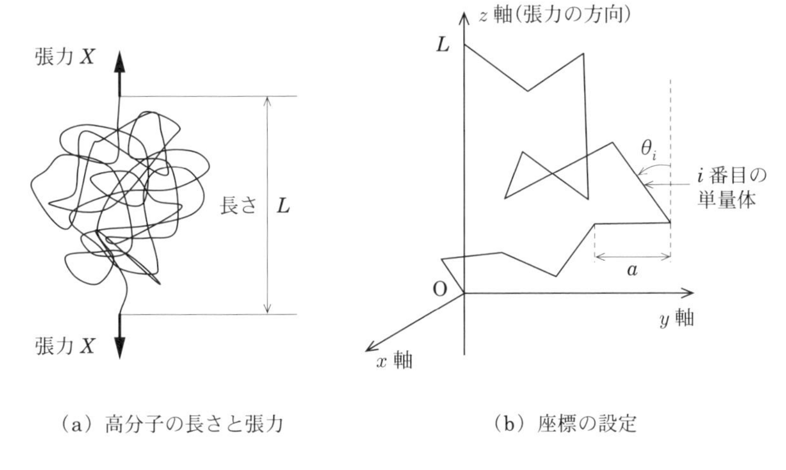

（a）高分子の長さと張力　　（b）座標の設定

図 7.1　鎖状高分子の長さと張力の定義および座標の設定.

7.3 応用: エントロピー弾性

ゴムのような物質では，フックの法則にしたがうバネに見られるエネルギーによる弾性ではなく，エントロピー的な効果で弾性を生み出すことが知られている．これを**エントロピー弾性**と呼ぶ．ここではエントロピー弾性を統計力学的に考察してみよう．

3 次元空間中の一本の鎖状高分子を考える．鎖状高分子とは，単量体という分子を単位としてこれらが鎖のように結合したものである．単量体の数が十分に大きいときは，鎖状高分子は一本しか存在しなくても統計力学の対象となる．図 7.1 (a) のように高分子の端点間の距離を高分子の長さとし L と書く．また，長さ L を保つために外部から端点を引く力を張力 X と定義する．また統計力学的に考察する際に，単量体の体積や熱的な運動，相互作用などを無視しどのような配置でもエネルギーは一定であるとする．また鎖状高分子の絡まり合いを無視し，単量体の伸びている方向の自由度のみを取り扱う．

このときエントロピー S の変化 dS と，長さ L を dL 変化させたときの仕事 XdL の間に熱力学第一法則

$$TdS = -XdL \tag{7.18}$$

が成立する．ミクロカノニカル集団で取り扱いたいときには，長さ L を固定したときの状態数を計算する必要がある．

図 7.1 (b) のように，高分子の一方の端点を原点に固定し，張力をかける方向に z 軸を取る．このとき高分子の二つの端点は z 軸上にある．単量体の長さを a，数を N とし，端から i 番目の単量体の向きが z 軸となす角を θ_i とする．高分子のもう一方の端の z 座標は，$L=\sum_{i=1}^{N} a\cos\theta_i$ で与えられる．どのような配置でも高分子全体のエネルギーは変わらないと仮定したので，長さが区間 $[L,L+dL]$ にある状態数密度 W は長さのみに依存する．それを $W(L)$ と書く．$W(L)$ はディラックのデルタ関数をもちいて

$$W(L)\propto\int d\Omega_1\int d\Omega_2\cdots\int d\Omega_N\,\delta(L-\sum_{i=1}^{N} a\cos\theta_i) \tag{7.19}$$

となることが期待できる．ここで $d\Omega_i$ は i 番目の単量体の 3 次元立体角の微小要素 $d\Omega_i=\sin\theta_i d\theta_i d\phi_i$ である．デルタ関数がなければ Ω_i に関する積分はすべての単量体がすべての向きを取り得るという状態の数に比例しており，デルタ関数のためにそのような取り得る状態の中からちょうど長さ L の部分を抜き出していることになる．ここで状態密度と積分値の間の比例定数を決めたくなるが，ここではミクロカノニカル集団でやったようにプランク定数 h で割るわけにもいかない．よってそのまま積分の値が状態密度であるとする．この比例定数を変えたとしても，対応する熱力学関数の値を定数分ずらすだけであり以下の議論には影響がない．

この状態密度 $W(L)$ を直接計算するより，張力 X を変数とするアンサンブルに移った方が計算が簡単である．熱力学第一法則より，

$$d\left(S+\frac{X}{T}L\right)=Ld\left(\frac{X}{T}\right) \tag{7.20}$$

であるから，このアンサンブルに対応する分配関数 Z は $S=k_{\mathrm{B}}\log W(L)\ell$ を使って

$$Z=\int\frac{dL}{\ell}\exp\left[\frac{1}{k_{\mathrm{B}}}\left(S+\frac{X}{T}L\right)\right]=\int dL W(L)e^{\beta XL} \tag{7.21}$$

となる．ℓ は適当な長さスケールで熱力学には影響しない．これは簡単に計算でき

$$Z=\left[\int_0^{2\pi} d\phi \int_0^{\pi} d\theta \sin\theta \exp(\beta X a \cos\theta)\right]^N=\left[\frac{4\pi}{\beta X a}\sinh(\beta X a)\right]^N \tag{7.22}$$

となる.

対応する熱力学関数 $\mathcal{F}$ を適当に

$$\mathcal{F}=k_{\rm B}\log Z=S+\frac{X}{T}L \tag{7.23}$$

と作ると，熱力学からは

$$\frac{\partial \mathcal{F}}{\partial (X/T)}=L \tag{7.24}$$

であることがわかる．よって

$$L=\frac{1}{k_{\rm B}}\frac{\partial \mathcal{F}}{\partial(\beta X)}=Na\left(-\frac{1}{\beta X a}+\frac{1}{\tanh(\beta X a)}\right) \tag{7.25}$$

となる．これは張力 X と長さ L，温度 T の関係を与える．張力が常に $\beta X a$ の形で現れるので，X は常に T に比例し，その比例係数が L のみに依存することがわかる．

張力 X が十分に小さいとき，または十分に高温のときは，無次元量 $\beta X a$ で展開して

$$L\simeq Na\frac{1}{3}\beta X a \tag{7.26}$$

となる．また張力が十分に大きいとき，または十分に低温のときは，$\tanh\beta X a\simeq 1$ より，

$$L\simeq Na\left(1-\frac{1}{\beta X a}\right) \tag{7.27}$$

である．逆に解くと，

$$X\simeq\begin{cases}\dfrac{3k_{\rm B}T}{Na^2}L & Xa\ll k_{\rm B}T \text{ のとき}\\ \dfrac{k_{\rm B}T}{a}\dfrac{1}{1-L/(Na)} & Xa\gg k_{\rm B}T \text{ のとき}\end{cases} \tag{7.28}$$

である．長さと張力が線形関係にあるときのばね定数は温度に比例していること

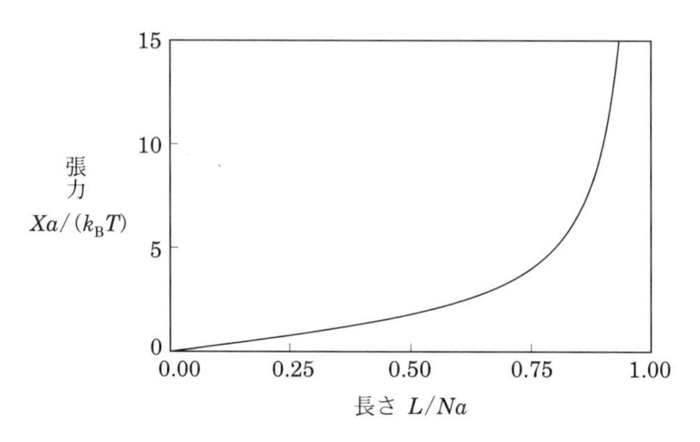

図 7.2　長さと張力の関係．長さが短いとき，張力と長さは比例しているが，完全に伸ばしきる $(L=Na)$ には無限大の張力が必要である．

がわかる．これはエントロピー弾性の特徴である．長さと張力の関係を図 7.2 に示す．

エントロピー弾性に関し良く知られている断熱的に引き伸ばしたときに温度が上昇する現象を考えるには，単量体の熱振動などによる内部エネルギー E の項を付け加えて熱力学を考える必要がある．第一法則は

$$dS=\frac{1}{T}dE-\frac{X}{T}dL \tag{7.29}$$

であり，エントロピーに関するマクスウェルの関係式，

$$\left(\frac{\partial(1/T)}{\partial L}\right)_E=-\left(\frac{\partial(X/T)}{\partial E}\right)_L \tag{7.30}$$

が成立する．いま統計力学的に X/T が L にのみ依存することが示され，内部エネルギー E を考慮してもこの性質は変わらないと仮定すると，マクスウェル関係式の右辺が 0 になり，温度 T は長さ L に依存しないことがわかる．いま独立な変数を E,L と取っており T はそれらの関数であるが，この結果から T はエネルギー E のみの関数であることがいえる．断熱的にこの系を引き伸ばしたときはエントロピー変化がないので

$$dE=XdL \tag{7.31}$$

であり，張力をかけて引き伸ばしている $(XdL>0)$ ため $dE>0$ となる．つまり断熱的に引き伸ばすとエネルギーは増加する．エネルギーは温度のみの関数であり熱容量は正であることが期待されるので，このとき温度が上昇することになる．

演習問題

問題 7.1

エネルギー E，圧力 p，粒子数 N が与えられたときのアンサンブルをミクロカノニカルアンサンブルから構成せよ．

第 8 章

縮退した気体と粒子の統計性

低温や高密度では量子力学的な効果が大きくなり，自由粒子であっても古典的な状況とはまったく異なる振る舞いを見せる．ここではそのような状況の取り扱いを考えてみよう．

8.1 縮退した気体

3 章で，相互作用のない自由粒子の系を考え，ある特定の量子状態を取る粒子の数が平均的に 1 より十分に少ないという仮定をおき状態数 $\Omega(E)$ を計算した．その結果，量子力学的に状態数を計算したにもかかわらず古典系で計算した場合と得られた物理量が完全に一致した．自由粒子では古典も量子も変わらないのでは，と思うかもしれないが，例えばそこで得られたエントロピーの式 (3.36) を思い出すと，エネルギーが $E < Ne^{-5/3}\dfrac{3\pi\hbar^2}{m}\left(\dfrac{N}{V}\right)^{2/3}$ を満たすとき，エントロピーが負になってしまい，低エネルギーまたは低温では状態数を数え間違えていることがわかる．こうなってしまった原因は，ある特定の量子状態を取る粒子の数が平均的に 1 より十分に少ないという仮定にある．実際カノニカル集団の考え方では，極低温ではほとんどすべての粒子が基底状態にあると考えられ[1]，上の仮定は破れていることがすぐにわかる．古典的な状況では，考えているエネルギーや温度が高かったり，密度が希薄であったりするので，この仮定は十分によく成立しているので問題なかったが，低エネルギーや低温，高密度の状況を考えるときに問題になる．これ以降，ある特定の量子状態を取る粒子の数を**占有数**と呼ぶ．

1) このような状況に対応するのはボース–アインシュタイン (Bose-Einstein) 統計とよばれる統計にしたがう粒子であり，あとで取り扱う．

また占有数が十分に小さいとは見なせない気体を**縮退した気体**という．この章では，低エネルギーや低温，高密度の状況で生じる縮退した気体の統計力学的取り扱いを，多数の粒子の波動関数の対称性にもとづき議論しよう．

8.2　波動関数の対称性と粒子の統計性

まず多体の同種粒子系の波動関数にある対称性を考えよう．3 次元空間中の N 個の同種粒子からなる系のハミルトニアン $\hat{H}$ が与えられているとする．粒子の座標を $\boldsymbol{q}_1,\boldsymbol{q}_2,\cdots,\boldsymbol{q}_N$ として，エネルギー固有状態を波動関数 $\Psi(\boldsymbol{q}_1,\boldsymbol{q}_2,\cdots,\boldsymbol{q}_N)$ で表す．この波動関数に対して，座標 $\boldsymbol{q}_i$ と $\boldsymbol{q}_k$ を入れ替える演算子 $\hat{P}_{ik}$ を考えよう．これは操作として

$$\hat{P}_{ik}\Psi(\cdots,\boldsymbol{q}_i,\cdots,\boldsymbol{q}_k,\cdots)=\Psi(\cdots,\boldsymbol{q}_k,\cdots,\boldsymbol{q}_i,\cdots) \tag{8.1}$$

を定義する．いまハミルトニアンが粒子の番号の入れ替えに対して不変であるとすると，$\hat{H}$ と $\hat{P}_{ik}$ は交換する．このとき $\hat{H}$ と $\hat{P}_{ik}$ を同時に対角化する波動関数が存在することが知られている．上で定義したエネルギー固有状態をそのような波動関数だとしよう．このとき $\hat{P}_{ik}$ の固有値 λ が存在して

$$\hat{P}_{ik}\Psi(\cdots,\boldsymbol{q}_i,\cdots,\boldsymbol{q}_k,\cdots)=\lambda\Psi(\cdots,\boldsymbol{q}_i,\cdots,\boldsymbol{q}_k,\cdots) \tag{8.2}$$

と書ける．一方，左辺は i 番目と k 番目を入れ替える操作であるから，

$$\Psi(\cdots,\boldsymbol{q}_k,\cdots,\boldsymbol{q}_i,\cdots)=\lambda\Psi(\cdots,\boldsymbol{q}_i,\cdots,\boldsymbol{q}_k,\cdots) \tag{8.3}$$

でもある．もう一度 $\hat{P}_{ik}$ を作用させるともとにもどる

$$\hat{P}_{ik}^2\Psi(\cdots,\boldsymbol{q}_i,\cdots,\boldsymbol{q}_k,\cdots)=\lambda^2\Psi(\cdots,\boldsymbol{q}_i,\cdots,\boldsymbol{q}_k,\cdots)=\Psi(\cdots,\boldsymbol{q}_i,\cdots,\boldsymbol{q}_k,\cdots) \tag{8.4}$$

ことから，$\lambda^2=1$ でなければならず固有値 λ は ±1 を取る．

すべての i,k のペアの入れ替えに対し $\lambda=1$ である波動関数を**完全対称**な波動関数と呼び，すべての i,k のペアの入れ替えに対し $\lambda=-1$ である波動関数を**完全反対称**な波動関数と呼ぶ．物質を構成する粒子や相互作用を媒介する粒子はすべて，完全反対称な波動関数もしくは完全対称な波動関数で記述されることが知られており，完全対称な波動関数で記述できる粒子をボース (Bose) にちなみ**ボース**

粒子や**ボゾン**，完全反対称な波動関数で記述できる粒子を**フェルミ** (Fermi) にちなみ**フェルミ粒子**や**フェルミオン**と呼ぶ．

相互作用のない系に対して実際に波動関数を構成してみよう．ハミルトニアン $\hat{H}$ を一粒子ハミルトニアン $\hat{h}(\hat{\boldsymbol{p}}_i,\hat{\boldsymbol{q}}_i)$ の和で表す．

$$\hat{H}=\sum_{i=1}^{N}\hat{h}(\hat{\boldsymbol{p}}_i,\hat{\boldsymbol{q}}_i). \tag{8.5}$$

一粒子ハミルトニアンに対し，k 番目のエネルギー固有状態を固有値 ϵ_k，固有関数 $\phi_k(\boldsymbol{q})$ で表すと，

$$\hat{h}(\hat{\boldsymbol{p}},\hat{\boldsymbol{q}})\phi_k(\boldsymbol{q})=\epsilon_k\phi(\boldsymbol{q}) \tag{8.6}$$

となる．i 番目の粒子が状態 k_i をとるとして，全体の波動関数 $\Psi_{k_1,k_2,\cdots,k_N}$ を一粒子固有状態から構成すると，

$$\Psi_{k_1,k_2,\cdots,k_N}(\boldsymbol{q}_1,\boldsymbol{q}_2,\cdots,\boldsymbol{q}_N)=\prod_{i=1}^{N}\phi_{k_i}(\boldsymbol{q}_i) \tag{8.7}$$

となり，エネルギー E は

$$E=\sum_{i=1}^{N}\epsilon_{k_i} \tag{8.8}$$

と書ける．しかし，ここで構成した波動関数は座標入れかえの演算子の固有状態ではない．完全対称化もしくは完全反対称化するために置換演算子 $\hat{P}$ を用意しよう．$\hat{P}$ は粒子の座標の $1,2,\cdots,N$ という番号付けを $P_1,P_2,\cdots,P_N$ に並べ替えるとする．いま構成した固有関数に $\hat{P}$ を作用させると，

$$\hat{P}\Psi_{k_1,k_2,\cdots,k_N}(\boldsymbol{q}_1,\boldsymbol{q}_2,\cdots,\boldsymbol{q}_N)=\Psi_{k_1,k_2,\cdots,k_N}(\boldsymbol{q}_{P_1},\boldsymbol{q}_{P_2},\cdots,\boldsymbol{q}_{P_N}) \tag{8.9}$$

となる．固有状態のラベルは入れ替えず，固有状態 k_i に対応する座標 $\boldsymbol{q}_i$ が座標 $\boldsymbol{q}_{P_i}$ になる．

置換演算子を使うと，完全対称な波動関数 $\Psi^S_{k_1,k_2,\cdots,k_N}(\boldsymbol{q}_1,\boldsymbol{q}_2,\cdots,\boldsymbol{q}_N)$ および完全反対称な波動関数 $\Psi^A_{k_1,k_2,\cdots,k_N}(\boldsymbol{q}_1,\boldsymbol{q}_2,\cdots,\boldsymbol{q}_N)$ が

$$\Psi^S_{k_1,k_2,\cdots,k_N}(\boldsymbol{q}_1,\boldsymbol{q}_2,\cdots,\boldsymbol{q}_N)\propto\sum_{\hat{P}}\hat{P}\Psi_{k_1,k_2,\cdots,k_N}(\boldsymbol{q}_1,\boldsymbol{q}_2,\cdots,\boldsymbol{q}_N), \tag{8.10}$$

$$\Psi^A_{k_1,k_2,\cdots,k_N}(\boldsymbol{q}_1,\boldsymbol{q}_2,\cdots,\boldsymbol{q}_N) \propto \sum_{\hat{P}} (-1)^{\hat{P}} \hat{P} \Psi_{k_1,k_2,\cdots,k_N}(\boldsymbol{q}_1,\boldsymbol{q}_2,\cdots,\boldsymbol{q}_N) \tag{8.11}$$

と書ける．ここで和はすべての $N!$ 個の置換について和を取る．また $(-1)^{\hat{P}}$ は置換の符号であり，二つの数字の偶数回の入れ替えでできる置換を偶置換，奇数回の入れ替えでできる置換を奇置換とすると

$$(-1)^{\hat{P}} = \begin{cases} +1 & \hat{P} \text{ が偶置換} \\ -1 & \hat{P} \text{ が奇置換} \end{cases} \tag{8.12}$$

で定義される．$N=2$ の場合には，

$$\begin{aligned} \Psi^S_{k_1,k_2}(\boldsymbol{q}_1,\boldsymbol{q}_2) &\propto \Psi_{k_1,k_2}(\boldsymbol{q}_1,\boldsymbol{q}_2) + \Psi_{k_1,k_2}(\boldsymbol{q}_2,\boldsymbol{q}_1), \\ \Psi^A_{k_1,k_2}(\boldsymbol{q}_1,\boldsymbol{q}_2) &\propto \Psi_{k_1,k_2}(\boldsymbol{q}_1,\boldsymbol{q}_2) - \Psi_{k_1,k_2}(\boldsymbol{q}_2,\boldsymbol{q}_1) \end{aligned} \tag{8.13}$$

となる．

完全対称のとき，固有状態の重複があると波動関数の規格化はすこし面倒だが(章末演習問題 8.1)，完全反対称のときの規格化はすぐに計算できて，

$$\Psi^A_{k_1,k_2,\cdots,k_N}(\boldsymbol{q}_1,\boldsymbol{q}_2,\cdots,\boldsymbol{q}_N) = \frac{1}{\sqrt{N!}} \sum_{\hat{P}} (-1)^{\hat{P}} \hat{P} \Psi_{k_1,k_2,\cdots,k_N}(\boldsymbol{q}_1,\boldsymbol{q}_2,\cdots,\boldsymbol{q}_N) \tag{8.14}$$

となる．この和は，実は行列式の定義と同じ形をしており，この完全反対称な波動関数を行列式を使って

$$\Psi^A_{k_1,k_2,\cdots,k_N}(\boldsymbol{q}_1,\boldsymbol{q}_2,\cdots,\boldsymbol{q}_N) = \frac{1}{\sqrt{N!}} \begin{vmatrix} \phi_{k_1}(\boldsymbol{q}_1) & \phi_{k_1}(\boldsymbol{q}_2) & \cdots & \phi_{k_1}(\boldsymbol{q}_N) \\ \phi_{k_2}(\boldsymbol{q}_1) & \phi_{k_2}(\boldsymbol{q}_2) & \cdots & \phi_{k_2}(\boldsymbol{q}_N) \\ \vdots & & & \vdots \\ \phi_{k_N}(\boldsymbol{q}_1) & \phi_{k_N}(\boldsymbol{q}_2) & \cdots & \phi_{k_N}(\boldsymbol{q}_N) \end{vmatrix} \tag{8.15}$$

と表すことができる．この形を**スレーター (Slater) 行列式**と呼ぶ．

この完全反対称な波動関数の表現から，**パウリ (Pauli) の排他律**や**パウリの原理**とよばれるフェルミ粒子特有の性質がわかる．もし一粒子固有状態 k_1 と k_2 が同じ状態だったとすると，まったく同じ行が行列式の中に存在する．行列式の性質よりこのとき行列式は常に 0 である．波動関数が 0 であるからそのような状況

は存在しないことになり，二つのフェルミ粒子は同じ一粒子固有状態を同時に占めることができない．また同様に，すべての一粒子固有状態が異なる状態であっても，例えば $\boldsymbol{q}_1$ と $\boldsymbol{q}_2$ がまったく同一であれば，同じ列が存在することになり波動関数は 0 になる．よって二つのフェルミ粒子は同じ場所に同時に存在することができない．

一方，完全対称な波動関数はこのような制約はなく，ボース粒子は同じ一粒子固有状態も，同じ場所も同時に多数の粒子で占めることができる．

ここで示した完全対称な波動関数で微視的状態を記述し統計力学を考えるとき，その系を**ボース–アインシュタイン (Bose-Einstein) 統計**にしたがうという．また，同様に完全反対称な波動関数で記述する場合を**フェルミ–ディラック (Fermi-Dirac) 統計**にしたがうという．もちろんある特定の同種粒子に対してボース–アインシュタイン統計にしたがうとか，別の特定の同種粒子に対してフェルミ–ディラック統計にしたがうというのであって，考えている系にボース粒子とフェルミ粒子が混在しているときはそれぞれに対してそれぞれの統計をもちいる．

完全対称・完全反対称，どちらの波動関数で記述される微視的状態も粒子の入れ替えに関する対称性を考慮して状態を作っているので，これらの波動関数をもちいて微視的状態を記述する場合にはギブスの修正因子は必要ない．逆に粒子の入れ替えの対称性を考えず波動関数 (8.7) 一つで微視的状態が記述できるとすればこの波動関数は粒子が区別できる場合の微視的状態に対応する．これに加えてギブスの修正因子を使えばこれまで取り扱ってきたような同種粒子の微視的状態に対応する．粒子の入れ替えに関する置換演算子の作用を考慮せずこれまで取り扱ってきたような場合を**マクスウェル–ボルツマン (Maxwell-Boltzmann) 統計**にしたがうという．

例 8.1　(波動関数)　$N=2$，$k=1,2,3$ の場合に具体的に波動関数を書き下そう．ベースとなる波動関数は

$$\Psi_{k_A,k_B}(\boldsymbol{q}_A,\boldsymbol{q}_B)=\phi_{k_A}(\boldsymbol{q}_A)\phi_{k_B}(\boldsymbol{q}_B) \tag{8.16}$$

であり，座標 $\boldsymbol{q}_A$ をもつ粒子が一粒子固有状態 k_A に，座標 $\boldsymbol{q}_B$ をもつ粒子が一粒子固有状態 k_B にある波動関数を表す．粒子が区別できる微視的状態 (マクスウェ

ル–ボルツマン統計) に対しては,

$$\begin{aligned}&\Psi_{1,1}(\boldsymbol{q}_A,\boldsymbol{q}_B), \quad \Psi_{2,2}(\boldsymbol{q}_A,\boldsymbol{q}_B), \quad \Psi_{3,3}(\boldsymbol{q}_A,\boldsymbol{q}_B),\\ &\Psi_{1,2}(\boldsymbol{q}_A,\boldsymbol{q}_B), \quad \Psi_{2,1}(\boldsymbol{q}_A,\boldsymbol{q}_B), \quad \Psi_{2,3}(\boldsymbol{q}_A,\boldsymbol{q}_B),\\ &\Psi_{3,2}(\boldsymbol{q}_A,\boldsymbol{q}_B), \quad \Psi_{3,1}(\boldsymbol{q}_A,\boldsymbol{q}_B), \quad \Psi_{1,3}(\boldsymbol{q}_A,\boldsymbol{q}_B)\end{aligned} \tag{8.17}$$

の 9 個の状態がある.

粒子が区別できないとき, ボース–アインシュタイン統計では, 上の 9 個から対称化した波動関数を作らなければならない. それは

$$\begin{aligned}&\Psi_{1,1}(\boldsymbol{q}_A,\boldsymbol{q}_B), \quad \Psi_{2,2}(\boldsymbol{q}_A,\boldsymbol{q}_B), \quad \Psi_{3,3}(\boldsymbol{q}_A,\boldsymbol{q}_B),\\ &\frac{1}{\sqrt{2}}(\Psi_{1,2}(\boldsymbol{q}_A,\boldsymbol{q}_B)+\Psi_{2,1}(\boldsymbol{q}_A,\boldsymbol{q}_B)),\\ &\frac{1}{\sqrt{2}}(\Psi_{2,3}(\boldsymbol{q}_A,\boldsymbol{q}_B)+\Psi_{3,2}(\boldsymbol{q}_A,\boldsymbol{q}_B)),\\ &\frac{1}{\sqrt{2}}(\Psi_{3,1}(\boldsymbol{q}_A,\boldsymbol{q}_B)+\Psi_{1,3}(\boldsymbol{q}_A,\boldsymbol{q}_B))\end{aligned} \tag{8.18}$$

の 6 個の状態がある.

フェルミ–ディラック統計では, 反対称化した

$$\begin{aligned}&\frac{1}{\sqrt{2}}(\Psi_{1,2}(\boldsymbol{q}_A,\boldsymbol{q}_B)-\Psi_{2,1}(\boldsymbol{q}_A,\boldsymbol{q}_B)),\\ &\frac{1}{\sqrt{2}}(\Psi_{2,3}(\boldsymbol{q}_A,\boldsymbol{q}_B)-\Psi_{3,2}(\boldsymbol{q}_A,\boldsymbol{q}_B)),\\ &\frac{1}{\sqrt{2}}(\Psi_{3,1}(\boldsymbol{q}_A,\boldsymbol{q}_B)-\Psi_{1,3}(\boldsymbol{q}_A,\boldsymbol{q}_B))\end{aligned} \tag{8.19}$$

の 3 個の状態がある.

それぞれの統計で, 二つの粒子が同一の一粒子固有状態を取る状態の全状態に対する割合を求めると, マクスウェル–ボルツマン統計で 1/3, ボース–アインシュタイン統計で 1/2, フェルミ–ディラック統計で 0 であり, 波動関数の対称性を考慮しない古典的なマクスウェル–ボルツマン統計と比較して, ボース–アインシュタイン統計では同一の一粒子固有状態を取りやすい傾向があることがわかる.

具体的に, 三つの固有状態として幅 L の 1 次元井戸型ポテンシャルに閉じ込め

られた自由粒子の基底状態，第一励起状態，第二励起状態を取ると，式 (3.2) から

$$\phi_1(x)=\sqrt{\frac{2}{L}}\sin\frac{\pi x}{L}, \qquad \phi_2(x)=\sqrt{\frac{2}{L}}\sin\frac{2\pi x}{L}, \qquad \phi_3(x)=\sqrt{\frac{2}{L}}\sin\frac{3\pi x}{L} \tag{8.20}$$

であり，例えば，

$$\begin{aligned}&\Psi_{1,1}(q_A,q_B)=\frac{2}{L}\sin\frac{\pi q_A}{L}\sin\frac{\pi q_B}{L},\\&\frac{1}{\sqrt{2}}(\Psi_{1,2}(q_A,q_B)\pm\Psi_{2,1}(q_A,q_B))=\frac{\sqrt{2}}{L}\left(\sin\frac{\pi q_A}{L}\sin\frac{2\pi q_B}{L}\pm\sin\frac{2\pi q_A}{L}\sin\frac{\pi q_B}{L}\right)\end{aligned} \tag{8.21}$$

などとなる．

それぞれの統計に対して波動関数の様子を図 8.1 にプロットした．それぞれの図の横軸は座標 q_A，縦軸は q_B である．各図の右上りの対角線は $q_A=q_B$ を表し，ボース–アインシュタイン統計では対角線に対して折り返しても波動関数が変わらない対称な状態に，フェルミ–ディラック統計では折り返すと符号が変わる反対称な状態になっていることがわかる．

一般に粒子の内部自由度であるスピンの値が，その粒子がボース粒子かフェルミ粒子かを決定する．整数のスピンをもつ粒子がボース粒子，半整数のスピンをもつ粒子がフェルミ粒子となる．物質を構成するクオークや電子などはフェルミ粒子，相互作用を媒介する光子などはボース粒子である．複数の粒子からなる場合，スピンの合計が統計を決め，陽子や中性子はスピン 1/2 のクオーク 3 個からなるのでフェルミ粒子，また陽子 2 個，中性子 1 個，電子 2 個からなるヘリウム 3 はフェルミ粒子，陽子 2 個，中性子 2 個，電子 2 個からなるヘリウム 4 はボース粒子として振る舞う．

8.3 占有数による表現とボース分布関数，フェルミ分布関数

ボース–アインシュタイン統計やフェルミ–ディラック統計にしたがう系を考えるとき，**占有数**を使って考えると便利である．一粒子固有状態 k $(k=1,2,3,\cdots)$ に対して，何個の粒子がその固有状態を取っているかを表す占有数を n_k と書く．

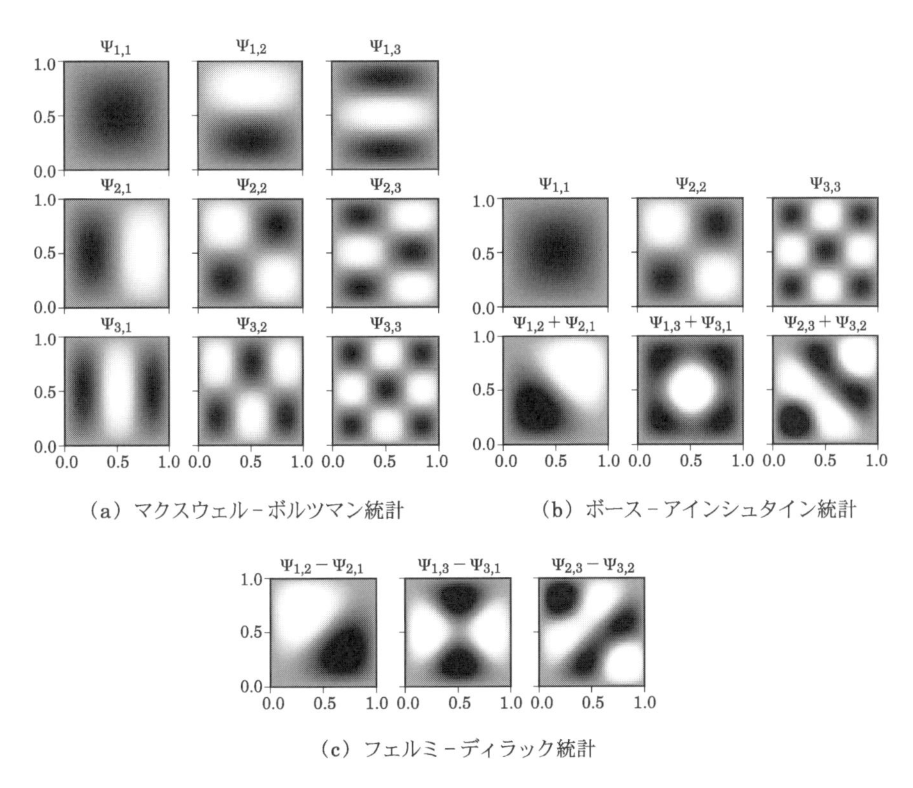

図 8.1　1 次元井戸型ポテンシャル中の二粒子の波動関数．基底状態を含むエネルギーの低い三状態のみ取れるとした．各図の横軸，縦軸は座標 q_A，q_B に対応する．グレースケールが波動関数の値を表す．黒いほど +，白いほど − に大きい．また図の上にある $\Psi_{1,1}$ などは表示している波動関数である．

このときエネルギー E は占有数と一粒子ハミルトニアンの固有値 ϵ_k を使って

$$E=\sum_{k=1}^{\infty}\epsilon_k n_k \tag{8.22}$$

となる．また，全粒子数が N 個であるから $N=\sum_{k=1}^{\infty} n_k$ という拘束条件がある．ボース粒子に対しては $n_k=0,1,2,\cdots,\infty$ を取ることができ，フェルミ粒子に対しては $n_k=0,1$ を取ることができる．これでカノニカル集団を考えると，分配関数 $Z_N(\beta)$ は

$$Z_N(\beta)=\sum_{\{n_k\}}{}' e^{-\beta\sum_{k=1}^{\infty}\epsilon_k n_k} \tag{8.23}$$

となる．ここで和の $'$ は $N=\sum_{k=1}^{\infty} n_k$ をみたすすべての占有数の組 $\{n_k\}$ に対して取ることを表す．この和を実行するのは面倒なので，グランドカノニカル集団に移ろう．大分配関数 Ξ は化学ポテンシャル μ を使って

$$\begin{aligned}\Xi &= \sum_{N=0}^{\infty}\sum_{n_1=0}\sum_{n_2=0}\cdots\delta_{\sum_{k=1}^{\infty}n_k,N}\, e^{-\beta\sum_k\epsilon_k n_k} e^{\beta\mu\sum_k n_k}\\ &= \prod_{k=1}^{\infty}\sum_{n_k=0} e^{-\beta\epsilon_k n_k+\beta\mu n_k}\end{aligned} \tag{8.24}$$

と書ける．ボース–アインシュタイン統計 (BE をつけて表す) およびフェルミ–ディラック統計 (FD をつけて表す) それぞれの統計に対して n_k の最大値は ∞, 1 であるから，大分配関数は

$$\Xi^{\mathrm{BE}}=\prod_{k=1}^{\infty}[1-e^{-\beta\epsilon_k+\beta\mu}]^{-1}, \tag{8.25}$$

$$\Xi^{\mathrm{FD}}=\prod_{k=1}^{\infty}[1+e^{-\beta\epsilon_k+\beta\mu}] \tag{8.26}$$

となる[2]．

この大分配関数からある特定の一粒子固有状態での占有数の期待値 $\langle n_k\rangle_{\mathrm{eq}}$ を求めよう．微視的状態の実現確率を思い出し，定義通り書くと，

$$\langle n_k\rangle_{\mathrm{eq}}=\frac{\prod_{j=1}^{\infty}\sum_{n_j=0} n_k e^{-\beta\epsilon_j n_j+\beta\mu n_j}}{\Xi}=\frac{\sum_{n_k=0} n_k e^{-\beta\epsilon_k n_k+\beta\mu n_k}}{\sum_{n_k=0} e^{-\beta\epsilon_k n_k+\beta\mu n_k}} \tag{8.27}$$

である．ボース–アインシュタイン統計，フェルミ–ディラック統計どちらの場合でも，

$$\langle n_k\rangle_{\mathrm{eq}}=\frac{1}{\beta}\frac{\partial}{\partial\mu}\log\sum_{n_k=0} e^{-\beta\epsilon_k n_k+\beta\mu n_k} \tag{8.28}$$

2) ボース–アインシュタイン統計の大分配関数を計算する際には $\epsilon_k-\mu>0$ を仮定して和を取った．この条件は物理的に要請されることを 143 ページで見る．

で計算でき，それぞれの統計に対して n_k の最大値は ∞，1 なので

$$\langle n_k \rangle_{\mathrm{eq}}^{\mathrm{BE}} = \frac{1}{e^{\beta(\epsilon_k - \mu)} - 1},$$
$$\langle n_k \rangle_{\mathrm{eq}}^{\mathrm{FD}} = \frac{1}{e^{\beta(\epsilon_k - \mu)} + 1} \tag{8.29}$$

となる．

これら占有数の期待値がわかれば，一粒子固有状態に依存する物理量の期待値が計算できる．例えばエネルギーの期待値や粒子数の期待値は

$$\langle E \rangle_{\mathrm{eq}} = \sum_{k=1}^{\infty} \epsilon_k \langle n_k \rangle_{\mathrm{eq}},$$
$$\langle N \rangle_{\mathrm{eq}} = \sum_{k=1}^{\infty} \langle n_k \rangle_{\mathrm{eq}} \tag{8.30}$$

で求めることができる．よって上の占有数の期待値はボース–アインシュタイン統計やフェルミ–ディラック統計では基礎的な量になっている．これらは一粒子固有状態には ϵ_k を通じてしか依存していないので，エネルギーのみを変数とし温度と化学ポテンシャルをパラメータとする関数 $f_{\mathrm{BE}}(\epsilon)$, $f_{\mathrm{FD}}(\epsilon)$ を

$$f_{\mathrm{BE}}(\epsilon) = \frac{1}{e^{\beta(\epsilon - \mu)} - 1} \qquad \text{ボース–アインシュタイン統計,} \tag{8.31}$$
$$f_{\mathrm{FD}}(\epsilon) = \frac{1}{e^{\beta(\epsilon - \mu)} + 1} \qquad \text{フェルミ–ディラック統計} \tag{8.32}$$

と定義し，式 (8.31) を**ボース分布関数**，式 (8.32) を**フェルミ分布関数**と呼ぶ．

図 8.2 にそれぞれの分布関数の振る舞いを $\epsilon - \mu$ の関数として示す．ボース分布関数は $\epsilon - \mu = 0$ で正に発散するが，占有数の期待値が 0 以上でかつ有限であるためすべての一粒子固有状態 k に対して $\epsilon_k - \mu > 0$ でなければならない．これは化学ポテンシャル μ が一粒子の基底状態のエネルギー ϵ_1 より小さくなければならないことを表している．またフェルミ分布関数は低温に近づくと化学ポテンシャルのところで階段状に変化することがわかる．これはフェルミ粒子では同一状態を取ることができないことの反映であり，絶対零度の基底状態では化学ポテンシャルより小さなエネルギーをもつ状態がすべて粒子により占有されていることを表す．その状態に一粒子付け加えるには化学ポテンシャル分のエネルギーが必要でありこれは化学ポテンシャルの定義どおりである．

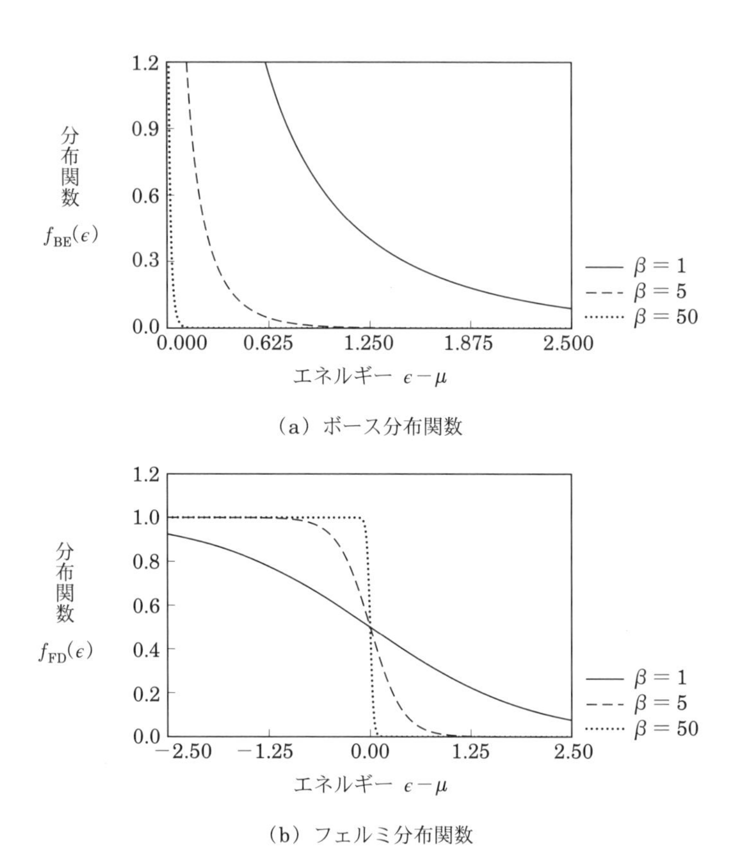

（a）ボース分布関数

（b）フェルミ分布関数

図 8.2　ボース分布関数およびフェルミ分布関数の温度依存性.

ボース–アインシュタイン統計やフェルミ–ディラック統計を適用しなければならない条件をマクスウェル–ボルツマン統計が良い近似として成立する条件から考えよう．これまで考えてきたマクスウェル–ボルツマン統計 (MB をつけて表す) では

$$\Xi^{\mathrm{MB}}=\sum_{N=0}^{\infty}\frac{1}{N!}\left(\sum_{k}e^{-\beta\epsilon_k}\right)^{N}e^{\beta\mu N}=\prod_{k=1}^{\infty}\exp(e^{-\beta\epsilon_k+\beta\mu}) \tag{8.33}$$

であった．またマクスウェル–ボルツマン統計では

$$\langle n_k\rangle_{\mathrm{eq}}^{\mathrm{MB}}=\frac{1}{e^{\beta(\epsilon_k-\mu)}} \tag{8.34}$$

となることがすぐにわかる．ボース–アインシュタイン統計・フェルミ–ディラック統計の占有数の期待値と比較すると，マクスウェル–ボルツマン統計が良い近似として成立する条件は

$$e^{\beta(\epsilon_k-\mu)} \gg 1 \tag{8.35}$$

であることがわかる．この条件は一粒子基底状態のエネルギー ϵ_1 に対して，

$$e^{\beta(\epsilon_1-\mu)} \gg 1 \tag{8.36}$$

であれば十分である．そもそも問題の出発点であった自由粒子では $\epsilon_1 \propto V^{-2/3}$ であり熱力学極限ではほぼ 0 であるから，これは

$$e^{\beta\mu} \ll 1 \tag{8.37}$$

という条件と等しい．グランドカノニカル集団で自由粒子の化学ポテンシャルを計算した式 (6.27) と熱的ド・ブロイ波長 $\lambda = \sqrt{\dfrac{2\pi\hbar^2\beta}{m}}$ を使うと，この条件は

$$\lambda^3 \ll \frac{V}{N} \tag{8.38}$$

となる．つまりマクスウェル–ボルツマン統計が良い近似として成立するのは，一粒子の熱的ド・ブロイ波長が平均粒子間距離と比較して十分に小さいときであり，高温や希薄な状況に当たる．逆に一粒子の熱的ド・ブロイ波長が長くなり隣にいる粒子と重なり始めると量子力学的な効果が強くなりマクスウェル–ボルツマン統計の近似が破綻する．その場合はボース–アインシュタイン統計やフェルミ–ディラック統計を使わなければならない．この熱的ド・ブロイ波長が平均粒子間距離と比較して十分に小さい条件をエネルギーで書き直せば，この章の始めで述べたエントロピーが負にならない条件とも整合する．

演習問題

問題 8.1

完全対称な波動関数 (8.10) の規格化定数を求めよ．

第9章

理想フェルミ気体

フェルミ–ディラック統計やボース–アインシュタイン統計にしたがう自由粒子の系をそれぞれ**理想フェルミ気体**，**理想ボース気体**と呼ぶ．まとめて**理想量子気体**と呼ぶこともある．ここでは理想フェルミ気体について考えよう．

9.1 理想フェルミ気体

金属中の伝導電子は他の電子や原子核と相互作用をしているが，もっとも簡単なモデルとして相互作用が無視でき，ある体積をもつ箱に閉じ込められている自由粒子と見なせると仮定しよう．室温付近 300 K の電子の熱的ド・ブロイ波長を計算すると，電子の質量を $m = 9.1\times 10^{-31}$ kg として

$$\lambda = \sqrt{\frac{2\pi\hbar^2\beta}{m}} \simeq 4.3 \text{ nm} \tag{9.1}$$

となる．例えば金属を銅だと仮定すると，銅原子一つにつき一つの伝導電子が存在し，銅の密度の計算から平均の電子間距離はおおよそ 2.3×10^{-1} nm となる．よって室温付近であっても銅の伝導電子は縮退した気体として取り扱う必要がある．一般に金属中の伝導電子は縮退した気体として振る舞い，電子はスピン 1/2 であるからフェルミ–ディラック統計にしたがう．ここでは伝導電子を理想フェルミ気体として取り扱おう．

フェルミ–ディラック統計に対して大分配関数 Ξ は，式 (8.26) で計算した

$$\Xi = \prod_{k=1}^{\infty}\left[1 + e^{-\beta(\epsilon_k - \mu)}\right] \tag{9.2}$$

となる．ここで k は一粒子固有状態のラベルであり，ϵ_k は対応する一粒子のエネ

ルギー固有値である．グランドポテンシャル J は

$$J = -k_{\mathrm{B}}T \sum_{k=1}^{\infty} \log\left[1 + e^{-\beta(\epsilon_k - \mu)}\right] \tag{9.3}$$

であり，またフェルミ–ディラック統計の占有数の式から，系全体の粒子数の期待値 N はフェルミ分布関数 $f_{\mathrm{FD}}(\epsilon)$ を使って，

$$N = \sum_{k=1}^{\infty} f_{\mathrm{FD}}(\epsilon_k) = \sum_{k=1}^{\infty} \frac{1}{e^{\beta(\epsilon_k - \mu)} + 1} \tag{9.4}$$

と書ける．

ある体積に閉じ込められた自由粒子に対して，k の和をエネルギー状態密度で書くのが便利である．3 章で計算した一粒子の状態数 (3.6) を思い出すと，それは

$$\frac{d\Omega(\epsilon)}{d\epsilon} = \frac{(2m)^{3/2}}{4\pi^2\hbar^3} V \epsilon^{1/2} \tag{9.5}$$

であった．いまフェルミ粒子を考えているのでスピンの自由度があり，スピン状態が異なるフェルミ粒子は同じ一粒子の運動の固有状態にあっても異なる状態であるため，各一粒子固有状態にはスピンの大きさを s として $g_{\mathrm{s}} = 2s+1$ 個までフェルミ粒子が入ることが可能である．よって一粒子状態密度 $g(\epsilon)$ は，上の状態数密度にスピン自由度の縮退度 g_{s} を掛けた

$$g(\epsilon) = g_{\mathrm{s}} \frac{(2m)^{3/2}}{4\pi^2\hbar^3} V \epsilon^{1/2} \tag{9.6}$$

をもちいなければならない．電子の場合は $g_{\mathrm{s}} = 2$ となる．

一粒子状態密度をもちいると，グランドポテンシャルや粒子数は，一粒子エネルギーに関する積分

$$J = -k_{\mathrm{B}}T \int_0^{\infty} d\epsilon\, g(\epsilon) \log\left[1 + e^{-\beta(\epsilon - \mu)}\right],$$
$$N = \int_0^{\infty} d\epsilon\, g(\epsilon) \frac{1}{e^{\beta(\epsilon - \mu)} + 1} \tag{9.7}$$

で書くことができる．

9.2 絶対零度での状態

絶対零度での状態を考えよう．8章でみたように，フェルミ分布関数 $f_{\rm FD}(\epsilon)$ は絶対零度で階段的に変化するのであった．このとき

$$f_{\rm FD}(\epsilon)=\frac{1}{e^{\beta(\epsilon-\mu)}+1}\ \xrightarrow[\beta\to\infty]{}\ \Theta(\mu-\epsilon) \tag{9.8}$$

とステップ関数

$$\Theta(x)=\begin{cases}0 & x<0\\ \dfrac{1}{2} & x=0\\ 1 & x>0\end{cases} \tag{9.9}$$

を使って表すことができる．

粒子数は電子のスピン縮退度 $g_{\rm s}=2$ として

$$\begin{aligned}N&=\int_0^\infty d\epsilon g(\epsilon)\Theta(\mu-\epsilon)=\int_0^\mu d\epsilon g(\epsilon)\\ &=\frac{(2m)^{3/2}}{3\pi^2\hbar^3}V\mu^{3/2}\end{aligned} \tag{9.10}$$

となる．これは絶対零度の状態 (基底状態と呼ぶことにする) では与えられた化学ポテンシャルより小さなエネルギ固有値をもつ一粒子固有状態はすべて電子で占有されていることを表している．これを**フェルミ縮退**しているという．また系に存在する電子数を与えるこの化学ポテンシャルの値を**フェルミエネルギー**と呼ぶ．フェルミエネルギー ϵ_f は，電子の密度の関数であり，例えば銅だと

$$\epsilon_f=\frac{\hbar^2}{2m}\left(\frac{3\pi^2N}{V}\right)^{2/3}\simeq 1.1\times 10^{-18}\ {\rm J} \tag{9.11}$$

程度になる[1]．

フェルミエネルギーに対応する**フェルミ波数** k_f，**フェルミ速度** v_f，**フェルミ温度** T_f が使われることもあり，それらは

---

1) 電子が関係するときエネルギーを電子ボルトで表すことが多く，1 eV$\simeq 1.602\times 10^{-19}$ J である．電子ボルト単位では $\epsilon_f\simeq 6.9$ eV である．

$$\epsilon_f = k_{\mathrm{B}} T_f = \frac{1}{2} m v_f^2 = \frac{\hbar^2 k_f^2}{2m} \tag{9.12}$$

で関係づけられる．上で計算した銅に対してフェルミ温度は 8.2×10^4 K 程度であり，室温付近のエネルギースケールと比較して非常に大きくなる．フェルミ波数，フェルミ速度も計算すると，それぞれ 1.4×10^{10} m^{-1}，1.6×10^6 m/s 程度である．電子のフェルミ温度は一般的な金属に対して 1×10^4 K$\sim$$1\times10^5$ K 程度になることが知られている．

基底状態での内部エネルギーや，圧力も求めておこう．温度 T の関数として内部エネルギー $E(T)$ は，フェルミ分布関数を使って計算できる．

$$E(T) = \int_0^\infty d\epsilon g(\epsilon) \frac{\epsilon}{e^{\beta(\epsilon-\mu)}+1}. \tag{9.13}$$

$T=0$ でフェルミ分布関数は階段的に変化するので，内部エネルギー $E(0)$ は

$$E(0) = \int_0^\infty d\epsilon g(\epsilon) \epsilon \Theta(\epsilon_f - \epsilon) = \frac{1}{5} \frac{(2m)^{3/2}}{\pi^2 \hbar^3} V \epsilon_f^{5/2} = \frac{3}{5} N \epsilon_f \tag{9.14}$$

となる．よって一粒子あたりの基底状態のエネルギーはフェルミエネルギーの 3/5 倍である．またフェルミエネルギーを粒子数と体積で書き直せば，

$$E(0) = \frac{3\hbar^2}{10m} \left(\frac{3\pi^2 N}{V} \right)^{2/3} N \tag{9.15}$$

であり，一粒子あたりの基底状態のエネルギーが粒子数密度の 2/3 乗に比例することもわかる．

圧力をグランドポテンシャル経由で求めよう．

$$J = -k_{\mathrm{B}} T \int_0^\infty d\epsilon g(\epsilon) \log[1 + e^{-\beta(\epsilon-\mu)}] \tag{9.16}$$

より，状態密度に含まれる $\epsilon^{1/2}$ の項を使って積分を部分積分すると，

$$J = -\frac{2}{3} \int_0^\infty d\epsilon g(\epsilon) \frac{\epsilon}{e^{\beta(\epsilon-\mu)}+1} \tag{9.17}$$

となる．この積分は内部エネルギー $E(T)$ を表す積分と同じであり

$$J = -\frac{2}{3}E(T) \tag{9.18}$$

が成立する．$J = -pV$ であるから，理想フェルミ気体では

$$p = \frac{2}{3}\frac{E(T)}{V} \tag{9.19}$$

となる[2)]．絶対零度での圧力は，

$$p = \frac{2}{5}\frac{N}{V}\epsilon_f \tag{9.20}$$

である．

9.3 有限温度

次に有限温度の性質を考えよう．有限温度の物理量を計算するためには，前節でみたように

$$\int_0^\infty d\epsilon \frac{\epsilon^a}{e^{\beta(\epsilon-\mu)}+1} \tag{9.21}$$

の形の積分の評価が必要である．積分の変数を $x = \beta\epsilon$ と変数変換し，$y = \beta\mu$ と置くと，評価したい積分は

$$f_a^+(y) = \int_0^\infty dx \frac{x^a}{e^{x-y}+1} \tag{9.22}$$

という無次元の積分に比例する．この $f_a^+(y)$ を使えば，スピン縮退度 $g_{\mathrm{s}} = 2$ の電子に対して

$$E = \frac{4}{\sqrt{\pi}}\frac{V}{\lambda^3}\frac{1}{\beta}f_{3/2}^+(y), \tag{9.23}$$

$$N = \frac{4}{\sqrt{\pi}}\frac{V}{\lambda^3}f_{1/2}^+(y) \tag{9.24}$$

となる．ここで λ は電子の熱的ド・ブロイ波長である．

まずは温度のエネルギースケール $k_{\mathrm{B}}T$ がフェルミエネルギー ϵ_f より十分に小

2) 圧力がエネルギー密度の 2/3 倍というのは，理想フェルミ気体に限らず，一般に理想気体で成立する関係である．

さい低温の場合を考えよう．金属ではフェルミエネルギーは数万度であったため室温付近の性質でも十分に低温であると見なすことができる．$f_a^+(y)$ を低温で評価しよう．$y\to\infty$ のとき[3)]，$(e^{x-y}+1)^{-1}\to\Theta(y-x)$ であったから，積分を階段関数の積分との差を使って調べる．

$$f_a^+(y)=\int_0^\infty dx\,x^a\left[\Theta(y-x)+\frac{1}{e^{x-y}+1}-\Theta(y-x)\right]$$
$$=\frac{y^{a+1}}{a+1}+I. \tag{9.25}$$

ここで

$$I=\int_0^\infty dx\,x^a\left[\frac{1}{e^{x-y}+1}-\Theta(y-x)\right] \tag{9.26}$$

である．y が大きいときはこの I は小さくなる．この積分の積分範囲を y 以下と y 以上に分解し，$x<y$ では $\Theta(y-x)=1$，$x>y$ では $\Theta(y-x)=0$ を使うと，

$$I=-\int_0^y dx\frac{x^a}{1+e^{y-x}}+\int_y^\infty dx\frac{x^a}{e^{x-y}+1} \tag{9.27}$$

となる．第一項で $y-x=u$，第二項で $x-y=u$ と置くと，

$$I=\int_y^0 du\frac{(y-u)^a}{1+e^u}+\int_0^\infty du\frac{(y+u)^a}{e^u+1} \tag{9.28}$$

を得る．ここまではまだ厳密であるが，ここで近似を行う．第一項で $y\gg1$ を使って積分範囲を 0 から ∞ に置き換えると，第二項とあわせて，

$$I\simeq\int_0^\infty du\frac{(y+u)^a-(y-u)^a}{1+e^u} \tag{9.29}$$

と近似できる．分子を $y\gg1$ より u/y が小さいとして二項係数で展開する．展開の偶数次はキャンセルするので

$$I\simeq y^a\int_0^\infty du\frac{1}{1+e^u}\sum_{k=0}^\infty\binom{a}{k}\left(\frac{u}{y}\right)^k(1-(-1)^k)$$

---

3) いま考えたい低温は $\beta\epsilon_f$ が十分に大きいときで，$y=\beta\mu$ が十分に大きいときとは微妙に違うが，十分低温なら $\mu\simeq\epsilon_f$ が期待できるので $y\to\infty$ でも問題ないだろう．

$$= 2\sum_{j=1}^{\infty}\binom{a}{2j-1}y^{a-(2j-1)}\int_0^{\infty}du\,\frac{u^{2j-1}}{1+e^u} \tag{9.30}$$

となる．ここで定積分は単なる数[4] であるから，$f_a^+(y)$ の y が大きいときの振る舞いがわかったことになる．積分の値も含めて最初の数項を書き出してみると，

$$\begin{aligned} f_a^+(y) \simeq & \frac{y^{a+1}}{a+1} + \frac{\pi^2}{6}ay^{a-1} + \frac{7\pi^4}{360}a(a-1)(a-2)y^{a-3} \\ & + \frac{31\pi^6}{15120}a(a-1)(a-2)(a-3)(a-4)y^{a-5} + \cdots \end{aligned} \tag{9.31}$$

となる[5]．

まず粒子数を表す式 (9.24) を使って低温での化学ポテンシャルを求めよう．展開した $f_a^+(y)$ を使い熱的ド・ブロイ波長 λ を温度で表すと，

$$\begin{aligned} N &= \frac{4}{\sqrt{\pi}}\frac{V}{\lambda^3}\left(\frac{2}{3}y^{3/2} + \frac{\pi^2}{12}y^{-1/2} + \frac{7\pi^4}{960}y^{-5/2} + \cdots\right) \\ &= \frac{8V}{3\sqrt{\pi}}\left(\frac{m}{2\pi\hbar^2}\right)^{3/2}\mu^{3/2}\left(1 + \frac{\pi^2}{8}y^{-2} + \frac{7\pi^4}{640}y^{-4} + \cdots\right) \end{aligned} \tag{9.32}$$

となる．ここでフェルミエネルギー ϵ_f の定義 (9.11) を使い N,V を消去すると，

$$\epsilon_f^{3/2} = \mu^{3/2}\left(1 + \frac{\pi^2}{8}\left(\frac{k_{\mathrm{B}}T}{\mu}\right)^2 + \frac{7\pi^4}{640}\left(\frac{k_{\mathrm{B}}T}{\mu}\right)^4 + \cdots\right) \tag{9.33}$$

となる．この式を μ について摂動的に解いていこう．まず絶対零度では $\mu = \epsilon_f$ である．またこの式から μ は T の偶数べきに依存することがわかるから，

$$\mu = \epsilon_f\left(1 + A\left(\frac{k_{\mathrm{B}}T}{\epsilon_f}\right)^2 + B\left(\frac{k_{\mathrm{B}}T}{\epsilon_f}\right)^4 + \cdots\right) \tag{9.34}$$

と展開し，代入して係数 A,B を決めると，

---

4) 積分はガンマ関数とゼータ関数を使って $\int_0^{\infty}du\,\frac{u^{2j-1}}{1+e^u} = (1-2^{1-2j})\Gamma(2j)\zeta(2j)$ となり，$j=1$ では $\frac{\pi^2}{12}$，$j=2$ では $\frac{7\pi^4}{120}$，$j=3$ では $\frac{31\pi^6}{252}$ である．

5) ここで行った展開は，定数倍の差はあるが，**ゾンマーフェルト** (Sommerfeld) によって示された**ゾンマーフェルト展開**である．

$$\mu = \epsilon_f \left(1 - \frac{\pi^2}{12}\left(\frac{k_B T}{\epsilon_f}\right)^2 - \frac{\pi^4}{80}\left(\frac{k_B T}{\epsilon_f}\right)^4 + \cdots\right) \tag{9.35}$$

となる．この結果，有限温度では化学ポテンシャルはフェルミエネルギーより小さくなりそうであり，実際，式 (9.33) に含まれる $f^+_{1/2}(y)$ の展開係数がすべて正であることから，有限温度の化学ポテンシャルはフェルミエネルギーより小さくなることがわかる．

エネルギーについて考えよう．同じように $f^+_a(y)$ の展開で評価すれば良いが，熱的ド・ブロイ波長のところが，粒子数で書き換えられることを使って，

$$\frac{E}{N} = k_B T \frac{f^+_{3/2}(y)}{f^+_{1/2}(y)} \tag{9.36}$$

を考えよう．$f^+_a(y)$ の展開を代入して，

$$\begin{aligned}\frac{E}{N} &= k_B T \frac{\frac{2}{5}y^{5/2} + \frac{\pi^2}{4}y^{1/2} - \frac{7\pi^4}{960}y^{-3/2} + \cdots}{\frac{2}{3}y^{3/2} + \frac{\pi^2}{12}y^{-1/2} + \frac{7\pi^4}{960}y^{-5/2} + \cdots} \\ &= \frac{3}{5}k_B T y \frac{1 + \frac{5\pi^2}{8}y^{-2} - \frac{7\pi^4}{384}y^{-4} + \cdots}{1 + \frac{\pi^2}{8}y^{-2} + \frac{7\pi^4}{640}y^{-4} + \cdots}.\end{aligned} \tag{9.37}$$

この分母を，式 (9.33) を使って ϵ_f, μ で表し，μ に式 (9.35) を代入して，温度のべきを整理すると

$$\begin{aligned}\frac{E}{N} &= \frac{3}{5}\frac{\mu^{5/2}}{\epsilon_f^{3/2}}\left(1 + \frac{5\pi^2}{8}y^{-2} - \frac{7\pi^4}{384}y^{-4} + \cdots\right) \\ &= \frac{3}{5}\epsilon_f \left(1 - \frac{\pi^2}{12}\left(\frac{k_B T}{\epsilon_f}\right)^2 - \frac{\pi^4}{80}\left(\frac{k_B T}{\epsilon_f}\right)^4 + \cdots\right)^{5/2}\left(1 + \frac{5\pi^2}{8}y^{-2} - \frac{7\pi^4}{384}y^{-4} + \cdots\right) \\ &= \frac{3}{5}\epsilon_f \left(1 + \frac{5\pi^2}{12}\left(\frac{k_B T}{\epsilon_f}\right)^2 - \frac{\pi^4}{16}\left(\frac{k_B T}{\epsilon_f}\right)^4 + \cdots\right)\end{aligned} \tag{9.38}$$

となる．

ここから定積熱容量を計算すると,

$$C_V = Nk_B\left(\frac{\pi^2}{2}\left(\frac{k_BT}{\epsilon_f}\right) - \frac{3\pi^4}{20}\left(\frac{k_BT}{\epsilon_f}\right)^3 + \cdots\right) \tag{9.39}$$

となり，フェルミエネルギーと比較して低温では温度に対して線形に振る舞う．一般に金属では，フェルミエネルギーは室温と比較して十分に大きいので，室温付近でも電子の比熱は温度に対して線形の依存性をもつ．金属の全比熱への電子の寄与は古典的な自由度一つあたりの比熱への寄与 $\frac{1}{2}k_B$ と比較すると十分に小さく，室温付近では比熱への電子の寄与は格子振動による寄与に埋もれて観測することが難しい．絶対零度に近づくと，比熱への格子振動の寄与が T^3 で小さくなるので，絶対零度の近くでは

$$C_V \sim \gamma T + AT^3 \tag{9.40}$$

のような振る舞いが観測される．

またフェルミエネルギーの定義より，フェルミエネルギーでの状態密度 $g(\epsilon_f)$[6] は

$$N = \frac{2}{3}\epsilon_f g(\epsilon_f) \tag{9.41}$$

を満たすので，

$$C_V = \frac{\pi^2}{3}k_B g(\epsilon_f)k_B T + \cdots \tag{9.42}$$

と書くこともできる．この関係は一般の自由粒子とは限らない状態密度をもつ場合にも成立し，比熱に寄与するのはフェルミエネルギー近傍にある状態を取っている電子だけであることを表している．低温ではフェルミエネルギーの近傍，エネルギー幅 k_BT ぐらいの状態にある電子のみが励起され，それらの電子が比熱に寄与することを示している．

縮退した気体を考え始めたきっかけは，古典的な理想気体のエントロピーが低温で負になってしまい古典的な理想気体として考えることが破綻するためであった．ここで理想フェルミ気体のエントロピーの低温での振る舞いを求めてみよう．

---

6) 状態密度はフェルミエネルギーを使って表すと $g(\epsilon) = \frac{3}{2}\frac{N}{\epsilon_f}\left(\frac{\epsilon}{\epsilon_f}\right)^{1/2}$ と書くことができる．

グランドポテンシャル J の温度微分でエントロピー S が計算でき，式 (9.18) を使うと，

$$S=-\left(\frac{\partial J}{\partial T}\right)_{V,\mu}=\frac{2}{3}\left(\frac{\partial E}{\partial T}\right)_{V,\mu}=Nk_{\mathrm{B}}\left(\frac{\pi^2}{3}\left(\frac{k_{\mathrm{B}}T}{\epsilon_f}\right)+\cdots\right) \tag{9.43}$$

となる．これは絶対零度で 0 になり系の状態が一つの基底状態になることをただしく表している．

古典的な低密度・高温の極限でマクスウェル–ボルツマン統計が回復することを見ておこう．低密度・高温の極限では式 (9.24) より

$$1\gg\frac{\lambda^3N}{V}=\frac{4}{\sqrt{\pi}}f^+_{1/2}(y) \tag{9.44}$$

となる．$f^+_{1/2}(y)$ は y の単調増加関数で $y\to-\infty$ で 0 となるから，$e^y\ll1$ として $f^+_a(y)$ を e^y で展開すると，

$$f^+_a(y)=\sum_{k=1}^{\infty}(-1)^{k+1}e^{ky}\int_0^{\infty}dx\,x^ae^{-kx} \tag{9.45}$$

と書ける．積分はガンマ関数 (3.11) で表すことができ，

$$f^+_a(y)=\sum_{k=1}^{\infty}(-1)^{k+1}e^{ky}\frac{\Gamma(a+1)}{k^{a+1}} \tag{9.46}$$

となる．

粒子数について，この展開を使うと

$$\begin{aligned}N&=\frac{4}{\sqrt{\pi}}\frac{V}{\lambda^3}f^+_{1/2}(y)=\frac{4}{\sqrt{\pi}}\frac{V}{\lambda^3}\Gamma(3/2)\left[e^y-\frac{e^{2y}}{2^{3/2}}+\frac{e^{3y}}{3^{3/2}}-\cdots\right]\\&=\frac{2V}{\lambda^3}e^y\left[1-\frac{e^y}{2^{3/2}}+\frac{e^{2y}}{3^{3/2}}-\cdots\right]\end{aligned} \tag{9.47}$$

となり，ここで e^y のオーダーの項まで取ると，

$$e^{\beta\mu}\simeq\frac{\lambda^3N}{2V} \tag{9.48}$$

を得る．これはマクスウェル–ボルツマン統計で古典的な自由粒子を取り扱った結

果 (6.27) と比較すると体積 V の前の 2 だけ異なるが，これは電子のスピン縮退度 2 のために状態数が倍になり見かけの体積が倍になっていることに対応する．エネルギーは

$$\begin{aligned} E &= \frac{4}{\sqrt{\pi}} \frac{V}{\lambda^3} \frac{1}{\beta} f^{+}_{3/2}(y) = \frac{4}{\sqrt{\pi}} \frac{V}{\lambda^3} \frac{1}{\beta} \Gamma(5/2) \left[e^y - \frac{e^{2y}}{2^{5/2}} + \frac{e^{3y}}{3^{5/2}} - \cdots \right] \\ &= \frac{3V}{\lambda^3} \frac{1}{\beta} e^y \left[1 - \frac{e^y}{2^{5/2}} + \frac{e^{2y}}{3^{5/2}} - \cdots \right] \end{aligned} \tag{9.49}$$

となる．e^y のオーダーの項まで取り，粒子数を使って $\beta\mu$ を消去すると，

$$E \simeq \frac{3}{2} N k_{\mathrm{B}} T \tag{9.50}$$

となり，マクスウェル–ボルツマン統計の古典的な自由粒子と同じ振る舞いをする．

9.4 応用: パウリ常磁性

これまで電子を理想フェルミ気体として取り扱い比熱などを計算した．ここでは電子の磁場に対する応答としての磁性について考察しよう．一般に磁場がかかった状態で電子が運動すると電子の軌道はローレンツ (Lorentz) 力により曲げられ，かけられた磁場を打ち消す向きに磁場を発生させるような電流が生じる．これは**ランダウ (Landau) 反磁性**とよばれる現象 (章末演習問題 9.3) に関係するが，この効果は無視して純粋にスピンのみを起源とする磁性をここでは考察する．このような伝導電子のスピンを起源とする磁性を**パウリ (Pauli) の常磁性**と呼ぶ．

これまで何度か電子のスピンが小さな磁石として働くと述べてきた．その事実の整理から始めよう．電子は自転に対応するスピン角運動量 $\hbar\boldsymbol{S}$ をもつ．$\boldsymbol{S}$ は**スピン演算子**であり，電子のスピン 1/2 に対応して，**パウリ (Pauli) 行列** $\boldsymbol{\sigma}$

$$\sigma^x = \begin{pmatrix} 0 & 1 \\ 1 & 0 \end{pmatrix}, \quad \sigma^y = \begin{pmatrix} 0 & -i \\ i & 0 \end{pmatrix}, \quad \sigma^z = \begin{pmatrix} 1 & 0 \\ 0 & -1 \end{pmatrix} \tag{9.51}$$

を使って $\boldsymbol{S} = \frac{1}{2}\boldsymbol{\sigma}$ と表すことができる．

電荷をもつ粒子が自転すると電磁気学的に**磁気モーメント**が生じる．量子力学

的な電子でもスピンに対応して磁気モーメントが発生する．この磁気モーメント $\boldsymbol{\mu}_s$ は，スピン角運動量を使って，

$$\boldsymbol{\mu}_s = -g\mu_{\mathrm{B}}\boldsymbol{S} \tag{9.52}$$

と表されることが知られている[7)]．ここで μ_{B} は**ボーア (Bohr) 磁子**と呼ばれる磁気モーメントの大きさを表す定数であり，電子の質量 m と，電気素量 e を使って

$$\mu_{\mathrm{B}} = \frac{e\hbar}{2m} \tag{9.53}$$

と表される．また g は**ランデ (Landé) の g 因子**と呼ばれる定数である．電子スピンに関する g 因子は，ほぼ 2 なので以下では $g=2$ とする．

磁気モーメントを磁束密度 $\boldsymbol{B}$ の一様な外部磁場中に置くと，そのエネルギー E は

$$E = -\boldsymbol{\mu}_s \cdot \boldsymbol{B} = 2\mu_{\mathrm{B}}\boldsymbol{S}\cdot\boldsymbol{B} \tag{9.54}$$

となる．スピン 1/2 に対して磁場方向をスピンの量子化軸と取ると，S^z の固有値が $\pm 1/2$ であるため E は磁束密度の大きさ B を使って

$$\pm\mu_{\mathrm{B}}B \tag{9.55}$$

の二つの値を取ることになる．このスピンと磁場との相互作用を**ゼーマン (Zeeman) エネルギー**や**ゼーマン項**と呼ぶ．またエネルギーの縮退がスピンの z 成分の値により解けることを**ゼーマン分裂**と呼ぶ．

ここでは自由粒子の運動エネルギーにゼーマンエネルギーを加えたものを電子のエネルギーと考える．磁場が加わることで，これまでスピン縮退度 $g_{\mathrm{s}}=2$ としていた理想フェルミ気体のエネルギー縮退がとけ，二種類のフェルミ粒子がつくる気体のように取り扱うことができる．

電子数 N は，S^z の固有値が $+1/2$ の粒子数 N_+ および S^z の固有値が $-1/2$ の粒子数 N_- を使って

$$N = N_+ + N_- \tag{9.56}$$

---

7) 電子の電荷は負なので磁気モーメントとスピン角運動量は逆を向く．

となる．それぞれの粒子数 N_+,N_- は，前節まででで取り扱った一般論により，スピン角運動量の固有値に対応した状態数密度 $g^{(+)}(\epsilon),g^{(-)}(\epsilon)$ を使うと，

$$N_+ = \int_{\mu_{\rm B}B}^{\infty} d\epsilon g^{(+)}(\epsilon) \frac{1}{e^{\beta(\epsilon-\mu)}+1}, \tag{9.57}$$

$$N_- = \int_{-\mu_{\rm B}B}^{\infty} d\epsilon g^{(-)}(\epsilon) \frac{1}{e^{\beta(\epsilon-\mu)}+1} \tag{9.58}$$

となる[8)]．それぞれの状態数密度は，先に考えた状態数密度 (9.6) でスピン縮退度の依存性を明示的に書いた

$$g_{g_{\rm s}}(\epsilon) = g_{\rm s} \frac{(2m)^{3/2}}{4\pi^2\hbar^3} V\epsilon^{1/2} \tag{9.59}$$

を使って，

$$g^{(+)}(\epsilon) = g_1(\epsilon-\mu_{\rm B}B), \quad g^{(-)}(\epsilon) = g_1(\epsilon+\mu_{\rm B}B) \tag{9.60}$$

と表すことができる．

これらの表現から，それぞれのスピン固有値をもつ電子に対する化学ポテンシャルを求めることができる．$g_{g_{\rm s}}(\epsilon)$ を使って

$$N = \int_0^{\infty} d\epsilon g_{g_{\rm s}}(\epsilon) \frac{1}{e^{\beta(\epsilon-\mu)}+1} \tag{9.61}$$

から決まる化学ポテンシャルを

$$\mu_{g_{\rm s}}(N,\beta) \tag{9.62}$$

と書くことにしよう．縮退度の依存性がどのように入っているか考えると，

$$\mu_{g_{\rm s}}(N,\beta) = \mu_1(N/g_{\rm s},\beta) \tag{9.63}$$

という関係があることはすぐにわかる．前節まででで取り扱っていた化学ポテンシャルは $\mu_2(N,\beta)$ である．また，粒子数を決める式 (9.57)，(9.58) で変数変換するこ

---

8) 前節まででではエネルギーの下限が 0 であったが，ここではそれぞれの状態のゼーマンエネルギー分シフトし，$S^z=\pm1/2$ に対して，電子の運動エネルギーが 0 でもエネルギーの値は $\pm\mu_{\rm B}B$ であることを反映させた．

とにより，$S^z=+1/2$ の固有状態に対応する化学ポテンシャル $\mu^{(+)}(N_+,\beta)$，$S^z=-1/2$ に対応する $\mu^{(-)}(N_-,\beta)$ は

$$\mu^{(+)}(N_+,\beta)=\mu_1(N_+,\beta)+\mu_{\mathrm{B}}B,$$
$$\mu^{(-)}(N_-,\beta)=\mu_1(N_-,\beta)-\mu_{\mathrm{B}}B \tag{9.64}$$

となることがわかる．この関係はそれぞれのスピン固有値に対してエネルギーの原点がシフトしていることからも明らかである．またそれぞれの固有状態にある電子は熱平衡状態として共存しているため

$$\mu^{(+)}(N_+)=\mu^{(-)}(N_-) \tag{9.65}$$

が成立している．よって

$$\mu_1(N_-,\beta)-\mu_1(N_+,\beta)=2\mu_{\mathrm{B}}B \tag{9.66}$$

となる．一般に化学ポテンシャルはフェルミエネルギーのオーダーで数万 K のエネルギースケールであり，$\mu_{\mathrm{B}}\simeq 9.274\times 10^{-24}$ J/T$=6.717\times 10^{-1}$ K/T なので，実験室内でこれまでに作られた最大級の 1×10^3 T オーダーの磁場でも $\mu_{\mathrm{B}}B$ はフェルミエネルギーより二桁小さい．よって $N_- - N_+ = Nr$ と書いたとき，この比 r は十分に小さい．

ここで興味があるのは磁気的な性質なので系の全磁化 M を計算しよう．磁気モーメントの表現 (9.52) より，全磁化 M は角運動量の固有状態にある電子の数を使って，

$$M=-\mu_{\mathrm{B}}(N_+-N_-)=N\mu_{\mathrm{B}}r \tag{9.67}$$

と書くことができる．化学ポテンシャルの関係 (9.66) を r で展開することによって[9]，

$$M\simeq\frac{2\mu_{\mathrm{B}}^2B}{\mu_1'(N/2,\beta)} \tag{9.68}$$

となる．ここで

9) $N_++N_-=N$, $N_--N_+=Nr$ より，$N_-=\dfrac{N}{2}(1+r)$, $N_+=\dfrac{N}{2}(1-r)$ と書くことができる．これを化学ポテンシャルに代入し r が小さいとして展開する．

$$\mu_1'(N/2,\beta)=\left.\frac{\partial\mu_1(X,\beta)}{\partial X}\right|_{X=N/2} \tag{9.69}$$

である．$B=0$ での帯磁率 χ_T は，

$$\chi_T=\lim_{B\to 0}\frac{\partial M}{\partial B}=\frac{2\mu_{\rm B}^2}{\mu_1'(N/2,\beta)} \tag{9.70}$$

となる．

帯磁率を低温の極限および高温の極限で具体的に計算してみよう．まず温度がフェルミ温度より十分低温のとき $k_{\rm B}T\ll\epsilon_f$ を考える．このとき，有限温度の化学ポテンシャルの計算結果 (9.35) より，

$$\mu_1(X,\beta)=\mu_2(2X,\beta)=\epsilon_f(2X)\left(1-\frac{\pi^2}{12}\left(\frac{k_{\rm B}T}{\epsilon_f(2X)}\right)^2+\cdots\right) \tag{9.71}$$

であり，粒子数 X の依存性はフェルミエネルギーにある．

$$\epsilon_f(2X)=\frac{\hbar^2}{2m}\left(\frac{6\pi^2X}{V}\right)^{2/3},\qquad \frac{d}{dX}\epsilon_f(2X)=\frac{2}{3X}\epsilon_f(2X) \tag{9.72}$$

であるから，

$$\chi_T=\frac{3N\mu_{\rm B}^2}{2\epsilon_f}\left(1-\frac{\pi^2}{12}\left(\frac{k_{\rm B}T}{\epsilon_f}\right)^2+\cdots\right) \tag{9.73}$$

となる．この最後の ϵ_f はスピン縮退度 $g_{\rm s}=2$ としたときのフェルミエネルギー (9.11) である．室温付近では $k_{\rm B}T/\epsilon_f$ の寄与は無視でき，温度に依存しない有限の帯磁率 $\chi_0=\dfrac{3N\mu_{\rm B}^2}{2\epsilon_f}$ を得る．これがパウリの常磁性の特徴であり，この帯磁率を**パウリの常磁性帯磁率**と呼ぶ．前節で定積熱容量の低温での振る舞いを調べたときと同様に，$3N/2\epsilon_f=g_2(\epsilon_f)$ であるので，フェルミエネルギー近傍の電子のみが低温での帯磁率に寄与し，

$$\chi_0=\mu_B^2g_2(\epsilon_f) \tag{9.74}$$

となる．

高温の場合も考えよう．高温 $k_{\rm B}T\gg\epsilon_f$ のとき $N\lambda^3/V\ll 1$ であり，(9.47) から，

$$\mu_1(X,\beta)=\mu_2(2X,\beta)\simeq\frac{1}{\beta}\log\left[\frac{X\lambda^3}{V}\left(1+\frac{1}{2^{3/2}}\frac{X\lambda^3}{V}\right)\right] \tag{9.75}$$

であるので,

$$\chi_T=N\mu_{\mathrm{B}}^2\beta\left(1-\frac{1}{2^{5/2}}\frac{N\lambda^3}{V}+\cdots\right) \tag{9.76}$$

となる．この主要項は常磁性体の例で計算した**キュリーの法則**をみたす帯磁率 (3.69) と等しく，フェルミ粒子としての統計性が見えなくなるような高温ではマクスウェル–ボルツマン統計の結果を再現する．

演習問題

問題 9.1

『理科年表』などを参考に銅のフェルミエネルギーを計算せよ．

問題 9.2

化学ポテンシャルの低温展開が，式 (9.35) になることを計算せよ．

問題 9.3

電子の運動に起因する**ランダウ反磁性**を考察しよう．一様な磁場 B を z 軸方向にかけると，電子はローレンツ力を受け xy 平面内では円軌道を描く．この円運動は角振動数 $\omega_c=eB/m$ の調和振動子と等価であることが知られており，一つの電子のエネルギー固有状態は z 軸方向の運動とあわせて

$$\epsilon_{k,\ell}=\hbar\omega_c\left(\ell+\frac{1}{2}\right)+\frac{\hbar^2k^2}{2m}$$

となる．ここで k は z 軸方向の波数であり，電子が一辺 L の立方体に閉じ込められているとすると $k=\pi n/L$ と，正の整数 n を使って表すことができる．また一つの調和振動子の準位は，xy 面内の運動を起源として $L^2eB/2\pi\hbar$ 重の縮退 (スピン自由度による縮退を含まない) がある．このとき，低温 $k_{\mathrm{B}}T\ll\epsilon_f$ での帯磁率をゼロ磁場の極限で求めよ．

第 **10** 章

理想ボース気体

整数スピンをもつ粒子は低温でボース–アインシュタイン統計にしたがう．ここではボース–アインシュタイン統計にしたがう理想気体である**理想ボース気体**について考えよう．

10.1 理想ボース気体

ボース–アインシュタイン統計に対して大分配関数 Ξ は，式 (8.25) でみたように

$$\Xi = \prod_{k=1}^{\infty} \left[1 - e^{-\beta(\epsilon_k - \mu)}\right]^{-1} \tag{10.1}$$

である．k は一粒子固有状態のラベルであり，ϵ_k は対応する一粒子のエネルギー固有値である．グランドポテンシャル J は

$$J = -k_{\mathrm{B}} T \sum_{k=1}^{\infty} \log\left[1 - e^{-\beta(\epsilon_k - \mu)}\right]^{-1} \tag{10.2}$$

であり，系全体の粒子数の期待値 N は，ボース分布関数 $f_{\mathrm{BE}}(\epsilon)$ を使って

$$N = \sum_{k=1}^{\infty} f_{\mathrm{BE}}(\epsilon_k) = \sum_{k=1}^{\infty} \frac{1}{e^{\beta(\epsilon_k - \mu)} - 1} \tag{10.3}$$

と書ける．

どの一粒子固有状態に対しても粒子数の期待値は 0 以上なので，ボース分布関数から $e^{\beta(\epsilon_k - \mu)} > 1$ となり化学ポテンシャル μ は $\mu < \epsilon_k$ を満たす．ϵ_k の中でもっとも小さいのは基底状態のエネルギーなので，$\mu < \epsilon_1$ であることがわかる．理想気体の系では，ϵ_1 は体積を大きくする熱力学極限で 0 になるため，$\mu < 0$ となる．またあとで調べるように，基底状態を取る粒子数が巨視的になり熱力学極限で発

散することがあるため，熱力学極限では $\mu=0$ も許される．

理想ボース気体の場合もフェルミ–ディラック統計のときと同様に系が十分に大きいときには一粒子固有状態の準位間隔が巨視的なエネルギースケールに比べて十分小さくなり，離散的なエネルギー準位を一粒子の状態密度 (3.6) を使って表すのが便利である．3 次元の有限体積 V の領域に閉じ込められた質量 m をもつ一粒子のエネルギー ϵ に関する状態密度 $g(\epsilon)$ はスピン自由度の縮退度 g_{s} を使って

$$g(\epsilon)=g_{\mathrm{s}}\frac{(2m)^{3/2}}{4\pi^2\hbar^3}V\epsilon^{1/2} \tag{10.4}$$

となる．

10.2 絶対零度近傍の性質とボース–アインシュタイン凝縮

絶対零度付近の様子を調べよう．まずは粒子数の期待値と化学ポテンシャル，温度の関係を考える．一粒子の状態密度を使って粒子数の期待値 N は，フェルミ–ディラック統計のときと同じように

$$N=\int_0^\infty d\epsilon g(\epsilon)\frac{1}{e^{\beta(\epsilon-\mu)}-1} \qquad \text{(絶対零度付近では不正確)} \tag{10.5}$$

として良さそうな気がするが，これは絶対零度近傍では正しくない．それはボース粒子の物理的性質による．8 章で見たように，ボース–アインシュタイン統計では多数の粒子がある一つの一粒子固有状態を取ることが可能であり，絶対零度近傍で系全体のエネルギーが低くなっているような状態では，一粒子固有状態の基底状態に連続的な被積分関数では表すことのできない巨視的な数の粒子が入ることが可能である．

この状況はボース分布関数の振る舞いにも現れており，図 8.2 (a) で見たように低温では $\epsilon-\mu$ が 0 に近づくにつれて発散していく様子が見られる．一粒子固有状態の基底状態 ($\epsilon=0$) で化学ポテンシャルが負から 0 に近づくような状況では，この振る舞いからその基底状態を占有している粒子の数が巨視的な値を取りうる．しかし上の積分の表現では，一粒子固有状態の基底状態が相対的に重み 0 として取り扱われているため，基底状態を占めている粒子数を表現することは不

可能である[1)].

この状況を記述するために上の積分の表現に，一粒子基底状態の離散的な寄与 N_0 を加えて，

$$N=\int_0^\infty d\epsilon g(\epsilon)\frac{1}{e^{\beta(\epsilon-\mu)}-1}+N_0 \tag{10.6}$$

と書く．ここで一粒子基底状態を占有している粒子数 N_0 は，$\epsilon_1=0$，$\beta\mu$ の関数として

$$N_0(\beta\mu)=\frac{g_{\mathrm{s}}}{e^{-\beta\mu}-1} \tag{10.7}$$

と表すことができる．g_{s} は縮退度である．以下では，議論を複雑にしないため $g_{\mathrm{s}}=1$ と仮定しよう．

$N_0(\beta\mu)$ について少し注意が必要である．まず $\beta\mu\neq 0$ では，式 (10.6) の V に比例している第一項と比較して $N_0(\beta\mu)$ は熱力学極限で無視できる大きさになる．また $\beta\mu=0$ では発散するが，全粒子数 N より大きくなることは有り得ないため微妙な取り扱いが必要である．あとで式 (10.21) を導出する際に議論する．

粒子数の期待値に関する積分を評価するため，$x=\beta\epsilon, y=\beta\mu$ と無次元の変数で置き換え，フェルミ–ディラック統計で出てきた式 (9.22) と類似しているが被積分関数の分母の符号が異なる，

$$f_a^-(y)=\int_0^\infty dx\frac{x^a}{e^{x-y}-1} \tag{10.8}$$

という関数を定義する．このとき，粒子数は熱的ド・ブロイ波長 $\lambda=\sqrt{\dfrac{2\pi\hbar^2\beta}{m}}$ を使って，

$$N=\frac{2}{\sqrt{\pi}}\frac{V}{\lambda^3}f_{1/2}^-(y)+N_0(y) \tag{10.9}$$

となる．

一般の $f_a^-(y)$ の振る舞いを考察しよう．いま y は $y\leq 0$ の値を取ることから

1) フェルミ–ディラック統計では一粒子基底状態を取る粒子の数が高々 1 なので状態数が 0 でも問題にはならなかった．

$f_a^-(y)$ の被積分関数を $e^{-x+y}(\leq 1)$ で展開する．このとき

$$\begin{aligned} f_a^-(y) &= \int_0^\infty dx x^a e^{-x+y} \sum_{k=0}^\infty (e^{-x+y})^k \\ &= \sum_{k=0}^\infty e^{(k+1)y} \int_0^\infty dx x^a e^{-(k+1)x} \\ &= \sum_{k=0}^\infty e^{(k+1)y} \frac{1}{(k+1)^{a+1}} \int_0^\infty dz z^a e^{-z} \\ &= \Gamma(a+1) \sum_{k=0}^\infty \frac{e^{(k+1)y}}{(k+1)^{a+1}} \end{aligned} \tag{10.10}$$

となる．途中でガンマ関数の定義 (3.11) を使った．この最後の級数はポリログ関数 $\mathrm{Li}_s(z) = \sum_{k=1}^\infty \frac{z^k}{k^s}$ を使って表すことができ，

$$f_a^-(y) = \Gamma(a+1)\mathrm{Li}_{a+1}(e^y) \tag{10.11}$$

となる．ポリログ関数の振る舞いから $a > -1$ のとき，負で有限の y に対して $f_a^-(y) > 0$，$\lim_{y\to-\infty} f_a^-(y) = 0$，また $f_a^-(y)$ は y が負の無限大から $y=0$ に向かって単調に増加することがわかる．$y=0$ では，ゼータ関数を使って

$$f_a^-(0) = \Gamma(a+1)\mathrm{Li}_{a+1}(1) = \Gamma(a+1)\zeta(a+1) \tag{10.12}$$

となる．よって $y=0$ では $a>0$ のときのみ有限の値をもち，$a\leq 0$ では発散する．$f_a^-(y)$ の振る舞いを図 10.1 に示した．

粒子数の期待値にもどろう．粒子数に関しては $f_{1/2}^-(y)$ が有限であることが問題になり，励起状態の粒子数を $N_\epsilon(y)$ とすると，

$$N_\epsilon(y) = \frac{2}{\sqrt{\pi}} \frac{V}{\lambda^3} f_{1/2}^-(y) \leq N_\epsilon^{\max} = \frac{2}{\sqrt{\pi}} \frac{V}{\lambda^3} f_{1/2}^-(0) = \frac{V}{\lambda^3}\zeta(3/2) \simeq 2.61 \frac{V}{\lambda^3} \tag{10.13}$$

と，励起状態を取り得る粒子数に最大値 $N_\epsilon^{\max}$ が存在する．高温では熱的ド・ブロイ波長 λ が十分に小さくなりこの最大値の存在は問題にならないが，低温 $T\to 0$ になるにつれて熱的ド・ブロイ波長が長くなる．このとき $N > N_\epsilon^{\max}$ となる状況が発生すれば，励起状態に入りきらない粒子数は基底状態 N_0 への寄与を与える．

与えられた逆温度 β に対して化学ポテンシャルを決めるため，粒子数密度 $\rho=$

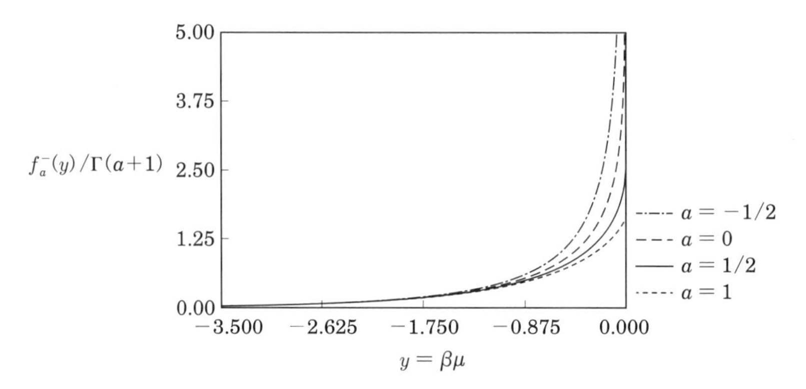

図 10.1 $f_a^-(y)$ の振る舞い．横軸に $y=\beta\mu$ を，縦軸には $f_a^-(y)/\Gamma(a+1)$ を取った．$f_a^-(y)$ は y が 0 に近づくにつれて大きくなり $a>0$ のときは有限の値をもち，$a\leq 0$ では発散する．

N/V を固定し熱力学極限 $V\to\infty$ を考えよう．このとき

$$\rho=\frac{N_\epsilon(y)}{V}+\frac{N_0(y)}{V} \tag{10.14}$$

となるが，$y\neq 0$ では，

$$\lim_{V\to\infty}\frac{N_0(y)}{V}=\lim_{V\to\infty}\frac{1}{V}\frac{1}{e^{-y}-1}=0 \tag{10.15}$$

であるから，$y\neq 0$ では

$$\rho=\frac{2}{\sqrt{\pi}}\frac{1}{\lambda^3}f_{1/2}^-(\beta\mu) \tag{10.16}$$

が熱力学極限での化学ポテンシャルを決める．このとき，$f=f_{1/2}^-(y)$ の逆関数 $y=F_{1/2}^-(f)$ を使うと，化学ポテンシャルは

$$\mu=\frac{1}{\beta}F_{1/2}^-\left(\frac{\sqrt{\pi}}{2}\rho\lambda^3\right) \tag{10.17}$$

となる．この値は負である．ここからさらに温度が下がると $\frac{\sqrt{\pi}}{2}\rho\lambda^3$ が大きくなり，

$$\frac{\sqrt{\pi}}{2}\rho\lambda^3=f_{1/2}^-(0)=\frac{\sqrt{\pi}}{2}\zeta(3/2) \tag{10.18}$$

を満たす逆温度 β_c (対応する温度を T_c と書く) で化学ポテンシャルがちょうど $\mu=0$ となる．β_c は，熱的ド・ブロイ波長の温度依存性をくくりだして，$\lambda=c\beta^{1/2}$ と書くと，

$$\beta_c=\left(\frac{\zeta(3/2)}{\rho c^3}\right)^{2/3} \tag{10.19}$$

となる．また

$$T_c=\frac{1}{k_{\mathrm{B}}\beta_c}=\frac{1}{k_{\mathrm{B}}}\left(\frac{\rho c^3}{\zeta(3/2)}\right)^{2/3} \tag{10.20}$$

である．これより低温 $T<T_c$ $(\beta>\beta_c)$ ではずっと化学ポテンシャルは 0 であり，N_0/V が有限の値を取るようになる．この値は，

$$\begin{aligned}\frac{N_0}{V}&=\rho-\frac{N_\epsilon^{\max}}{V}=\rho-\frac{1}{\lambda^3}\zeta(3/2)\\&=\rho\left(1-\left(\frac{\beta_c}{\beta}\right)^{3/2}\right)=\rho\left(1-\left(\frac{T}{T_c}\right)^{3/2}\right)\end{aligned} \tag{10.21}$$

で決まる．このとき N_0 の値は示量的な値になる[2)]．このような化学ポテンシャルの振る舞いと基底状態を占める粒子数の割合を図 10.2 に示した．

このような示量的な個数の粒子が一粒子基底状態を占める現象は，アインシュタインによって理論的に予言され，現代では**ボース–アインシュタイン (Bose-Einstein) 凝縮**と呼ばれている．ボース–アインシュタイン凝縮では，基底状態に巨視的な数の粒子が凝縮することから，その凝縮が起きる前後で系の巨視的な性質が大きく変わっている．このような現象を一般に**相転移**と呼び，ボース–アインシュタイン凝縮は相転移の一種である．相転移現象に対して，あるパラメーターを変化させたときに相転移がおきる点を**転移点**と呼ぶ．転移点での逆温度 β_c に対応する温度 T_c を**転移温度**と呼ぶ．相転移現象では，熱力学極限を取った後

2) 粒子数密度 ρ が一定で $T<T_c$ のとき，$N_0=V(\rho-\zeta(3/2)/\lambda^3)$ である．$g_s=1$ とした式 (10.7) を使うと，

$$\mu=-\frac{1}{\beta}\log(1+V^{-1}(\rho-\zeta(3/2)/\lambda^3)^{-1})$$

である．よって化学ポテンシャルは体積と独立に 0 を取ることはできず，このような体積依存性をもつ必要がある．熱力学極限で $\mu\to 0$ であり，N_0/V が式 (10.21) の値に収束する．

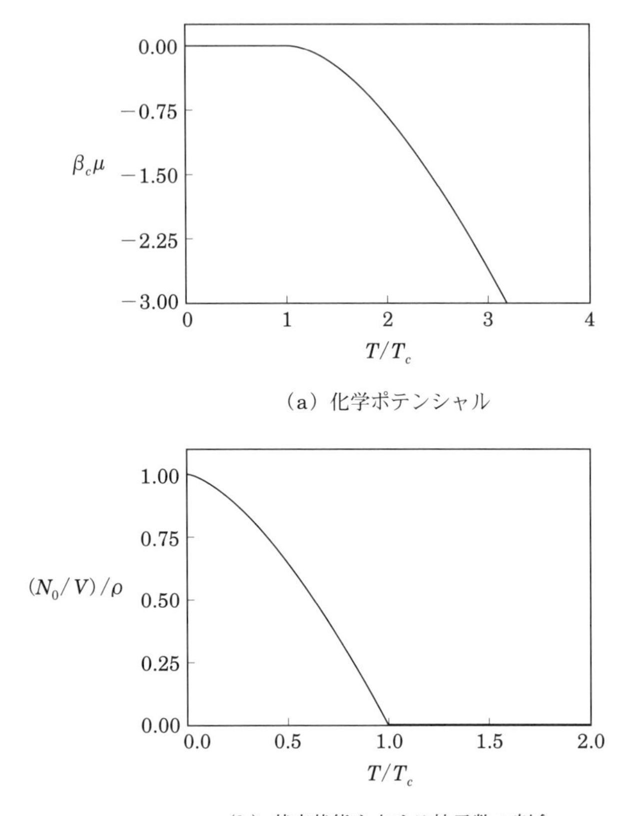

図 10.2　転移点の逆温度 β_c で規格化した化学ポテンシャル μ と，粒子数密度 ρ で規格化した基底状態を占める粒子数密度 N_0/V の温度に対する振る舞い．横軸は転移温度 T_c で規格化している．

に転移点で物理量の微分が不連続になることがあることが知られており，いまの場合では，基底状態に凝縮している粒子数密度の微分が温度変化に対して不連続に変化している．相転移については，後の 11 章以降で詳しく調べる．

いま粒子数密度を固定し，温度を変化させることでボース–アインシュタイン凝縮が生じることを見たが，温度を一定にして密度を変化させてもボース–アインシュタイン凝縮は生じる．ボース–アインシュタイン凝縮が生じる前の化学ポテンシャルの表現 (10.17) から，温度を一定にして体積が増加する状況を考えると，

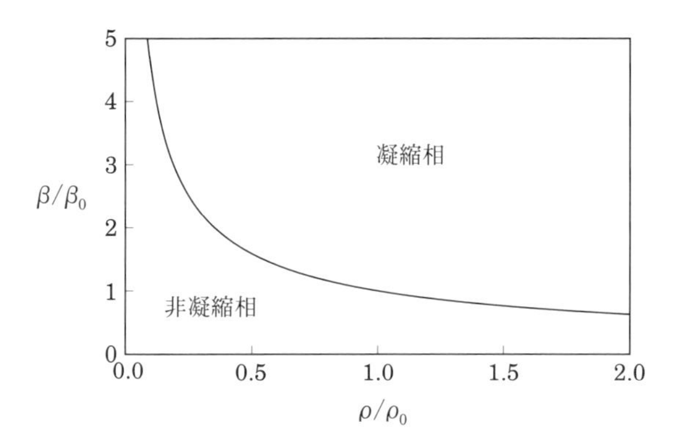

図 10.3　ボース–アインシュタイン凝縮の ρ-β 空間における相図．相境界は $\lambda = c\beta^{1/2}$ として $\rho c^3\beta^{3/2} = \zeta(3/2)$ が決める．プロットは，相境界上 $\rho_0 c^3\beta_0^{3/2} = \zeta(3/2)$ を満たす適当な点 (ρ_0, β_0) で規格化してプロットした．低温高密度にあたるところが凝縮相，高温低密度にあたるところが非凝縮相である．

条件 (10.18) を満たす密度 ρ_c (**転移密度**と呼ぶ) で化学ポテンシャルがちょうど 0 となり，

$$\rho_c = \frac{\zeta(3/2)}{\lambda^3} \tag{10.22}$$

である．これより高密度 $(\rho > \rho_c)$ では化学ポテンシャルは常に 0 であり，基底状態を占有する粒子数密度は，密度に対して

$$\frac{N_0}{V} = \rho - \rho_c \tag{10.23}$$

と線形に増加する．

転移温度と転移密度はどちらも $\rho\lambda^3 = \zeta(3/2)$ を満たすので，ρ-β 平面 (空間) にこの曲線をプロットすると，ボース–アインシュタイン凝縮が発生している状態と発生していない状態をこのパラメーター平面上で区別することができる．これらの巨視的に区別できるそれぞれの状態を相転移現象では**相**と呼び，ここでは凝縮が発生している相を**凝縮相**，発生していない相を**非凝縮相**と呼ぶ．ρ-β 平面上の $\rho\lambda^3 = \zeta(3/2)$ を**相境界**と呼び，パラメーター空間上に相境界を書き込んで，相の場所を明らかにしたものを**相図**と呼ぶ．図 10.3 に ρ-β 平面での相図を表示した．

10.3 圧力とエネルギー，比熱

グランドポテンシャル J および圧力 p について考察しよう．J の式 (10.2) で状態の和を状態密度の積分に置き換え，ボース–アインシュタイン凝縮のことを考慮して，基底状態の和に対する寄与だけ積分の外に取り出すと，

$$J = k_{\mathrm{B}} T \int_0^\infty d\epsilon g(\epsilon) \log[1 - e^{-\beta(\epsilon - \mu)}] + k_{\mathrm{B}} T \log[1 - e^{\beta\mu}] \tag{10.24}$$

となる．第一項で $g(\epsilon) \propto \epsilon^{1/2}$ を使って部分積分すれば，

$$J = -\frac{2}{3} \int_0^\infty d\epsilon g(\epsilon) \frac{\epsilon}{e^{\beta(\epsilon - \mu)} - 1} + k_{\mathrm{B}} T \log[1 - e^{\beta\mu}] \tag{10.25}$$

を得る．$\beta\mu = y$ として，先に定義した $f_a^-(y)$ をもちいると，

$$J = -\frac{4}{3\sqrt{\pi}} \frac{V}{\beta\lambda^3} f_{3/2}^-(y) + \frac{1}{\beta} \log(1 - e^y) \tag{10.26}$$

と書ける．この J の第二項は，$y \neq 0$ のとき $\log(1 - e^y)$ が示強的な変数の値で書ける有限の値であるため示量的な第一項と比較して無視できるが，ボース–アインシュタイン凝縮が発生し $y = 0$ となると値が発散する．ただこれは基底状態を占める粒子数が $N_0 = e^y/(1 - e^y)$ であることから，$\log N_0$ のオーダーでしか発散しないため，結局，熱力学極限ではどのような場合でも第二項の寄与は無視できる．

$J = -pV$ を使って圧力を求めると，熱力学極限で第二項が無視できることを含めて

$$p = \begin{cases} \dfrac{4}{3\sqrt{\pi}} \dfrac{1}{\beta\lambda^3} f_{3/2}^-(\beta\mu), & \text{非凝縮相} \\ \dfrac{1}{\beta\lambda^3} \zeta(5/2), & \text{凝縮相} \end{cases} \tag{10.27}$$

となる．非凝縮相では圧力は μ を通じて密度に依存するが，凝縮相では圧力は温度のみに依存し密度に依存しない．これは，圧力に寄与するのが励起状態にある粒子のみであり基底状態に凝縮した粒子が圧力に寄与しないことの反映である．温度一定，粒子数一定の条件で転移体積 $V_c = N/\rho_c$ を超えて体積が減少すると，励起状態を占めることのできる粒子の数が減少し，一部の粒子が基底状態に凝縮を

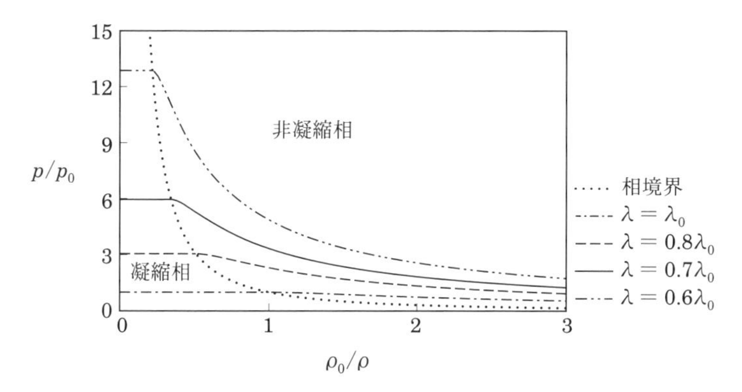

図 10.4 理想ボース気体の圧力の密度依存性 (体積依存性)．相境界上の適当な点 (ρ_0,p_0) を取り，横軸，縦軸を規格化した．相境界は $p\rho^{-5/3}=p_0\rho_0^{-5/3}$ が決める．温度を熱的ド・ブロイ波長で表し，(ρ_0,p_0) に対応する熱的ド・ブロイ波長 λ_0 で規格化した．λ が小さくなるほど高温に対応する．高密度にあたるところが凝縮相，低密度にあたるところが非凝縮相である．

始める．基底状態に凝縮した粒子の体積は，いまの場合 0 であるので，凝縮相では励起状態を占める粒子の密度を保ったまま体積が減少することができ，このため圧力が相境界の値を保ち一定となる．このような，凝縮相での圧力が密度に依存しない振る舞いは通常の気液共存状態での圧力の振る舞いと類似しており，凝縮相では一粒子あたりの体積が $1/\rho_c$ である通常のボース粒子と，基底状態に凝縮した一粒子あたりの体積が 0 であるボース粒子の共存状態であると見なすことができる．

凝縮相での圧力 (10.27) と，ρ-β 空間での相境界の条件 (10.18) から，温度を消去すると p-V 平面での相境界を決定できる．熱的ド・ブロイ波長の温度依存性を $\lambda=c\beta^{1/2}$ とくくりだして，

$$p\rho^{-5/3}=\frac{c^2\zeta(5/2)}{(\zeta(3/2))^{5/3}} \tag{10.28}$$

が p-V 平面での相境界となる．圧力の密度依存性と相境界を図 10.4 に示した．

古典的な低密度・高温の極限では式 (10.16) より

$$1\gg\rho\lambda^3=\frac{2}{\sqrt{\pi}}f^-_{1/2}(y) \tag{10.29}$$

であり，$f^{-}_{1/2}(y)$ の振る舞いから $e^y \ll 1$ であることがわかる．$f^{-}_{a}(y)$ の定義 (10.10) より $f^{-}_{a}(y)$ を e^y のオーダーまで取ると，

$$\rho\lambda^3 \simeq e^{\beta\mu} \tag{10.30}$$

となり，これはマクスウェル–ボルツマン統計で古典的な自由粒子を取り扱った結果 (6.27) と等しい．また非凝縮相での圧力でも同様に，$e^y \ll 1$ として近似すると

$$p \simeq \frac{4}{3\sqrt{\pi}}\frac{1}{\beta\lambda^3}\Gamma(5/2)e^{\beta\mu} \simeq \frac{\rho}{\beta} \tag{10.31}$$

となり古典的な理想気体と同じ圧力を示すことがわかる．

エネルギー E に対しても考察しよう．基底状態のエネルギーは熱力学極限で 0 なのでここでは積分の外に取り出す必要はなく，

$$E = \int_0^\infty d\epsilon\, g(\epsilon)\frac{\epsilon}{e^{\beta(\epsilon-\mu)}-1} \tag{10.32}$$

となる．$f^{-}_{a}(y)$ をもちいると，

$$E = \frac{2}{\sqrt{\pi}}\frac{V}{\beta\lambda^3}f^{-}_{3/2}(y) \tag{10.33}$$

となる．グランドポテンシャルの表現と比較すると，理想ボース気体に対しても理想フェルミ気体と同様に

$$J = -\frac{2}{3}E, \qquad p = \frac{2}{3}\frac{E}{V} \tag{10.34}$$

が成立することがわかる．

凝縮相では，常に $y = \beta\mu = 0$ なので

$$E = \frac{3\zeta(5/2)}{2\beta\lambda^3}V, \qquad \text{凝縮相} \tag{10.35}$$

となる．ここから凝縮相での定積熱容量 C_V を求めることができ，

$$C_V = \frac{dE}{dT} = \frac{15\zeta(5/2)}{4}k_{\mathrm{B}}\frac{V}{\lambda^3} \propto T^{3/2}, \qquad \text{凝縮相.} \tag{10.36}$$

凝縮相では定積熱容量は温度 T の 3/2 乗に比例することがわかる．また温度を低温側から転移温度に近づけると，

$$\lim_{T\nearrow T_c}\frac{C_V}{Nk_{\mathrm{B}}}=\frac{15\zeta(5/2)}{4\zeta(3/2)}\simeq 1.93 \tag{10.37}$$

という値になる．また転移温度での定積比熱の傾きは

$$\lim_{T\nearrow T_c}\frac{d}{dT}\frac{C_V}{Nk_{\mathrm{B}}}=\frac{45}{8}\frac{\zeta(5/2)}{\zeta(3/2)}k_{\mathrm{B}}\beta_c\simeq 2.89k_{\mathrm{B}}\beta_c \tag{10.38}$$

となる．

非凝縮相での熱容量 C_V を計算しよう．式 (10.33) を温度で微分すれば良いのだが，$f^-_{3/2}(y)$ も $y=\beta\mu$ を通じて温度依存性がある．まず $f^-_{3/2}(y)$ の y 微分を計算しよう．$f^-_a(y)$ の級数での定義 (10.10) より，

$$\frac{d}{dy}f^-_a(y)=\frac{\Gamma(a+1)}{\Gamma(a)}f^-_{a-1}(y)=af^-_{a-1}(y) \tag{10.39}$$

となる．よって

$$C_V=-k_{\mathrm{B}}\beta^2\frac{d}{d\beta}E=\frac{k_{\mathrm{B}}}{\sqrt{\pi}}\frac{V}{\lambda^3}\left(5f^-_{3/2}(y)-3f^-_{1/2}(y)\beta\frac{dy}{d\beta}\right) \tag{10.40}$$

となる．ここで $dy/d\beta$ は，式 (10.16) の β 微分

$$\frac{3\sqrt{\pi}}{4}\rho\lambda^3\frac{1}{\beta}=\frac{1}{2}f^-_{-1/2}(y)\frac{dy}{d\beta} \tag{10.41}$$

より消去することができて，

$$C_V=\frac{k_{\mathrm{B}}}{\sqrt{\pi}}\frac{V}{\lambda^3}\left(5f^-_{3/2}(y)-\frac{9\sqrt{\pi}}{2}\rho\lambda^3\frac{f^-_{1/2}(y)}{f^-_{-1/2}(y)}\right),\quad \text{非凝縮相} \tag{10.42}$$

となる．少し見通しが悪いので，$\rho\lambda^3$ を $f^-_{1/2}(y)$ を使って書き直すと，

$$C_V=Nk_{\mathrm{B}}\left(\frac{5}{2}\frac{f^-_{3/2}(y)}{f^-_{1/2}(y)}-\frac{9}{2}\frac{f^-_{1/2}(y)}{f^-_{-1/2}(y)}\right),\quad \text{非凝縮相} \tag{10.43}$$

となる．温度を高温側から転移温度に近づけると

$$\lim_{T\searrow T_c}\frac{C_V}{Nk_{\mathrm{B}}}=\lim_{y\nearrow 0}\left(\frac{5}{2}\frac{f^-_{3/2}(y)}{f^-_{1/2}(y)}-\frac{9}{2}\frac{f^-_{1/2}(y)}{f^-_{-1/2}(y)}\right)=\frac{15\zeta(5/2)}{4\zeta(3/2)} \tag{10.44}$$

となり，定積比熱は転移温度で連続的に変化する．また，定積比熱の転移温度での傾きは，非常に面倒な計算の後に

$$\lim_{T\searrow T_c}\frac{d}{dT}\frac{C_V}{Nk_{\mathrm{B}}}=-k_{\mathrm{B}}\beta_c\frac{27\zeta(3/2)^3-90\pi\zeta(5/2)}{16\pi\zeta(3/2)}\simeq -0.777k_{\mathrm{B}}\beta_c \tag{10.45}$$

となり，転移温度で定積比熱の傾きが不連続で，その点では定積比熱が角をもち折れ曲がっていることがわかる．

また定積比熱の古典極限は $e^y \ll 1$ として $f^-_a(y)$ を展開すると，

$$\frac{C_V}{Nk_{\mathrm{B}}}\simeq\frac{5}{2}\frac{\Gamma(5/2)}{\Gamma(1/2)}-\frac{9}{2}\frac{\Gamma(3/2)}{\Gamma(1/2)}=\frac{3}{2} \tag{10.46}$$

という古典的な理想気体の値になる．

エネルギーおよび定積比熱の温度に対する振る舞いをプロットすると図 10.5 のようになる．計算して確かめたように，比熱の値は転移点で連続だが微分が不連続になっていることがわかる．また，比熱が連続であるので，エネルギーは転移点で値および微分値も連続的に変化している．

10.4 応用：相対論的ボース気体

ボース気体の応用として，静止質量が 0 でエネルギーと運動量が相対論的な関係を満たす相互作用のないボース気体を考えよう．このとき一粒子のエネルギー E は，光速 c，運動量 $\boldsymbol{p}$ を使って

$$E^2=c^2\boldsymbol{p}^2 \tag{10.47}$$

と書くことができる．正のエネルギーを考え，このようなエネルギーと運動量の関係をもつ一辺が L の立方体に閉じ込められた自由粒子の波動関数を考えると，波数 $\boldsymbol{k}$ とエネルギーの間には，

$$E=c\hbar|\boldsymbol{k}| \tag{10.48}$$

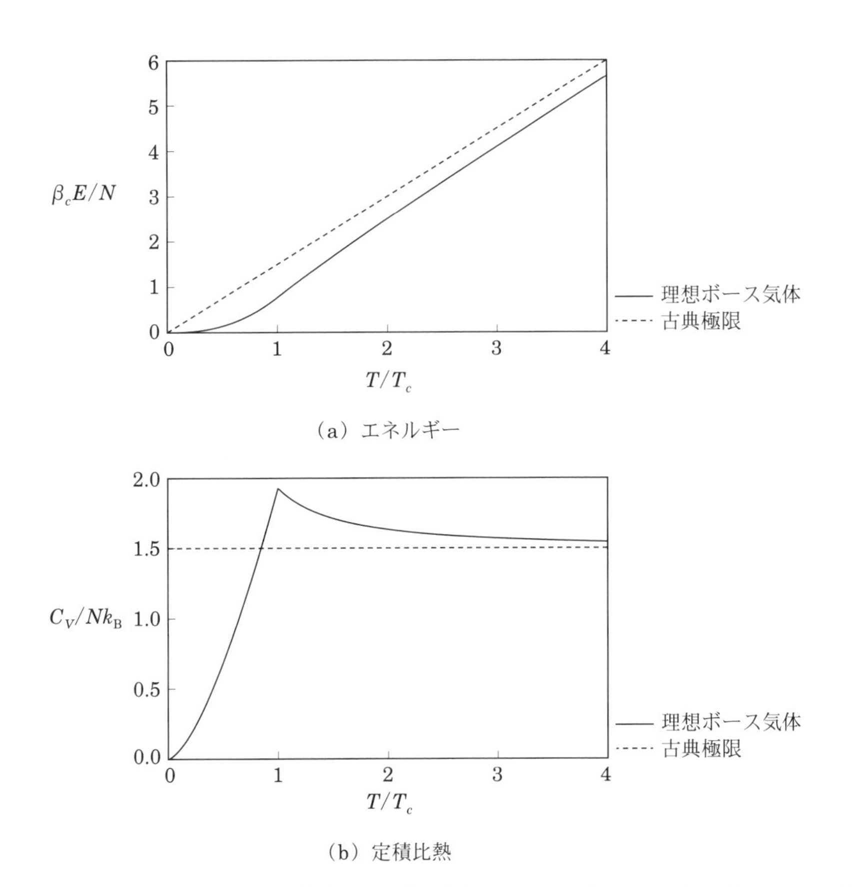

図 10.5　転移点の逆温度 β_c で規格化した一粒子あたりのエネルギー E/N と，ボルツマン定数 k_B で規格化した一粒子あたりの定積比熱 C_V/N の温度に対する振る舞い．横軸は転移温度 T_c で規格化している．ともに古典極限の振る舞いもプロットしてある．

という関係がある．この関係から，十分に大きな L に対し一粒子の状態数 (3.6) を導出したときと同じように考えると，いまの場合の一粒子に対する状態数 $\Omega(E)$ は

$$\Omega(E) = \frac{VE^3}{6\pi^2 c^3 \hbar^3} \tag{10.49}$$

となる[3]．ここから一粒子状態密度 $g(\epsilon)$ は，

$$g(\epsilon)=\frac{V\epsilon^2}{2\pi^2c^3\hbar^3} \tag{10.50}$$

となる．

このようなエネルギーをもつ代表的なボース粒子として**光子**がある．光子は電磁場を量子化したもので，スピン 1 をもつボース粒子である．以下では光子気体を考察しよう．光子はスピン 1 をもつため上で求めた状態密度はスピンの縮退度を考慮する必要がある．スピン 1 なので 3 倍としたいところだが，光子の場合は質量が 0 で常に光速で運動しているので一つ自由度がなくなりスピン縮退度は 2 になる．これは電磁波が横波であり偏光の自由度が 2 であることと対応している．また光子は電磁場を調和振動子の生成消滅演算子で表したときの仮想的な粒子であり，常に生まれたり消えたりしているので数が保存しない．これは有限の質量をもつ粒子とは大きく異なる性質であり，このため光子の化学ポテンシャルは常に 0 であることに注意しよう[4]．

状態密度を 2 倍し $\mu=0$ のもと，グランドポテンシャル J は，発散する基底状態の寄与を除いて

$$\begin{aligned} J&=\frac{V}{\pi^2c^3\hbar^3}k_{\mathrm{B}}T\int_0^\infty d\epsilon\,\epsilon^2\log[1-e^{-\beta\epsilon}] \\ &=-\frac{V}{3\pi^2c^3\hbar^3}\int_0^\infty d\epsilon\,\frac{\epsilon^3}{e^{\beta\epsilon}-1} \end{aligned} \tag{10.51}$$

となる．積分は部分積分を使って書き換えた．ここでエネルギー E の表現

$$E=\frac{V}{\pi^2c^3\hbar^3}\int_0^\infty d\epsilon\,\frac{\epsilon^3}{e^{\beta\epsilon}-1} \tag{10.52}$$

と合わせると，

$$J=-\frac{1}{3}E \tag{10.53}$$

---

3) 古典的な $\Omega(E)=\int_{|\boldsymbol{p}|\leq E/c}\frac{d^3\boldsymbol{q}d^3\boldsymbol{p}}{(2\pi\hbar)^3}$ の計算でも同じ結果を得ることができる．

4) 粒子数 N が保存しないと，ヘルムホルツ自由エネルギー F は N に依存しない．よって F を N で微分した化学ポテンシャルは常に 0 となる．

がわかる．$J=-pV$ より圧力 p が

$$p=\frac{1}{3}\frac{E}{V} \tag{10.54}$$

となる．

エネルギー E は式 (10.8) および $f_3^-(0)=\Gamma(4)\zeta(4)=\dfrac{\pi^4}{15}$ を使うと，

$$E=\frac{\pi^2 V}{15c^3\hbar^3}(k_{\mathrm{B}}T)^4 \tag{10.55}$$

となる．よって圧力 p は

$$p=\frac{\pi^2}{45c^3\hbar^3}(k_{\mathrm{B}}T)^4 \tag{10.56}$$

となる．これらの結果は 5.4 節で考察した電磁波のカノニカル集団としての取り扱いと完全に一致しており，黒体輻射の性質は，ボース粒子である光子気体の性質としても完全に理解できる．

演習問題

問題 10.1

ボース–アインシュタイン凝縮における潜熱をクラウジウス–クラペイロン (Clausius-Clapeyron) の式を使って求めよ．

問題 10.2

凝縮相での等温圧縮率が発散していることを示せ．

第 **11** 章

相互作用のある系：実在気体

これまで取り扱ってきた系は相互作用がない系であり，独立な系の集合と考えられるものばかりであった．格子振動で取り扱った連成振動は隣の原子と相互作用があったが，フーリエ級数展開によって独立な調和振動子の集団に分解できたのでこれも相互作用は実質的にないと見なすことができる．

実際は相互作用が無視できないような系が数多くあり，そのような系も統計力学の考察の対象となる．ここでは相互作用のある古典的な粒子系に対して統計力学を適用してみよう．

11.1 実在気体

これまで相互作用のない理想気体を統計力学的に取り扱ってきたが，実在している気体は気体を構成する分子の大きさや分子間の相互作用が無視できない．このような大きさや相互作用の無視できない気体を**実在気体**と呼ぶ．高温では理想気体の取り扱いが十分良いような気体でも，温度が下がってくると，運動のエネルギースケールと比較して相互作用のエネルギースケールが同じようなオーダーになり，相互作用の効果を無視することはできない．このとき気体分子は気体の状態 (**気相**) だけではなく，相互作用の形に応じて液体状態 (**液相**) や固体状態 (**固相**) などを取るようになる．

まず同種粒子からなるそのような気体に対して統計力学的に考察しよう．気体は，粒子数を N，粒子の質量を m，運動量および座標を $\{\boldsymbol{p}_i, \boldsymbol{q}_i\}$ として，二粒子間の距離にのみ依存する中心力ポテンシャル ϕ で相互作用しているハミルトニアン

$$H(\{\boldsymbol{p}_i,\boldsymbol{q}_i\})=\sum_{i=1}^{N}\frac{|\boldsymbol{p}_i|^2}{2m}+\frac{1}{2}\sum_{i,j\,(i\neq j)}^{N}\phi(|\boldsymbol{q}_i-\boldsymbol{q}_j|) \tag{11.1}$$

によって運動が支配されているとする．以下では $\boldsymbol{q}_i - \boldsymbol{q}_j = \boldsymbol{q}_{ij}$ という略記を使う．

カノニカル集団として取り扱おう．逆温度 β として体積 V の領域に閉じ込められている気体を考えると分配関数は，

$$Z_N = \frac{1}{N!}\int \prod_{i=1}^{N}\left[\frac{d^3\boldsymbol{p}_i d^3\boldsymbol{q}_i}{(2\pi\hbar)^3}\right]\exp[-\beta H(\{\boldsymbol{p}_i,\boldsymbol{q}_i\})] \tag{11.2}$$

となる．理想気体に対する分配関数 (4.55) を $Z_N^{(id)}$ と書くことにする．また

$$Q_N = \frac{1}{V^N}\int \prod_{i=1}^{N}[d^3\boldsymbol{q}_i]\exp\left[-\frac{1}{2}\beta\sum_{i,j\,(i\neq j)}^{N}\phi(|\boldsymbol{q}_{ij}|)\right] \tag{11.3}$$

と置くと，分配関数は

$$Z_N = Z_N^{(id)} Q_N \tag{11.4}$$

と書くことができる．Q_N は分配関数の粒子の位置に関する積分であり，$\phi=0$ や $\beta=0$ などの特殊な場合を除き一般には計算するのが困難である．

11.2　物理量の計算

ここで相互作用を一般的な形で残しておいたまま，物理量の期待値を計算しよう．特に理想気体に対し，どのような補正が加わるかに注目する．

まずヘルムホルツの自由エネルギー F_N を理想気体パート $F_N^{(id)}$ と相互作用パート $F_N^{(ex)}$ と分けて書くと，$F_N = F_N^{(id)} + F_N^{(ex)}$ であり，

$$F_N^{(ex)} = -k_{\mathrm{B}}T\log Q_N \tag{11.5}$$

である．$F_N^{(id)}$ は，4 章で計算した式 (4.49) と同じものである．エネルギーの期待値 E を計算すると，

$$E = -\frac{\partial}{\partial\beta}\log Z_N^{(id)} Q_N = \frac{3}{2}Nk_{\mathrm{B}}T + E^{(ex)}. \tag{11.6}$$

ここで $E^{(ex)}$ は粒子間の相互作用により新たに加わった項であり

$$
\begin{aligned}
E^{(ex)} &= \frac{\displaystyle\int \prod_{i=1}^{N} [d^3 \boldsymbol{q}_i] \left(\frac{1}{2} \sum_{i,j\,(i \neq j)}^{N} \phi(|\boldsymbol{q}_{ij}|) \right) \exp\left[-\frac{1}{2} \beta \sum_{i,j\,(i \neq j)}^{N} \phi(|\boldsymbol{q}_{ij}|) \right]}{\displaystyle\int \prod_{i=1}^{N} [d^3 \boldsymbol{q}_i] \exp\left[-\frac{1}{2} \beta \sum_{i,j\,(i \neq j)}^{N} \phi(|\boldsymbol{q}_{ij}|) \right]} \\
&= \left\langle \frac{1}{2} \sum_{i,j\,(i \neq j)}^{N} \phi(|\boldsymbol{q}_{ij}|) \right\rangle_{\mathrm{eq}} \qquad (11.7)
\end{aligned}
$$

となる．ここで $\langle \cdots \rangle_{\mathrm{eq}}$ はカノニカル集団での熱平衡状態における期待値である[1)]．これは相互作用エネルギーの期待値というある意味で当然の結果になっている．

圧力も計算してみよう．自由エネルギーの体積微分から圧力を計算することができる．理想気体に対応する寄与 $p^{(id)}$ は

$$
p^{(id)} = -\left(\frac{\partial F_N^{(id)}}{\partial V} \right)_T = \frac{N}{V} k_{\mathrm{B}} T \qquad (11.8)
$$

である．相互作用に起因する分 $p^{(ex)}$ は

$$
\begin{aligned}
p^{(ex)} &= -\left(\frac{\partial F_N^{(ex)}}{\partial V} \right)_T \\
&= k_{\mathrm{B}} T \left(-\frac{N}{V} + \frac{\partial}{\partial V} \log \int \prod_{i=1}^{N} [d^3 \boldsymbol{q}_i] \exp\left[-\frac{1}{2} \beta \sum_{i,j\,(i \neq j)}^{N} \phi(|\boldsymbol{q}_{ij}|) \right] \right) \qquad (11.9)
\end{aligned}
$$

となる．ここで粒子配置に関する積分も体積に依存していることに注意しよう．この微分を実行するために，粒子の座標を λ でスケール変換し，体積微分を λ を通じた微分で実行しよう．まず $\boldsymbol{q}_i \to \lambda \boldsymbol{q}_i$ とスケール変換すると，体積は

$$
V = \lambda^3 \int d^3 \boldsymbol{q}_i \qquad (11.10)
$$

となり，これから

1) 一見，粒子配置だけで積分しておりカノニカル集団での期待値の定義と一致しないように見えるが，自由粒子の運動エネルギー部分を含めて定義通り期待値を書いても運動エネルギー部分は分母と分子でキャンセルするので，この形でカノニカル集団の熱平衡期待値と一致する．

$$dV = 3\lambda^2 d\lambda \int d^3\boldsymbol{q}_i = \frac{3V}{\lambda} d\lambda \tag{11.11}$$

を得る．よって

$$\frac{\partial}{\partial V} = \frac{\partial}{\partial \lambda}\frac{d\lambda}{dV} = \frac{\lambda}{3V}\frac{\partial}{\partial \lambda} \tag{11.12}$$

となる．これを使って最後に $\lambda=1$ と取ることで体積微分を実行することができる．いま必要な計算について適用してみよう．座標をスケール変換して λ で微分すると

$$\begin{aligned}
&\frac{\partial}{\partial \lambda}\log \int \lambda^{3N} \prod_{i=1}^{N} [d^3\boldsymbol{q}_i] \exp\left[-\frac{1}{2}\beta \sum_{i,j\,(i\neq j)}^{N} \phi(\lambda|\boldsymbol{q}_{ij}|)\right] \\
&= \frac{3N}{\lambda} + \frac{\displaystyle\int \prod_{i=1}^{N} [d^3\boldsymbol{q}_i] \left(-\frac{1}{2}\beta \sum_{i,j\,(i\neq j)}^{N} \phi'(\lambda|\boldsymbol{q}_{ij}|)\,|\boldsymbol{q}_{ij}|\right) \exp\left[-\frac{1}{2}\beta \sum_{i,j\,(i\neq j)}^{N} \phi(\lambda|\boldsymbol{q}_{ij}|)\right]}{\displaystyle\int \prod_{i=1}^{N} [d^3\boldsymbol{q}_i] \exp\left[-\frac{1}{2}\beta \sum_{i,j\,(i\neq j)}^{N} \phi(\lambda|\boldsymbol{q}_{ij}|)\right]} \\
&= \frac{3N}{\lambda} - \beta \left\langle \frac{1}{2} \sum_{i,j\,(i\neq j)}^{N} \phi'(\lambda|\boldsymbol{q}_{ij}|)\,|\boldsymbol{q}_{ij}| \right\rangle_{\mathrm{eq}}
\end{aligned} \tag{11.13}$$

となる．ここで ϕ' は相互作用ポテンシャルの微分を表す．$\lambda=1$ を取り，整理すると相互作用による圧力への寄与は

$$p^{(ex)} = -\frac{1}{3V} \left\langle \frac{1}{2} \sum_{i,j\,(i\neq j)}^{N} \phi'(|\boldsymbol{q}_{ij}|)\,|\boldsymbol{q}_{ij}| \right\rangle_{\mathrm{eq}} \tag{11.14}$$

となる．j 番目の粒子が i 番目の粒子に及ぼす力を $\boldsymbol{F}_{ij}$ と書くと

$$\boldsymbol{F}_{ij} = -\phi'(|\boldsymbol{q}_{ij}|)\frac{\boldsymbol{q}_{ij}}{|\boldsymbol{q}_{ij}|} \tag{11.15}$$

であるので，相互作用による圧力への寄与は

$$p^{(ex)} = \frac{1}{3V} \left\langle \frac{1}{2} \sum_{i,j\,(i\neq j)}^{N} \boldsymbol{F}_{ij} \cdot \boldsymbol{q}_{ij} \right\rangle_{\mathrm{eq}} \tag{11.16}$$

と表すこともできる．

理想気体の寄与，相互作用の寄与を加えて状態方程式は

$$pV = Nk_{\mathrm{B}}T - \frac{1}{3}\left\langle \frac{1}{2}\sum_{i,j\,(i\neq j)}^{N} \phi'(|\boldsymbol{q}_{ij}|)|\boldsymbol{q}_{ij}| \right\rangle_{\mathrm{eq}}$$
$$= Nk_{\mathrm{B}}T + \frac{1}{3}\left\langle \frac{1}{2}\sum_{i,j\,(i\neq j)}^{N} \boldsymbol{F}_{ij}\cdot\boldsymbol{q}_{ij} \right\rangle_{\mathrm{eq}} \tag{11.17}$$

となる．相互作用による補正を見ると，粒子間相互作用が斥力の場合は圧力に正の補正を与えること，また引力の場合は圧力に負の補正を与えることがわかり，定性的にもっともらしい振る舞いである2)．

最後に化学ポテンシャル μ を求めよう．自由エネルギーを粒子数で微分すれば化学ポテンシャルを得ることができる．理想気体に対応する $\mu^{(id)}$ は，以前に計算したとおり

$$\mu^{(id)} = \left(\frac{\partial F_N^{(id)}}{\partial N}\right)_{T,V} = \frac{1}{\beta}\log\frac{N}{V}\left(\frac{m}{2\pi\hbar^2\beta}\right)^{-3/2} \tag{11.18}$$

となる．相互作用からの寄与 $\mu^{(ex)}$ は，

$$\mu^{(ex)} = \left(\frac{\partial F_N^{(ex)}}{\partial N}\right)_{T,V} = -k_{\mathrm{B}}T\frac{\partial}{\partial N}\log Q_N \tag{11.19}$$

だが Q_N の積分で N 依存性をあらわに計算していないのでこのままでは微分できない．そこで元々 N はアボガドロ数のオーダーであることを思い出し，微分を粒子一つの差分として近似しよう．すると，

$$\mu^{(ex)} = -k_{\mathrm{B}}T\log\frac{Q_{N+1}}{Q_N} \tag{11.20}$$

と書くことができる．ここで Q_{N+1} について，新たに付け加えた粒子の座標を $\boldsymbol{q}$ とすると，

$$Q_{N+1} = \frac{1}{V^{N+1}}\int\prod_{i=1}^{N}[d^3\boldsymbol{q}_i]d^3\boldsymbol{q}\exp\left[-\frac{1}{2}\beta\sum_{i,j\,(i\neq j)}^{N}\phi(|\boldsymbol{q}_{ij}|) - \beta\sum_{i=1}^{N}\phi(|\boldsymbol{q}_i - \boldsymbol{q}|)\right]$$

2) この圧力の式は**ビリアル定理**を使っても導出することができる (章末演習問題 11.3).

$$=\frac{1}{V^N}\int\prod_{i=1}^{N}[d^3\boldsymbol{q}_i]\left\{\frac{1}{V}\int d^3\boldsymbol{q}\exp\left[-\beta\sum_{i=1}^{N}\phi(|\boldsymbol{q}_i-\boldsymbol{q}|)\right]\right\}e^{-\frac{1}{2}\beta\sum_{i,j\,(i\neq j)}^{N}\phi(|\boldsymbol{q}_{ij}|)} \tag{11.21}$$

となる．よって Q_{N+1}/Q_N は積分の熱平衡期待値で表すことができ，

$$\mu^{(ex)}=-k_{\mathrm{B}}\log\left\langle\frac{1}{V}\int d^3\boldsymbol{q}\exp\left[-\beta\sum_{i=1}^{N}\phi(|\boldsymbol{q}_i-\boldsymbol{q}|)\right]\right\rangle_{\mathrm{eq}} \tag{11.22}$$

となる． 系に並進対称性がある場合には $\boldsymbol{q}_i-\boldsymbol{q}$ を新たな座標 $\boldsymbol{q}_i$ に変数変換することで積分を書き換えると，

$$Q_{N+1}=\frac{1}{V^N}\int\prod_{i=1}^{N}[d^3\boldsymbol{q}_i]\left\{\exp\left[-\beta\sum_{i=1}^{N}\phi(|\boldsymbol{q}_i|)\right]\right\}e^{-\frac{1}{2}\beta\sum_{i,j\,(i\neq j)}^{N}\phi(|\boldsymbol{q}_{ij}|)} \tag{11.23}$$

と書けるから

$$\mu^{(ex)}=-k_{\mathrm{B}}T\log\left\langle\exp\left[-\beta\sum_{i=1}^{N}\phi(|\boldsymbol{q}_i|)\right]\right\rangle_{\mathrm{eq}} \tag{11.24}$$

となる．化学ポテンシャルは系に粒子を付け加えるのに必要なエネルギーであるということを思い出すと，この相互作用による寄与はまさしく新しい粒子を挿入するのに必要な相互作用エネルギーの期待値を表している．

11.3　粒子密度関数と粒子分布関数

前節で一粒子あたりのエネルギーや圧力，化学ポテンシャルを計算したが，それらの理想気体に対する補正では粒子の配置に関する期待値を取る必要がある．ここでそのような表現の期待値に対して一般的に取り扱う．

熱平衡状態において N 個の粒子をそれぞれ座標 $\boldsymbol{q}_1,\boldsymbol{q}_2,\cdots,\boldsymbol{q}_N$ に見いだす確率密度を

$$\rho_N(\boldsymbol{q}_1,\boldsymbol{q}_2,\cdots,\boldsymbol{q}_N) \tag{11.25}$$

と書くことにしよう．これは微小体積要素 $\prod_{i=1}^{N}[d^3\boldsymbol{q}_i]$ を掛けるとその微少領域に粒子を見いだす確率であり，

$$\int \prod_{i=1}^{N} [d^3\boldsymbol{q}_i] \rho_N(\boldsymbol{q}_1, \boldsymbol{q}_2, \cdots, \boldsymbol{q}_N) = 1 \tag{11.26}$$

と規格化されている．カノニカル集団における微視的状態の実現確率より，これは

$$\begin{aligned}
\rho_N(\boldsymbol{q}_1, \boldsymbol{q}_2, \cdots, \boldsymbol{q}_N) &= \frac{1}{Z_N N!(2\pi\hbar)^{3N}} \int \prod_{i=1}^{N} [d^3\boldsymbol{p}_i] e^{-\beta H(\{\boldsymbol{p}_i, \boldsymbol{q}_i\})} \\
&= \frac{Z_N^{(id)}}{Z_N V^N} e^{-\frac{1}{2}\beta \sum_{i,j\,(i\neq j)}^{N} \phi(|\boldsymbol{q}_{ij}|)} \\
&= \frac{e^{-\frac{1}{2}\beta \sum_{i,j\,(i\neq j)}^{N} \phi(|\boldsymbol{q}_{ij}|)}}{V^N Q_N}
\end{aligned} \tag{11.27}$$

と書くことができる．粒子配置のみに依存する物理量は，この確率密度関数をかけて配置に関して積分をとれば熱平衡での期待値を求めることができる．

一粒子の座標にのみ依存する

$$\sum_{i=1}^{N} f(\boldsymbol{q}_i) \tag{11.28}$$

という形の物理量を考えよう．この物理量の熱平衡での期待値は

$$\left\langle \sum_{i=1}^{N} f(\boldsymbol{q}_i) \right\rangle_{\mathrm{eq}} = \int \prod_{i=1}^{N} [d^3\boldsymbol{q}_i] \sum_{i=1}^{N} f(\boldsymbol{q}_i) \rho_N(\boldsymbol{q}_1, \boldsymbol{q}_2, \cdots, \boldsymbol{q}_N) \tag{11.29}$$

である．この被積分関数に $1 = \int \delta^3(\boldsymbol{r} - \boldsymbol{q}_i) d^3\boldsymbol{r}$ という恒等式を代入し整理すると，

$$\begin{aligned}
\left\langle \sum_{i=1}^{N} f(\boldsymbol{q}_i) \right\rangle_{\mathrm{eq}} &= \int d^3\boldsymbol{r} \int \prod_{i=1}^{N} [d^3\boldsymbol{q}_i] \sum_{i=1}^{N} f(\boldsymbol{q}_i) \delta^3(\boldsymbol{r} - \boldsymbol{q}_i) \rho_N(\boldsymbol{q}_1, \boldsymbol{q}_2, \cdots, \boldsymbol{q}_N) \\
&= \int d^3\boldsymbol{r} f(\boldsymbol{r}) \int \prod_{i=1}^{N} [d^3\boldsymbol{q}_i] \sum_{i=1}^{N} \delta^3(\boldsymbol{r} - \boldsymbol{q}_i) \rho_N(\boldsymbol{q}_1, \boldsymbol{q}_2, \cdots, \boldsymbol{q}_N)
\end{aligned} \tag{11.30}$$

と書くことができる．ここで**一体の粒子密度関数**を

$$\begin{aligned}
\rho_N^{(1)}(\boldsymbol{r}) &= \left\langle \sum_{i=1}^{N} \delta^3(\boldsymbol{r} - \boldsymbol{q}_i) \right\rangle_{\mathrm{eq}} \\
&= \int \prod_{i=1}^{N} [d^3\boldsymbol{q}_i] \sum_{i=1}^{N} \delta^3(\boldsymbol{r} - \boldsymbol{q}_i) \rho_N(\boldsymbol{q}_1, \boldsymbol{q}_2, \cdots, \boldsymbol{q}_N)
\end{aligned} \tag{11.31}$$

と定義すると，同種粒子の場合には

$$\rho_N^{(1)}(\boldsymbol{r}) = N \int \prod_{i=2}^{N} [d^3\boldsymbol{q}_i] \rho_N(\boldsymbol{r}, \boldsymbol{q}_2, \cdots, \boldsymbol{q}_N) \tag{11.32}$$

であり，

$$\left\langle \sum_{i=1}^{N} f(\boldsymbol{q}_i) \right\rangle_{\text{eq}} = \int d^3\boldsymbol{r} f(\boldsymbol{r}) \rho_N^{(1)}(\boldsymbol{r}) \tag{11.33}$$

と表すことができる．よって一粒子の座標のみに依存する上のような物理量の熱平衡での期待値はすべて一体の粒子密度関数を知れば計算することができる．

同様に**二体の粒子密度関数**を

$$\begin{aligned}\rho_N^{(2)}(\boldsymbol{r}, \boldsymbol{r}') &= \left\langle \sum_{i,j\,(i \neq j)}^{N} \delta^3(\boldsymbol{r} - \boldsymbol{q}_i) \delta^3(\boldsymbol{r}' - \boldsymbol{q}_j) \right\rangle_{\text{eq}} \\ &= N(N-1) \int \prod_{i=3}^{N} [d^3\boldsymbol{q}_i] \rho_N(\boldsymbol{r}, \boldsymbol{r}', \boldsymbol{q}_3, \cdots, \boldsymbol{q}_N)\end{aligned} \tag{11.34}$$

と定義して，二粒子の座標にのみ依存する

$$\sum_{i,j\,(i \neq j)}^{N} f(\boldsymbol{q}_i, \boldsymbol{q}_j) \tag{11.35}$$

の形の物理量の平衡期待値は

$$\left\langle \sum_{i,j\,(i \neq j)}^{N} f(\boldsymbol{q}_i, \boldsymbol{q}_j) \right\rangle_{\text{eq}} = \int d^3\boldsymbol{r} d^3\boldsymbol{r}' f(\boldsymbol{r}, \boldsymbol{r}') \rho_N^{(2)}(\boldsymbol{r}, \boldsymbol{r}') \tag{11.36}$$

と書くことができる．

これらの表現は n **体の粒子密度関数**を

$$\begin{aligned}\rho_N^{(n)}(\boldsymbol{r}_1, \boldsymbol{r}_2, \cdots, \boldsymbol{r}_n) &= \left\langle \sum_{\substack{i,j,\cdots,m \\ (\text{すべて異なる})}}^{N} \delta^3(\boldsymbol{r}_1 - \boldsymbol{q}_i) \delta^3(\boldsymbol{r}_2 - \boldsymbol{q}_j) \cdots \delta^3(\boldsymbol{r}_n - \boldsymbol{q}_m) \right\rangle_{\text{eq}} \\ &= \frac{N!}{(N-n)!} \int \prod_{i=n+1}^{N} [d^3\boldsymbol{q}_i] \rho_N(\boldsymbol{r}_1, \boldsymbol{r}_2, \cdots, \boldsymbol{r}_n, \boldsymbol{q}_{n+1}, \cdots, \boldsymbol{q}_N)\end{aligned} \tag{11.37}$$

と定義してやれば，n 粒子の座標にのみ依存する物理量に対して拡張することができる.

前節で計算したような物理量に関しては，一体や二体の粒子密度関数がわかれば良い．ここで粒子密度関数に対して一般的な性質を見ておこう．n 体の粒子密度関数は

$$\int \prod_{i=1}^{n} [d^3\boldsymbol{r}_i] \rho_N^{(n)}(\boldsymbol{r}_1, \cdots, \boldsymbol{r}_n) = \frac{N!}{(N-n)!} \tag{11.38}$$

という規格化をもつ．特に $n=1$ なら

$$\int d^3\boldsymbol{r}\, \rho_N^{(1)}(\boldsymbol{r}) = N \tag{11.39}$$

であり，系が一様であれば,

$$\rho_N^{(1)}(\boldsymbol{r}) = \text{const.} = \frac{N}{V} = \rho \tag{11.40}$$

で，粒子密度 ρ と等しい．自由粒子に対しては

$$\rho_N^{(n)}(\boldsymbol{r}_1, \cdots, \boldsymbol{r}_n) = \rho^n \prod_{\ell=1}^{n-1} \left(1 - \frac{\ell}{N}\right) \tag{11.41}$$

となり，このとき粒子密度関数は熱力学極限で ρ^n のように振る舞う.

n **体の粒子分布関数** $G_N^{(n)}(\boldsymbol{r}_1, \cdots, \boldsymbol{r}_n)$ を

$$G_N^{(n)}(\boldsymbol{r}_1, \cdots, \boldsymbol{r}_n) = \frac{\rho_N^{(n)}(\boldsymbol{r}_1, \cdots, \boldsymbol{r}_n)}{\prod_{i=1}^{n} \rho_N^{(1)}(\boldsymbol{r}_i)} \tag{11.42}$$

と定義しよう．一様な系に対しては

$$G_N^{(n)}(\boldsymbol{r}_1, \cdots, \boldsymbol{r}_n) = \frac{\rho_N^{(n)}(\boldsymbol{r}_1, \cdots, \boldsymbol{r}_n)}{\rho^n} \tag{11.43}$$

である．特に $n=2$ に対して,

$$G_N^{(2)}(\boldsymbol{r}_1, \boldsymbol{r}_2) = \frac{\rho_N^{(2)}(\boldsymbol{r}_1, \boldsymbol{r}_2)}{\rho^2} \tag{11.44}$$

であり，系が等方的で一様ならこの関数は二つの粒子間の距離のみに依存する．これを

$$g(|\boldsymbol{r}_1-\boldsymbol{r}_2|)=G_N^{(2)}(\boldsymbol{r}_1,\boldsymbol{r}_2) \tag{11.45}$$

と書き，$g(r)$ を**動径分布関数**と呼ぶ．二つの粒子の距離が十分に大きくなると粒子の間の相互作用は無視でき，それぞれの粒子は自由粒子として見なせるので，動径分布関数は

$$g(r)\xrightarrow[r\to\infty]{}1-\frac{1}{N} \tag{11.46}$$

となる．

動径分布関数は散乱実験により直接測定可能であり，二粒子に関連した物理量の期待値を表すことができるので重要な量である．例えば，前節で計算した一粒子あたりの相互作用エネルギーの期待値 $E^{(ex)}$ は

$$\begin{aligned}
E^{(ex)}&=\frac{1}{2N}\int d^3\boldsymbol{r}d^3\boldsymbol{r}'\,\phi(|\boldsymbol{r}-\boldsymbol{r}'|)\rho^2 g(|\boldsymbol{r}-\boldsymbol{r}'|)\\
&=\frac{\rho}{2}\int d^3\boldsymbol{r}\,\phi(|\boldsymbol{r}|)g(|\boldsymbol{r}|)\\
&=2\pi\rho\int dr\,r^2\phi(r)g(r)
\end{aligned} \tag{11.47}$$

と書ける．また圧力の相互作用補正も

$$\begin{aligned}
p^{(ex)}&=-\frac{1}{6V}\int d^3\boldsymbol{r}d^3\boldsymbol{r}'\,\phi'(|\boldsymbol{r}-\boldsymbol{r}'|)|\boldsymbol{r}-\boldsymbol{r}'|\rho^2 g(|\boldsymbol{r}-\boldsymbol{r}'|)\\
&=-\frac{1}{6}\int d^3\boldsymbol{r}\,\phi'(|\boldsymbol{r}|)|\boldsymbol{r}|\rho^2 g(|\boldsymbol{r}|)\\
&=-\frac{2}{3}\pi\rho^2\int dr\,r^3\frac{d\phi(r)}{dr}g(r)
\end{aligned} \tag{11.48}$$

と書くことができる．

11.4 レナード・ジョーンズ相互作用とファン・デル・ワールス気体

これまで相互作用ポテンシャル ϕ について何も言及していなかった．ここで ϕ に関して少し考察してみよう．これまで古典的に振る舞う電気的に中性な気体分

子を念頭に考えてきた．そのような気体分子間に働く力を現象論的に考察しよう．気体分子同士が十分に接近すると，もともと電気的に中性とはいえ，電子が原子核のまわりに分布している効果が影響を及ぼし分子間に斥力を発生させる．この斥力は電気的なクーロン斥力より強いパウリの排他原理による斥力である．分子同士が離れると，この斥力の効果は弱くなり，次に影響を与えるのは動的な電気分極による引力である．この分極のゆらぎに起因するポテンシャルは，電気双極子の相互作用のオーダーがもっとも強く，分子間距離 r に対して r^{-6} という強さをもつことが知られている．この引力を**ファン・デル・ワールス (van der Waals) 力**という[3]．これらをまとめて，**レナード・ジョーンズ (Lennard-Jones)** は電気的に中性な気体分子間の相互作用として

$$\phi_{\mathrm{LJ}}(r)=4\epsilon\left\{\left(\frac{\sigma}{r}\right)^{12}-\left(\frac{\sigma}{r}\right)^{6}\right\} \tag{11.49}$$

という相互作用ポテンシャルを書いた．12 乗の項が経験的に導入された短距離の斥力を表し，6 乗の項が引力を表している．ϵ は相互作用のエネルギースケールであり σ は斥力をうける長さスケールを表す．この形を**レナード・ジョーンズ相互作用**や**レナード・ジョーンズポテンシャル**と呼び，解析的な計算や計算機によるシミュレーションにおいてよく使われている[4]．またこの相互作用は希ガス分子の相互作用をよく記述することが知られており，気体，液体，固体のそれぞれの状態を実現することができることが知られている．レナード・ジョーンズ相互作用の概形を図 11.1 に示した．ポテンシャルは $r_0=\sqrt[6]{2}\sigma$ で最小値 $E_{\min}=-\epsilon$ の値を取る．$r<r_0$ で斥力，$r>r_0$ で引力である．ただ引力部分は r が大きくなると急激にポテンシャルの値が 0 に近づくので遠距離では実質的に相互作用がないと見なして良い．以下ではポテンシャル ϕ に対してレナード・ジョーンズ相互作用のような形を要請しよう．

具体的な相互作用ポテンシャルとしてレナード・ジョーンズ相互作用を採用し

---

3) 導出は C. キッテル (著)，宇野良清，津屋 昇，新関駒二郎，森田 章，山下次郎 (訳)『キッテル固体物理学入門』丸善出版，(2005) や戸田盛和，松田博嗣，樋渡保秋，和達三樹『液体の構造と性質』岩波書店，(1976) などにある．

4) 一般的には $\phi_{\mathrm{LJ}}(r)=Ar^{-n}-Br^{-m}$ $(A,B>0,\ n>m)$ と書き，係数 A,B，正のべき指数 n,m を物質依存のパラメーターとして書き下すことがある．

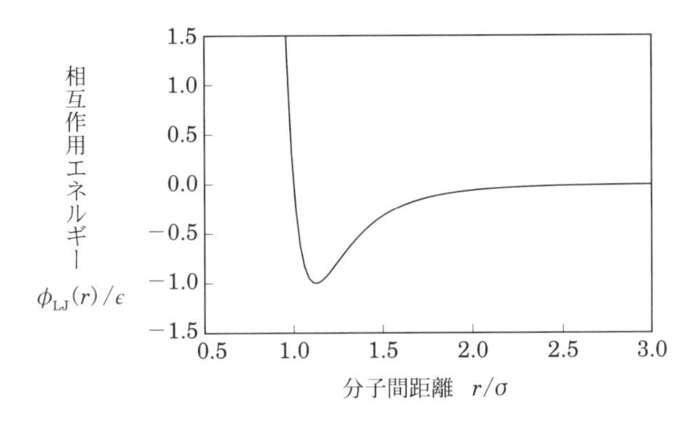

図 11.1 レナード・ジョーンズ相互作用の概形.

ても，粒子配位に関する積分 (11.3) を厳密に計算することはできない．よってさらに近似的に考察しよう．まず相互作用には短距離の斥力があるので，粒子同士はある程度以上近づくことができない．そこでポテンシャルの形を思い切って，

$$\phi_{\mathrm{LJ}}(r) \to \phi_{\mathrm{S}}(r) = \begin{cases} \infty & r < \sigma \\ -\epsilon\left(\dfrac{\sigma}{r}\right)^6 & r \geq \sigma \end{cases} \tag{11.50}$$

と書き換える．この形のポテンシャル $\phi_{\mathrm{S}}(r)$ を**サザランド (Sutherland) ポテンシャル**と呼ぶ．こうすると粒子間距離 r は $r<\sigma$ となることが絶対になく，粒子は半径 $\sigma/2$ の剛体球にファン・デル・ワールス引力を加えたものとして振る舞う．

粒子配位に関する積分 (11.3) において剛体として振る舞う効果を考えると，一つの粒子の動きうる領域の体積が，V から $V-Nv_0$ に制限されると考えて良い．v_0 は微視的なスケールの体積であり，おおよそ $v_0 \simeq \sigma^3$ 程度である．この値を厳密に計算するのは，複数の粒子が接近してきたときの位置に関する相関などを考慮する必要があり困難であるが，そのような相関を無視して平均的に一粒子あたり $v_0 \simeq \sigma^3$ ぐらいの体積が排除されていると考えることは妥当な近似だろう．このような分子の重なりが許されないことで生じる効果を**排除体積**の効果という．またファン・デル・ワールス引力の効果に関しても考えよう．粒子配位に関する積分 (11.3) を実行するのは困難なので，ここでも思い切って粒子の位置に依存した相互作用エネルギーを，粒子の位置に依存しない一粒子あたりの平均的な相互

作用エネルギー $\overline{U}$ で置き換えよう.

$$e^{-\frac{1}{2}\beta \sum_{i,j\,(i\neq j)}^{N} \phi(|\boldsymbol{q}_{ij}|)} \to e^{-\beta N\overline{U}}. \tag{11.51}$$

粒子数 N はエネルギーの示量性を表すためにあらかじめくくりだしてある. $\overline{U}$ は一組の粒子対の平均的な相互作用 $\overline{u}$ を使うと,

$$\sum_{i,j\,(i\neq j)}^{N} \phi(|\boldsymbol{q}_{ij}|) \to N(N-1)\overline{u} \tag{11.52}$$

と評価できることから,

$$\overline{U} = \frac{N-1}{2}\overline{u} \simeq \frac{N}{2}\overline{u} \tag{11.53}$$

と表すことができる. ある粒子が原点に存在しもう一つの粒子が $r > \sigma$ を満たす場所に平均的に一様に存在すると見なして, サザランドポテンシャル $\phi_{\mathrm{S}}(r)$ を使って $\overline{u}$ を評価すると

$$\overline{u} = \int_{\sigma}^{R} \frac{4\pi r^2 dr}{V} \phi_{\mathrm{S}}(r) \tag{11.54}$$

と表すことができる. $\dfrac{4\pi r^2 dr}{V}$ は体積 V 中に一つの粒子が存在するとき, 半径 r で厚さ dr の球殻に粒子が存在する確率を表している. この積分を, $\phi_{\mathrm{S}}(r)$ は r が大きくなると急速に 0 に収束することを使って計算すると,

$$\overline{u} \simeq \int_{\sigma}^{\infty} \frac{4\pi r^2 dr}{V} \phi_{\mathrm{S}}(r) = -\frac{4\pi\epsilon}{3V}\sigma^3 \tag{11.55}$$

となる. よって引力の効果を平均的に表すと,

$$\overline{U} = -\frac{2\pi\epsilon}{3}\frac{N}{V}\sigma^3 \tag{11.56}$$

となる. ここでの評価は厳密ではないので, 定数倍の因子は無視し微視的な体積 v_0 を使って,

$$\overline{U} = -\epsilon\frac{N}{V}v_0 = -\epsilon v_0 \rho \tag{11.57}$$

としても問題ないだろう．ρ は粒子数密度 $\rho = N/V$ である．

これらの短距離の斥力と中距離の引力の効果を平均的に取り込んで，粒子配位に関する積分 (11.3) を近似的に表すと，

$$
\begin{aligned}
Q_N &= \frac{1}{V^N}\int \prod_{i=1}^{N}[d^3\boldsymbol{q}_i]\exp\left[-\frac{1}{2}\beta\sum_{i,j\,(i\neq j)}^{N}\phi(|\boldsymbol{q}_{ij}|)\right] \\
&\xrightarrow[\text{引力の平均的取り扱い}]{} \frac{1}{V^N}\int \prod_{i=1}^{N}[d^3\boldsymbol{q}_i]\exp[\beta N\epsilon v_0\rho] \\
&\xrightarrow[\text{排除体積の効果}]{} \frac{(V-Nv_0)^N}{V^N}\exp[\beta N\epsilon v_0\rho] \qquad (11.58)
\end{aligned}
$$

という形になる．

ここで行った粒子間の相関を無視し粒子が平均的な引力や斥力を感じるとして取り扱う方法を**平均場近似**や**分子場近似**という．サザランドポテンシャルの形を使って斥力や引力の大きさを評価したが，平均場近似的な取り扱いではレナード・ジョーンズポテンシャルでも定性的には変わらず，ここで導いたものは実在気体の平均場近似になっていると考えることができる．以下では平均場近似に基づき物理量を計算してみよう．

例えば，エネルギーの期待値 E は，

$$
E = \frac{3}{2}Nk_{\mathrm{B}}T - N\epsilon v_0\rho \qquad (11.59)
$$

であり，粒子間の引力の存在でエネルギーが下がっていることがわかる．また圧力 p の相互作用パート $p^{(ex)}$ は

$$
\begin{aligned}
p^{(ex)} &= \frac{1}{N}\rho^2\left(\frac{\partial F_N^{(ex)}}{\partial\rho}\right)_{T,V} \\
&= k_{\mathrm{B}}T\frac{v_0\rho^2}{1-v_0\rho} - \epsilon v_0\rho^2 \qquad (11.60)
\end{aligned}
$$

となる．理想気体パートも合わせて，

$$
p = \frac{k_{\mathrm{B}}T\rho}{1-v_0\rho} - \epsilon v_0\rho^2 \qquad (11.61)
$$

を得る．この状態方程式は，いわゆる**ファン・デル・ワールスの状態方程式**とまっ

たく同じ形をしており，レナード・ジョーンズ相互作用をもつ実在気体の平均場近似の結果が**ファン・デル・ワールス気体**と同様の振る舞いをすることを示している．よって，実在気体の平均場近似では気体の状態と液体の状態を表現することができる[5)]．次の節でもう少し詳しく検討しよう．

11.5 気液共存状態

ファン・デル・ワールスの状態方程式の振る舞いを調べよう．圧力 p を温度 T が一定の条件のもと密度 ρ で微分すると，

$$\left(\frac{\partial p}{\partial \rho}\right)_T = \frac{k_\mathrm{B}T - 2\epsilon v_0\rho(1-v_0\rho)^2}{(1-v_0\rho)^2} \tag{11.62}$$

となる．この量は等温圧縮率 κ_T と以下のような関係があり，

$$\kappa_T = -\frac{1}{V}\left(\frac{\partial V}{\partial p}\right)_{T,N} = \frac{1}{\rho}\left(\frac{\partial \rho}{\partial p}\right)_T = \frac{1}{\rho}\left[\left(\frac{\partial p}{\partial \rho}\right)_T\right]^{-1}, \tag{11.63}$$

等温圧縮率は

$$\kappa_T = \frac{(1-v_0\rho)^2}{k_\mathrm{B}\rho(T-T_s(\rho))} \tag{11.64}$$

と計算できる．ここで $T_s(\rho)$ を

$$k_\mathrm{B}T_s(\rho) = 2\epsilon v_0\rho(1-v_0\rho)^2 \tag{11.65}$$

で定義した．また密度 ρ は $0 \le \rho \le 1/v_0$ の範囲を取ることができる．

この式から等温圧縮率の符号は温度と $T_s(\rho)$ の大小関係で変わることがわかり，$T > T_s(\rho)$ ならば等温圧縮率は正である．この場合，系を圧縮すれば $(\Delta\rho > 0)$，圧力が増加 $(\Delta p > 0)$ し，圧力 p が密度 ρ の増加関数になっている．これは通常よく見る系の振る舞いであり，等温圧縮率が正であることは**熱力学的に安定な条件**となる．逆に $T < T_s(\rho)$ ならば等温圧縮率は負であり，系を圧縮すれば圧力が減少

---

5) 排除体積の効果を他の粒子との相関を無視して近似的に取り込んだため，本来レナード・ジョーンズ相互作用で実現可能な固体の状態は記述できない．

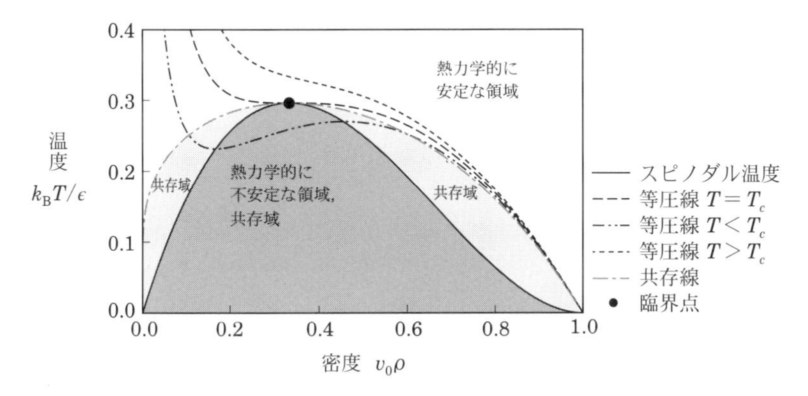

図 11.2 スピノダル温度と等圧線. スピノダル温度 $T_s(\rho)$ を密度の関数としてプロットした. またファン・デル・ワールスの状態方程式で, 圧力を一定にしたときの温度を密度の関数として (等圧線), $T>T_c$, $T=T_c$, $T<T_c$ の三つの場合にプロットした. $T<T_c$ のとき, 等圧線の極値を取る密度-温度点とスピノダル温度が一致する. これは等圧膨張係数 $\alpha=\dfrac{1}{V}\left(\dfrac{\partial V}{\partial T}\right)_{p,N}=\dfrac{1-v_0\rho}{T-T_s(\rho)}$ の符号もスピノダル温度で切り替わるためである. また気液共存域も示してある. 実際には共存域内部の等圧線は実現せず, 温度一定の直線となる.

するという通常見ない振る舞いをする. このような場合を**熱力学的に不安定**と呼ぶ. 系の熱力学的な安定性が切り替わる温度が $T_s(\rho)$ になる. この特徴的な温度 $T_s(\rho)$ を**スピノダル温度**と呼ぶ.

与えられた温度に対して, その温度とスピノダル温度が等しくなる密度が常に存在するわけではない. スピノダル温度を密度の関数として考えると, 図 11.2 に示すように, $v_0\rho=0$ または $v_0\rho=1$ で $T_s=0$, $v_0\rho=1/3$ で最大値 $k_{\rm B}T_s=8\epsilon/27$ を取る (章末演習問題 11.2). この最大値を $k_{\rm B}T_c$ と書き, T_c を**転移温度**と呼ぶ[6]. 与えられた温度 T が $T>T_c$ を満たすなら, 系は常に熱力学的に安定であり圧力は密度の単調増加関数である. $T<T_c$ なら, $T=T_s(\rho)$ をみたす二つの密度 $\rho_1(T)$, $\rho_2(T)$ $(0<\rho_1(T)<\rho_2(T)<1/v_0)$ が存在し, $\rho<\rho_1(T)$ または $\rho>\rho_2(T)$ で, 等温圧縮率が正, すなわち熱力学的に安定であり, $\rho_1(T)<\rho<\rho_2(T)$ では等温圧縮率が負となって熱力学的に不安定となる. 熱力学的に不安定な密度領域では,

6) 気液共存状態が消える温度という意味で相転移の転移温度となる. またこの点は臨界点でもある. 臨界点については次の章で詳しく述べる.

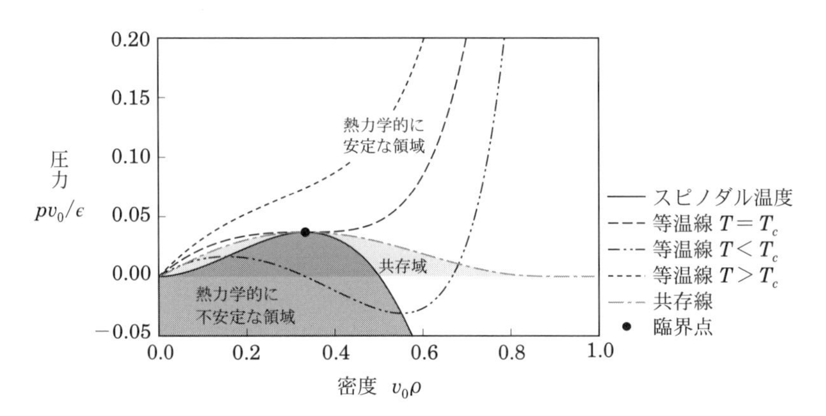

図 11.3 ファン・デル・ワールスの状態方程式．温度一定の条件で，圧力を密度の関数として(等温線)，$T > T_c$，$T = T_c$，$T < T_c$ の三つの場合にプロットした．ファン・デル・ワールスの状態方程式は負の圧力も示すが，負の圧力は気液共存域でのみ現れるため，実質的には負の圧力は生じない．熱力学的に不安定な領域と気液共存域も同時に示している．実際には共存域内部の等温線は実現せず，圧力一定の直線となる．

系全体に一様な気体の相や，系全体に一様な液体の相を実現することができず，**気相**と**液相**の共存状態 (**気液共存状態**) が実現することが知られている．この共存状態は，$\rho_1(T) < \rho < \rho_2(T)$ の密度領域を超えて存在し，$\rho_g^c(T) < \rho_1(T)$ および $\rho_\ell^c(T) > \rho_2(T)$ を満たす密度で示される領域 $\rho_g^c(T) < \rho < \rho_\ell^c(T)$ で実現する[7]．$\rho_g^c(T)$，$\rho_\ell^c(T)$ は，体積と圧力の関係からマクスウェルの面積則を利用し決定することができる．ファン・デル・ワールス気体に対して，$\rho_g^c(T)$，$\rho_\ell^c(T)$ の値はギブスによって解析的に計算されており[8]，その結果も図 11.2 に示している．またファン・デル・ワールスの状態方程式を熱力学的に不安定な領域，および気液共存域とともに図 11.3 に示した．

気液共存状態の様子を自由エネルギーの観点からも調べよう．ヘルムホルツの自由エネルギーの相互作用パートは平均場近似の結果

7) 気液共存状態が実現してしまうと，もはや式 (11.64) で表される等温圧縮率は正しくない．気液共存状態では等温条件で密度を変えても圧力変化は発生せず等温圧縮率は発散している．

8) F. G. Donnan, A. Haas 編, *A commentary on the scientific writings of J. Willard Gibbs*, (Yale University Press, 1936), 41 ページ.

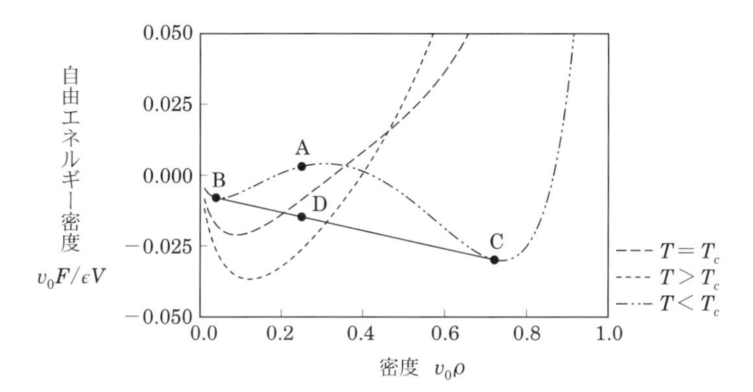

図 11.4 自由エネルギー密度．無次元化した自由エネルギー密度を密度の関数として，$T>T_c$，$T=T_c$，$T<T_c$ の三つの場合にプロットした．図中，点 A は密度 $v_0\rho=0.25$ に対応する転移温度以下の温度 T での自由エネルギーの値を示す．この密度では気液共存状態であり，共存域の両端に対応する密度は点 B，点 C の密度に相当する．点 A での自由エネルギーより，点 B の状態と点 C の状態の自由エネルギーを結んだ線分上の点 D の方が自由エネルギーの値が下がる．

$$\begin{aligned} F_N^{(ex)} &= -k_{\mathrm{B}}T\log\frac{(V-Nv_0)^N}{V^N}\exp[\beta N\epsilon v_0\rho] \\ &= -Nk_{\mathrm{B}}T\log(1-\rho v_0)-N\epsilon v_0\rho \end{aligned} \tag{11.66}$$

であり，全体として

$$F(T,V,N)=-Nk_{\mathrm{B}}T\log\left(\frac{e}{\rho}\left(\frac{m}{2\pi\hbar^2\beta}\right)^{3/2}\right)-Nk_{\mathrm{B}}T\log(1-\rho v_0)-N\epsilon v_0\rho \tag{11.67}$$

となる．これより単位体積あたりの自由エネルギー $F/V=f(T,\rho)$ を求め無次元化し，無次元密度 $v_0\rho$ の関数として図 11.4 にプロットした．図では，本質的でない定数 $\log\left(e\left(\frac{m}{2\pi\hbar^2}\right)^{3/2}\right)$ を 0 に取ってプロットしてある[9]．温度が転移温度より高いか等しい場合は自由エネルギー密度は密度 ρ に対して常に下に凸の関数になっている．これは等温圧縮率が非負であることに対応している．この場合，与えられた密度に対して最小になる自由エネルギーの値は，その密度での自由エネ

9) この定数が 0 でないとき，密度と温度の積に比例する関数が加わるが，凸性が破れる密度はまったく変わらず同じ議論が成立する．

ルギー $f(T,\rho)$ と等しい.

一方, $T<T_c$ ならば, 等温圧縮率の符号が密度に応じて変わるので, 計算した自由エネルギーの凸性が破れる. このとき気液共存状態が現れる. 自由エネルギーが上に凸な部分をもつので, 図 11.4 中に示したように, 自由エネルギーの曲線と 2 か所, 点 B と点 C で接するような自由エネルギー曲線の接線が存在する. 対応する自由エネルギー密度の値を $f(T,\rho_g^c(T))=f_{\mathrm{B}}$, $f(T,\rho_\ell^c(T))=f_{\mathrm{C}}$ とする. これらの点の密度がちょうど共存域の両端の密度 $\rho_g^c(T)$ と $\rho_\ell^c(T)$ に対応し, その間の密度領域はすべて気液共存領域である. 気液共存域内の密度 ρ_{A} を考え, その点での自由エネルギー密度を $f(T,\rho_{\mathrm{A}})=f_{\mathrm{A}}$ と書く (点 A). また点 B, 点 C を通る接線上で, 点 A に対応する密度の点 D では, 共存域の端の密度 $\rho_g^c(T)$ をもつ気相と, 密度 $\rho_\ell^c(T)$ をもつ液相を, 割合 $\left(1-\dfrac{\rho_{\mathrm{A}}-\rho_g^c}{\rho_\ell^c-\rho_g^c}\right):\dfrac{\rho_{\mathrm{A}}-\rho_g^c}{\rho_\ell^c-\rho_g^c}$ で混ぜることで

$$f_{\mathrm{D}}=\left(1-\frac{\rho_{\mathrm{A}}-\rho_g^c}{\rho_\ell^c-\rho_g^c}\right)f_{\mathrm{B}}+\frac{\rho_{\mathrm{A}}-\rho_g^c}{\rho_\ell^c-\rho_g^c}f_{\mathrm{C}} \tag{11.68}$$

という自由エネルギー密度の値をもつ状態を作ることができる. この自由エネルギー密度の値 f_{D} は f_{A} より必ず小さく, これが**気液共存状態**に対応する. 密度 ρ_{A} が ρ_g^c に近ければ, 気相の割合が増え, 逆に ρ_ℓ^c に近ければ液相の割合が増える. また点 B, 点 C では自由エネルギー密度の傾きが共通であるが, $\mu=\left(\dfrac{\partial f}{\partial \rho}\right)_T$ であるからこれは密度 $\rho_g^c(T)$ と $\rho_\ell^c(T)$ での化学ポテンシャルが等しい,

$$\mu(T,\rho_g^c(T))=\mu(T,\rho_\ell^c(T)) \tag{11.69}$$

となることを表している. また圧力 $p=-f(T,\rho)+\rho\mu(T,\rho)$ であるが, 共存域では μ が密度によらず一定であるから, 圧力は共存域で密度によらず一定になる.

熱力学的には凸性の破れた自由エネルギーは実現せず, いま求めた凸性の破れた自由エネルギーを**ルジャンドル変換**して逆ルジャンドル変換することにより, 上に凸な自由エネルギー部分は点 B と点 C をつなぐ直線の自由エネルギー密度として再構成される.

ところで, スピノダル温度が最大値となる密度 $\rho_c=1/3v_0$ で, スピノダル温度 $T_c=8\epsilon/27k_{\mathrm{B}}$ をもつ状態では圧力 p_c が $p_c=\epsilon/27v_0$ という値をもつ (章末演習問

題 11.2). この状態は $\rho=\rho_c$ に保ったまま温度を下から T_c に近づけていったときに，気液共存状態が消失する点である．また $\rho=\rho_c$ を保ったまま温度を上から T_c に近づけていったとき等温圧縮率が正の無限大に発散する点でもある．このような状態を**臨界点**と呼び，臨界点での温度 T_c を**臨界温度**と呼ぶ．臨界点は相転移がおきる転移点であり，自由エネルギーの一階の微係数は連続だが，等温圧縮率のような二階の偏微分係数が発散する点である．このような発散をともなう相転移の様子は**臨界現象**と呼ばれ，次の 12 章で詳しく取り扱う．

演習問題

問題 11.1

化学ポテンシャルに対する実在気体の補正で $\log\langle e^{-\beta A}\rangle_{\mathrm{eq}}$ という形の期待値が現れた．これを β のべき級数で以下のように展開し

$$\log\langle e^{-\beta A}\rangle_{\mathrm{eq}}=\sum_{\ell=1}^{\infty}\frac{(-\beta)^\ell}{\ell!}\langle A^\ell\rangle_c,$$

出てきた $\langle A^\ell\rangle_c$ を ℓ 次の**キュムラント**と呼ぶ．指数関数と対数関数をテイラー展開することで 1 次，2 次，3 次のキュムラントを n 次の**モーメント** $\langle A^n\rangle_{\mathrm{eq}}$ の組み合わせで表せ．

問題 11.2

スピノダル温度 (11.65) が最大値を取る密度 ρ_c と，そのときの温度 T_c，圧力 p_c を求めよ．

問題 11.3

運動量および座標 $\{\boldsymbol{p}_i,\boldsymbol{q}_i\}$ を変数とする古典的な 3 次元 N 粒子系のハミルトニアン $H(\{\boldsymbol{p}_i,\boldsymbol{q}_i\})$ に対し，粒子の変数から適当に二つ変数 X,Y を選んだとき (例えば $X=p_i^y$, $Y=q_j^z$ など)

$$\left\langle X\frac{\partial H}{\partial Y}\right\rangle_{\mathrm{eq}}=\begin{cases}k_{\mathrm{B}}T & X=Y\ のとき\\ 0 & X\neq Y\ のとき\end{cases}$$

が成立することを示せ．ただしハミルトニアン H は，$|\boldsymbol{p}_i| \to \infty$ で $H \to \infty$ とする．また座標に対しても粒子をある体積に閉じ込めるポテンシャルが存在しているとし，$|\boldsymbol{q}_i| \to \infty$ で $H \to \infty$ とする．この関係は**ビリアル定理**と呼ばれる．さらにハミルトニアン (11.1) に閉じ込めポテンシャル $\sum_{i=1}^{N} U(\boldsymbol{q}_i)$ を加えたとき，ビリアル定理を使い

$$-\frac{1}{3}\left\langle \sum_{i=1}^{N} \boldsymbol{q}_i \cdot \boldsymbol{F}_i^U \right\rangle_{\mathrm{eq}} - \frac{1}{3}\left\langle \sum_{i,j(i \neq j)} \boldsymbol{q}_i \cdot \boldsymbol{F}_{ij} \right\rangle_{\mathrm{eq}} = N k_{\mathrm{B}} T$$

が成立することを示せ．ここで $\boldsymbol{F}_i^U$ は閉じ込めポテンシャルによる力 $\boldsymbol{F}_i^U = -\partial U(\boldsymbol{q}_i)/\partial \boldsymbol{q}_i$ であり，$\boldsymbol{F}_{ij}$ は式 (11.15) である．$-\boldsymbol{F}_i^U$ は粒子が閉じ込めポテンシャルを押す力であり，$\boldsymbol{F}_i^U$ を含む期待値の項は pV となることを示すことができるので，これは圧力の式 (11.17) と等しい．

第 **12** 章

相転移と臨界現象

10 章で取り扱ったボース–アインシュタイン凝縮や 11 章で取り扱った実在気体において気液共存域が生じることは**相転移**という現象の一例である．この章では相転移と相転移に関連する**臨界現象**について議論する．

12.1 相と相転移

考えている系の状態が均質で空間的に一様な場合，ある一つの**相**をなしているという．例えばボース–アインシュタイン凝縮では非凝集相が，ファン・デル・ワールス気体では気相や液相がそのような状況に対応する．あとで取り扱う磁性体の例では，磁場をかけないと有限の磁化が生じない**常磁性相**や，磁場がかかっていなくても磁化の値が有限である**強磁性相**などが存在する．

系が単一の相にあるときに系の状態を決定する温度や磁場，圧力などのパラメーターを変化させると別の相の状態に変化することがあり，これを**相転移**という．ボース–アインシュタイン凝縮で温度や密度を変えたことによる非凝集相から凝集相への変化や，ファン・デル・ワールス気体で密度を変えたことによる気相から気液共存状態を経て液相への変化などが相転移の一例である．また相転移がおきる点を**転移点**と呼ぶ．相転移は微視的な相互作用が切り替わって生じるものではないことに注意しよう．微視的な相互作用がなにも変わらなくても，多数の要素があつまっている巨視的な状況で，要素間の互いの関係性が変わることで相転移が生じる．例えばボース–アインシュタイン凝縮では，ミクロなハミルトニアンはまったく変わっていないにもかかわらず温度が下がることで励起状態にある粒子が基底状態へ凝集する．また実在気体の気相から液相への相転移でも，相互作用ポテンシャルはまったく変わらないが，気相から液相に変わることで，二粒子間

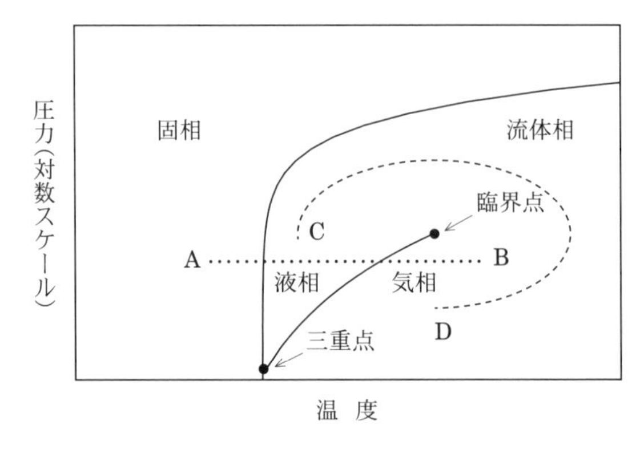

図 12.1　レナード・ジョーンズ相互作用をする粒子系の相図の概形．横軸は温度，縦軸は圧力 (対数スケール) である．

の平均的な距離が大きく変わる．このような性質から相転移はしばしば**協力現象**と呼ばれることもある．

それぞれのパラメーターに対して系がどのような相にあるかを示した図を**相図**という．例えば，11 章で取り扱ったレナード・ジョーンズ相互作用をする粒子系に対して，温度と圧力をパラメーターとする相図は図 12.1 のようになる．この図で，低温側は粒子が周期的に並んだ固体に対応する固相である．図に示した点線に沿って点 A の状態から圧力の値を保ったまま，温度を上げると最初，固相だった系が液相になり，さらに温度を上げると気相になる．相を分ける線を**相境界**といい，この相図の固相と液相を分ける相境界上では固液共存状態が実現しており，液相と気相を分ける相境界上では，気液共存状態が実現している．気液共存状態の相境界は温度，圧力が増加するとある点で途切れる．この点がファン・デル・ワールス気体で見た臨界点である．また逆に気液共存状態の相境界は温度，圧力が低下すると，固液共存の相境界と交わりそこで止まる．この交点では，気相と液相，固相が同時に共存しており三重点にあたる．三重点にあたる圧力より低い圧力に保ったまま，固相から温度を上げると，固相から直接気相に相転移する．気液共存の相境界が途中で途切れ臨界点が現れているため，液相から気相へ相境界を跨がず臨界点を大回りするような温度と圧力を変える操作 (点 C から点 D) を考えることができ，この経路に沿って操作すると密度を連続的に液相の密度から気相の密度に変化させるようなことが可能になる．この操作の途中では，気相と液相の区別が曖昧になり，臨界点近くの高圧高温の相を新たに流体相や超臨界流体相と呼んだりする．ただ臨界点から離れた気液相境界近傍では，気相，液相は明らかに密度が異なり，相境界を跨ぐ相転移において不連続に密度が変化するので，気相，液相という区別が不要であるというわけではない．

相転移では転移点で相が切り替わり物理量の不連続な変化が生じる．転移点での熱力学関数の微分の不連続性によって相転移は分類され，一階の微係数が不連続な相転移を**不連続転移**と呼び，二階以上の高次の微係数が不連続な相転移を**連続転移**と呼ぶ．不連続転移を**1 次転移**，連続転移を**2 次転移**あるいは**高次転移**と呼ぶこともある．1 次，2 次，高次の由来は熱力学関数の微分係数が何階で不連続になるかによる．例えばファン・デル・ワールス気体で生じる気液共存状態を経由する気相から液相への相転移は，ヘルムホルツ自由エネルギーの温度微分であるエントロピーが不連続に変化するので不連続転移である．またこのエントロピー差に対応する熱が相転移にともなう**潜熱**となる．一方，ファン・デル・ワールス気体の臨界点直上を横切る相転移では，エントロピーは連続的に変化するため，連続転移である．連続転移の転移点を**臨界点**と呼び，臨界点での温度や圧力などを臨界をつけて**臨界温度**や**臨界圧力**などと呼ぶ．

相転移では熱力学量の特異性をともなうが，そもそもこの特異性の起源は何だろうか．もともと分配関数は，系の状態を決めるパラメーターに対して解析的な正のボルツマン因子を微視的状態の数だけ足したものであり，その対数である自由エネルギーは一見何の非解析性ももたないように思える．これは有限な大きさの系に対しては完全に正しい．実は，系の大きさが無限に大きい熱力学極限を取ることで非解析性が生まれることが知られている[1)]．よって相転移現象を議論する際には必ず熱力学極限をとる必要がある．

相と相転移を記述するために**秩序変数**という量がもちいられる．秩序変数は系

1) リー (Lee) とヤン (Yang) によって系のパラメーターを複素数に拡張したときの分配関数の零点が議論された．(リー–ヤンの零点定理) (C. N. Yang and T. D. Lee, *Phys. Rev.*, **87**, 404 (1952) および T. D. Lee and C. N. Yang, *Phys. Rev.*, **87**, 410 (1952))．この結果によると，相転移がおきるときは，系のパラメーターが複素数の値を取るときに存在する分配関数の零点が，熱力学極限とともに実軸に漸近する．この分配関数の零点から，対数を取った自由エネルギーに非解析性が生じる．

の状態がどのような相にあるか明確に区別できるように定義され，一般に相転移がおきるとその秩序変数の値は0から有限になるように定義する[2]．例えばファン・デル・ワールス気体の臨界点を通る相転移では気相，液相の密度差を秩序変数にとる．また磁性体の常磁性相，強磁性相では，磁化の値を秩序変数に取る．

12.2 臨界現象と臨界指数

相転移の中でも連続転移は，臨界点近傍で物理量の値が臨界温度との温度差のべき乗に比例して振る舞うなど興味深い．また単なるべき則だけではなく数理的にも非常に奥が深く豊かな現象を示す．そのような臨界点付近の振る舞いを**臨界現象**と呼ぶ．以下では臨界現象について見ていこう．

まず11章で取り扱った実在気体の平均場近似であるファン・デル・ワールス気体の臨界点近傍の臨界現象を調べてみよう．ファン・デル・ワールスの状態方程式を，臨界点での臨界温度 $T_c=8\epsilon/27k_{\rm B}$，臨界密度 $\rho_c=1/3v_0$，臨界圧力 $p_c=\epsilon/27v_0$ を使って $p=xp_c$，$T=yT_c$，$\rho=z\rho_c$ と無次元化すると，

$$x=\frac{8}{3}\frac{yz}{1-z/3}-3z^2 \tag{12.1}$$

を得る．ここで x,y,z はそれぞれ無次元圧力，無次元温度，無次元密度である．気液相転移の臨界現象では，秩序変数を共存域の液相密度 ρ_ℓ^c と気相密度 ρ_g^c の密度差 $\Delta\rho=\rho_\ell^c-\rho_g^c$ に取る．これは共存状態では有限の値であり，温度が低温側から臨界温度に近づくと小さくなり臨界点で0となる．この秩序変数の臨界点近傍での振る舞いを無次元化した変数で調べよう．気液共存状態が存在する温度 $y<1$ で，共存域の液相密度を z_ℓ，気相密度を z_g とすると，両相の圧力が等しいことから

$$\frac{8}{3}\frac{yz_g}{1-z_g/3}-3z_g^2=\frac{8}{3}\frac{yz_\ell}{1-z_\ell/3}-3z_\ell^2 \tag{12.2}$$

が成立する．これから温度 y について解くと，

$$y=\frac{1}{8}(z_\ell+z_g)(3-z_g)(3-z_\ell) \tag{12.3}$$

2) 場合によっては複数の秩序変数の組み合わせで相を記述することもある．

となる．温度が低温側から臨界点 $y=1$ に近づくと $(y\nearrow 1)$，それぞれの密度は臨界密度 $z=1$ に対して $z_g\nearrow 1$，$z_\ell\searrow 1$ と振る舞うから，$z_g=1-\epsilon/2$，$z_\ell=1+\epsilon/2$ と置いて代入すると

$$y=1-\frac{1}{16}\epsilon^2 \tag{12.4}$$

となる．これが臨界点におけるべき乗の振る舞い (**臨界的振る舞い**) の一つであり，無次元化した変数を元に戻すと，秩序変数 $\Delta\rho=\rho_\ell^c-\rho_g^c$ が

$$\Delta\rho\sim(T_c-T)^{1/2} \tag{12.5}$$

という振る舞いをしていることになる．ここで現れたべき指数 1/2 を**臨界指数**と呼ぶ．秩序変数の温度に対する臨界指数を慣習として β で表す．

また臨界点近傍で圧力の密度に対する振る舞いを調べよう．温度が臨界温度 $y=1$ に固定されているとき，無次元化した状態方程式を臨界圧力 $z=1$ のまわりで展開すると，

$$x\simeq 1+\frac{3}{2}(z-1)^3 \tag{12.6}$$

となる．これは臨界点で $\dfrac{\partial p}{\partial\rho}=\dfrac{\partial^2 p}{\partial\rho^2}=0$ であることと整合的である．変数を元に戻すと，

$$p-p_c\sim(\rho-\rho_c)^3 \tag{12.7}$$

となる．ここで現れたべき指数 3 も臨界指数の一つであり，慣習として δ で表す．秩序変数とそれに熱力学的に共役な力の間の臨界的振る舞いの関係を表す指数である[3]．

温度と圧力，密度が関連する臨界現象を記述する上で，密度と温度，密度と圧力の振る舞いは上で調べた．最後に密度変化と圧力変化の比，等温圧縮率 κ_T が臨界点近傍で温度に対してどのように振る舞うのか調べておこう．これはすでに調べており，結果は式 (11.64) であった．よって臨界点近傍では

3) いまの場合は，秩序変数は密度であったが，粒子数一定の条件から秩序変数を体積ととっても良い．体積に共役な力は圧力である．

$$\kappa_T \sim (T-T_c)^{-1} \tag{12.8}$$

と発散的に振る舞うことがわかる．べき指数 -1 も臨界指数であり慣習的に負号込みで $-\gamma$ と表される．よって $\gamma=1$ である．

ファン・デル・ワールス気体について求めた臨界指数をまとめると，

$$\beta=\frac{1}{2}, \quad \gamma=1, \quad \delta=3 \tag{12.9}$$

であった．ファン・デル・ワールス気体は実在気体の平均場近似であったので，実際の気液相転移の臨界点での臨界指数と比較してみよう．文献[4]によると，キセノンでは

$$\beta=0.350\pm0.04, \quad \gamma=1.21\pm0.17, \quad \delta=4.46\pm0.3 \tag{12.10}$$

である．また水に対して

$$\beta=0.350\pm0.013, \quad \gamma=1.22\pm0.06, \quad \delta=4.50\pm0.13 \tag{12.11}$$

という値が実験的に得られている．これはファン・デル・ワールス気体の値とは全然違うが，キセノンと水で驚くべきほど値が一致している．ファン・デル・ワールス気体は，実在気体の近似であったのでそもそも値がずれてしまうことはそう驚かないが，キセノンと水でほぼ同じ値が得られているのは臨界現象の大きな特徴である．あとで述べるが，臨界現象では物質の詳細に依存せず，相転移する相の対称性が相転移でどのように変化するかということが臨界指数を決定する．これを臨界現象の**普遍性**という．

12.3　磁性体の臨界現象：イジングモデル

臨界現象を別の例でも調べよう．ここでは磁性体を取り上げる．3 章で原子が二状態の磁気モーメントをもちそれぞれ独立に存在している系を考えた．実際の磁性体では磁気モーメント間に相互作用がある場合があり，一般にハミルトニアン H は

---

4) 少し古い文献なのだが例えば，J. M. H. L. Sengers and J. V. Sengers, “Universality of critical behavior in gases”, *Phys. Rev.* A, **12**, 2622 (1975).

$$H = \sum_i h_i S_i + \sum_{ij} J_{ij} S_i S_j + \sum_{ijk} K_{ijk} S_i S_j S_k + \cdots \tag{12.12}$$

という形を取る．S_i は磁気モーメントの状態を表す変数であるが，ボーア磁子などは h_i, J_{ij} などの係数に含ませ，$S_i = \pm 1$ という二状態を取るとする．h_i は各磁気モーメントにかかる磁場に相当する量であり，J_{ij}, K_{ijk} は電子が原子間を移動することに起因する磁気モーメント間の相互作用を表す係数である．二状態からなる磁気モーメントがこのようなハミルトニアンで相互作用するモデルを**イジング (Ising) モデル**と呼ぶ．また二状態を取る磁気モーメントを**イジングスピン**と呼ぶ．

12.3.1 1次元イジングモデル

まず N 個の磁気モーメントが1次元的にならんで相互作用している1次元のイジングモデルを考える．相互作用は二体相互作用で打ち切り，

$$J_{ij} = \begin{cases} -J & ij \text{ が隣り合っているとき} \\ 0 & \text{それ以外} \end{cases} \tag{12.13}$$

としよう．$J > 0$ とすると，隣り合った磁気モーメントの向きがそろったときにエネルギーが下がるので，**強磁性的な相互作用**と呼ばれる．また磁場は空間的に一様で，$h_i = -h$ $(h > 0)$ とする．このときハミルトニアンは，

$$H = -J \sum_{i=1}^{N} S_{i+1} S_i - h \sum_{i=1}^{N} S_i \tag{12.14}$$

となる．境界条件として，周期的境界条件 $S_{N+1} = S_1$ を採用しよう．

この設定のもと逆温度 β のカノニカル集団で取り扱おう．相互作用があってもなくても分配関数はすべての微視的状態に対して和を取れば良く，$\beta J = K, \beta h = G$ と置いて，

$$Z_N(\beta, h) = \sum_{S_1 = -1,1} \cdots \sum_{S_N = -1,1} \exp\left[K \sum_{i=1}^{N} S_{i+1} S_i + G \sum_{i=1}^{N} S_i \right] \tag{12.15}$$

である．この和を計算するために，隣り合った磁気モーメントの状態で行列要素が決定される 2×2 行列 M を

$$M_{S_{i+1},S_i}=\exp\left[KS_{i+1}S_i+\frac{G}{2}(S_{i+1}+S_i)\right] \tag{12.16}$$

という成分をもつものとして定義しよう．このとき，分配関数は

$$\begin{aligned}
Z_N(\beta,h)&=\sum_{S_1=-1,1}\cdots\sum_{S_N=-1,1}\exp\left[KS_1S_N+\frac{G}{2}(S_1+S_N)\right]\\
&\quad\times\exp\left[KS_NS_{N-1}+\frac{G}{2}(S_N+S_{N-1})\right]\times\cdots\\
&\quad\times\exp\left[KS_2S_1+\frac{G}{2}(S_2+S_1)\right]\\
&=\sum_{S_1=-1,1}\cdots\sum_{S_N=-1,1}M_{S_1,S_N}M_{S_N,S_{N-1}}\cdots M_{S_3,S_2}M_{S_2,S_1}\\
&=\mathrm{Tr}\,M^N
\end{aligned} \tag{12.17}$$

という形に，行列の積の定義とトレースの定義を使って書き直すことができる[5]．次に行列 M を行列 P を使って対角化すると，固有値を並べた対角行列 D が $D=P^{-1}MP$ と表され，

$$\begin{aligned}
Z_N(\beta,h)&=\mathrm{Tr}\,P^{-1}M^NP=\mathrm{Tr}\,P^{-1}MP\cdots P^{-1}MP\\
&=\mathrm{Tr}\,D^N=\lambda_1^N+\lambda_2^N
\end{aligned} \tag{12.18}$$

となる．ここで λ_1,λ_2 は行列 M の固有値

$$\begin{aligned}
\lambda_1&=e^K\left(\cosh G+\sqrt{\sinh^2 G+e^{-4K}}\right),\\
\lambda_2&=e^K\left(\cosh G-\sqrt{\sinh^2 G+e^{-4K}}\right)
\end{aligned} \tag{12.19}$$

である．分配関数は $Z_N(\beta,h)=\lambda_1^N+\lambda_2^N$ なのだが，二つの固有値がともに正で互いに一致することはないため，

$$Z_N(\beta,h)=\lambda_1^N\left(1+\left(\frac{\lambda_2}{\lambda_1}\right)^N\right) \tag{12.20}$$

と書いて，$\lambda_2/\lambda_1<1$ であることから，熱力学極限 $N\to\infty$ では大きい方の固有値

5) 相互作用のある系の分配関数を行列の積のトレースで表す方法を転送行列の方法と呼び，行列 M を**転送行列**と呼ぶ．

のみが自由エネルギーへの寄与を与える．よって熱力学極限で一格子点あたりのヘルムホルツの自由エネルギー $f(\beta,h)$ は

$$f(\beta,h)=\lim_{N\to\infty}\frac{F_N(\beta,h)}{N}=-J-k_{\mathrm{B}}T\log\left(\cosh G+\sqrt{\sinh^2 G+e^{-4K}}\right) \tag{12.21}$$

となる．

この結果から有限温度では自由エネルギーが常に解析的であり，何ら熱力学的な物理量の不連続性はないことがわかる．よって 1 次元のイジングモデルは有限温度で相転移は起きない．相転移の可能性があるのは絶対零度 $K\to\infty$ のみであり，そこでは e^{-4K} が無視できるので，根号から $\sqrt{\sinh^2 G}=|\sinh G|$ という形の非解析性が現れる．絶対零度での振る舞いを調べるため $e^{-4K}=0$ として，

$$\cosh G+\sqrt{\sinh^2 G}=\begin{cases}\cosh G+\sinh G=e^{G} & G>0\\ \cosh G-\sinh G=e^{-G} & G<0\end{cases} \tag{12.22}$$

であるから，

$$\cosh G+\sqrt{\sinh^2 G}=e^{|G|} \tag{12.23}$$

となり，熱力学極限での一格子点あたりの自由エネルギー $f(\beta,h)$ は，絶対零度で

$$\lim_{\beta\to\infty}f(\beta,h)=-J-|h| \tag{12.24}$$

となる．この自由エネルギーの値はすべての磁気モーメントが磁場の向きを向いてそろっている微視的状態に対応する．またこの自由エネルギーは磁場に関して微分が不連続であり，一格子点あたりの磁化 m が絶対零度で

$$m=-\lim_{\beta\to\infty}\frac{\partial f(\beta,h)}{\partial h}=\begin{cases}1 & h>0\\ -1 & h<0\end{cases} \tag{12.25}$$

となる．ただ 1 次元のイジングモデルでは，磁化に対して前節で見たような形のべき則で記述される臨界現象は定義できない．

有限温度の性質も見ておこう．磁化は

$$m=-\frac{\partial f(\beta,h)}{\partial h}=\frac{\sinh G}{\sqrt{\sinh^2 G+e^{-4K}}} \tag{12.26}$$

となる．相互作用エネルギーや磁場のエネルギーと比較して温度が高い場合には，$G\simeq K\simeq 0$ であり磁化は $m=0$ である．有限温度で磁場の絶対値が小さくなると $|G|\ll 1$ で，$m\simeq Ge^{2K}$ となり磁場に比例した磁化が発生する．逆に有限温度で磁場の絶対値が大きくなると $|G|\gg K$ であり，絶対零度で見たように，磁場の符号に応じて磁化が ± 1 の値に漸近する．また一格子点あたりの**帯磁率** χ_T は

$$\chi_T=\left(\frac{\partial m}{\partial h}\right)_T=\frac{\beta e^{-4K}\cosh G}{\left(\sinh^2 G+e^{-4K}\right)^{3/2}} \tag{12.27}$$

である．磁場の絶対値が小さいとき，ゼロ磁場近傍では，

$$\chi_T\simeq\beta e^{2K}=\frac{e^{2J/k_{\mathrm{B}}T}}{k_{\mathrm{B}}T} \tag{12.28}$$

となり，高温では $\chi_T\sim 1/k_{\mathrm{B}}T$ という**キュリーの法則**を示す．相互作用エネルギーと比較して高温では相互作用の効果が無視できるため，独立した磁気モーメントと同じ常磁性の性質を示すのは自然である．一方低温では，$e^{2J/k_{\mathrm{B}}T}$ により絶対零度に向かって指数関数的に帯磁率が発散することがわかる．

12.3.2 2 次元イジングモデル

1 次元のイジングモデルでは有限温度で相転移が起きずべき則を示す臨界現象が見られなかった．強磁性相互作用によって有限な磁化をもつ状態がエネルギー的に有利になるモデルなのだが，1 次元では熱ゆらぎによってそのような状態が乱されてしまうためである．そこで空間次元を上げて 2 次元正方格子上のイジングモデルを考察しよう．2 次元では相互作用する磁気モーメントの数が増え，有限な磁化をもつ状態がより安定になると考えられる．

ハミルトニアンは，一辺 L 個の格子点をもつ 2 次元正方格子 (格子点数 $N=L^2$) 上で定義され，格子点 (i,j) 上のイジングスピンを $S_{i,j}$ として

$$H=-J\sum_{i=1}^{L}\sum_{j=1}^{L}\left(S_{i,j}S_{i+1,j}+S_{i,j}S_{i,j+1}\right)-h\sum_{i=1}^{L}\sum_{j=1}^{L}S_{i,j} \tag{12.29}$$

であり，1 次元と同様に周期境界条件 $S_{i+L,j}=S_{i,j+L}=S_{i,j}$ を課す．分配関数は

$$Z_N(\beta,h) = \sum_{\{S_{i,j}\}} \exp[-\beta H] \tag{12.30}$$

である．$\sum_{\{S_{i,j}\}}$ ですべての微視的状態についての和を取ることを表す．

この分配関数は，$h=0$ のときに厳密に計算できることが知られているのだがそれは後に回し，まずは平均場近似で分配関数を計算してみよう．磁気モーメントの相互作用項を磁気モーメントの熱平衡での期待値を使って以下のように変形する．

$$\begin{aligned} S_{i,j}S_{i+1,j} = {} & S_{i,j}\langle S_{i+1,j}\rangle_{\mathrm{eq}} + \langle S_{i,j}\rangle_{\mathrm{eq}} S_{i+1,j} - \langle S_{i,j}\rangle_{\mathrm{eq}}\langle S_{i+1,j}\rangle_{\mathrm{eq}} \\ & + (S_{i,j} - \langle S_{i,j}\rangle_{\mathrm{eq}})(S_{i+1,j} - \langle S_{i+1,j}\rangle_{\mathrm{eq}}). \end{aligned} \tag{12.31}$$

元のハミルトニアンに代入し，磁気モーメントの熱平衡での期待値が空間的に一様な磁化 $\langle S_{i,j}\rangle_{\mathrm{eq}} = \langle S_{i+1,j}\rangle_{\mathrm{eq}} = m$ であると仮定し，$S_{i,j}S_{i,j+1}$ も同様に処理すると

$$\begin{aligned} H = {} & -J\sum_{i=1}^{L}\sum_{j=1}^{L}(S_{i,j}m + mS_{i,j+1} + S_{i,j}m + mS_{i+1,j}) - h\sum_{i=1}^{L}\sum_{j=1}^{L}S_{i,j} + 2Jm^2N \\ & -J\sum_{i=1}^{L}\sum_{j=1}^{L}((S_{i,j}-m)(S_{i,j+1}-m) + (S_{i,j}-m)(S_{i+1,j}-m)) \end{aligned} \tag{12.32}$$

となる．これは磁化の一様性は仮定したがまだ厳密である．第一項の格子点に対する和でインデックスの付け替えと周期境界条件を使うと，

$$\begin{aligned} H = {} & -4mJ\sum_{i=1}^{L}\sum_{j=1}^{L}S_{i,j} - h\sum_{i=1}^{L}\sum_{j=1}^{L}S_{i,j} + 2Jm^2N \\ & -J\sum_{i=1}^{L}\sum_{j=1}^{L}((S_{i,j}-m)(S_{i,j+1}-m) + (S_{i,j}-m)(S_{i+1,j}-m)) \end{aligned} \tag{12.33}$$

となる．第一項にある 4 は最近接格子点の数である．ここで最後の項にある磁気モーメントの隣の格子点との相関 $(S_{i,j} - \langle S_{i,j}\rangle_{\mathrm{eq}})(S_{i,j+1} - \langle S_{i,j+1}\rangle_{\mathrm{eq}})$，$(S_{i,j} - \langle S_{i,j}\rangle_{\mathrm{eq}})(S_{i+1,j} - \langle S_{i+1,j}\rangle_{\mathrm{eq}})$ が十分小さく無視できるとしよう．これは熱平衡での期待値からのゆらぎが小さいという近似でもある．このとき，ハミルトニアンは

$$H = -4mJ\sum_{i=1}^{L}\sum_{j=1}^{L}S_{i,j} - h\sum_{i=1}^{L}\sum_{j=1}^{L}S_{i,j} + 2Jm^2N \tag{12.34}$$

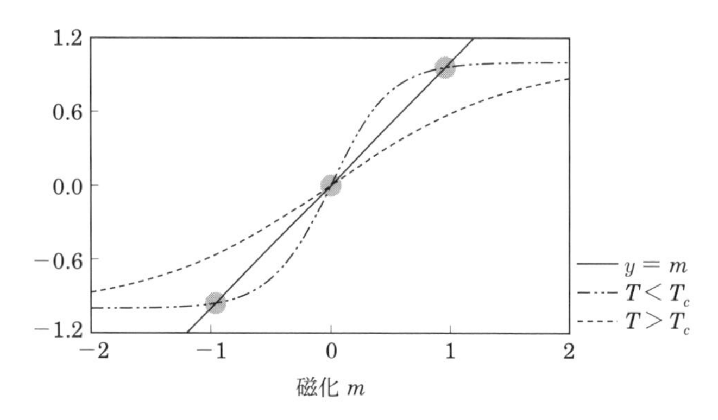

図 12.2 自己無撞着方程式のグラフを使った解法．$k_{\mathrm{B}}T_c=4J$ として $\tanh(4mJ/k_{\mathrm{B}}T)$ を $T>T_c$ の場合と $T<T_c$ の場合にプロットした．直線 $y=m$ とこの曲線が交わる点の値が磁化の値である．

と近似できる．これは磁気モーメント間の相互作用が，まわりの磁気モーメントの平均的な値である磁化と相互作用している形に置き換わっており磁気モーメント間の相関を無視した**平均場近似**になっている．

独立な磁気モーメントの集合の形にハミルトニアンが変形できたので，これを調べるのは非常に易しい．この形は3章ですでに取り扱っており，例えば一格子点あたりの磁化 m は

$$m=\tanh\frac{4mJ+h}{k_{\mathrm{B}}T} \tag{12.35}$$

となる．これは事前に値を決めずにハミルトニアンに導入した磁化 m を両辺に含むので，この方程式から磁化の値 m を矛盾がないように決めることになる．このような方程式を**自己無撞着 (self consistent) 方程式**と呼ぶ．

自己無撞着方程式で磁場が0の場合，

$$m=\tanh\frac{4mJ}{k_{\mathrm{B}}T} \tag{12.36}$$

を解いてみよう．このとき解として0でない磁化 m が得られると，系には**自発磁化**があるという．強磁性イジングモデルで磁場が0にも関わらず有限の磁化が存在するとき，系は**強磁性相**にあるといい，自発磁化は強磁性相の秩序変数である．

グラフを使うと自己無撞着方程式を解くことができる．図12.2のように横軸

を m とし，縦軸 y の値を $y=\tanh(4mJ/k_{\mathrm{B}}T)$ としてプロットする．この曲線と $y=m$ の直線が交わる点が自発磁化の値になる．温度のスケールを $k_{\mathrm{B}}T_c=4J$ と定義して，$T>T_c$ の場合，交点の値が 0 であり自発磁化はない．また $T<T_c$ の場合には，交点が $\pm m_0,0$ と三つ得られ，自発磁化の値としては $\pm m_0$ となる[6)]．ちょうど $T=T_c$ で，自発磁化が 0 から有限の値を取り始めるので $T=T_c$ が転移点であり，また磁化が連続的に変化しているので臨界点である．いま自発磁化の値としては $\pm m_0$ の二つの値を取り得る．この値のどちらが実現するかは，磁場が 0 の場合には決まらず，1/2 の確率でどちらかの値が選ばれる．元々のハミルトニアンで $h=0$ のときは $S_{i,j}\to -S_{ij}$ と磁気モーメントの符号を変えてもハミルトニアンは不変であるという対称性があるが[7)]，強磁性相で実現する自発磁化をもつ状態はその対称性が破れている．相転移にともない，元々ハミルトニアンがもっていた対称性を破った状態が実現することを，**自発的対称性の破れ**と呼ぶ[8)]．

この臨界点での臨界現象を調べてみよう．自己無撞着方程式で $4J=k_{\mathrm{B}}T_c$ として，

$$m=\tanh\left(\beta h+\frac{T_c}{T}m\right) \tag{12.37}$$

となる．双曲線関数の加法定理を使って tanh を展開し h について解くと，

$$\tanh(\beta h)=\frac{m-\tanh\left(\dfrac{T_c}{T}m\right)}{1-m\tanh\left(\dfrac{T_c}{T}m\right)} \tag{12.38}$$

である．臨界点近傍では m は小さく，また h も小さい状況なので，両辺 m,h で展開すると，

$$\beta h\simeq m\left(1-\frac{T_c}{T}\right)+m^3\left(\frac{T_c}{T}-\left(\frac{T_c}{T}\right)^2+\frac{1}{3}\left(\frac{T_c}{T}\right)^3\right)+\cdots \tag{12.39}$$

6) 自発磁化が 0 の解は不安定であり，$\pm m_0$ のどちらかが実現する．

7) Z_2 対称性と呼ぶ．

8) いまの平均場近似では明確にわからないが，自発的対称性の破れは熱力学極限で生じる．系の大きさが有限の場合，強磁性相が実現するような低温でも磁化が $+m_0$ の状態と $-m_0$ の状態が熱ゆらぎで入れ替わることがある．よって有限の大きさの系では対称性は自発的に破られず，状態はもとのハミルトニアンと同じ対称性をもつ．

となる．臨界現象を調べるためには，このオーダーまでの展開で十分である．$h=0$ のとき，自発磁化の臨界現象は展開 (12.39) から m^2 について解き，T_c-T の 1 次まで取ると

$$m^2 \simeq 3\left(\frac{T_c-T}{T_c}\right), \quad T \nearrow T_c \tag{12.40}$$

となる．自発磁化は $T=T_c$ で 0 から温度差の 1/2 乗で絶対値が大きくなり，$m \sim (T_c-T)^\beta$ で定義される臨界指数 β は 1/2 である．また臨界点直上 $T=T_c$ では展開 (12.39) から

$$\beta h \simeq \frac{1}{3}m^3 \tag{12.41}$$

であるから，$h \sim m^\delta$ で定義される臨界指数 δ は 3 と求まる．さらに，ゼロ磁場での格子点あたりの帯磁率 $\chi_T=\partial m/\partial h$ を調べよう．展開 (12.39) を h で微分して

$$\beta \simeq \chi_T\left(1-\frac{T_c}{T}\right)+3m^2\chi_T\left(\frac{T_c}{T}-\left(\frac{T_c}{T}\right)^2+\frac{1}{3}\left(\frac{T_c}{T}\right)^3\right) \tag{12.42}$$

を得る．$T>T_c$ ではゼロ磁場で $m=0$ なので，

$$\beta \simeq \chi_T\left(1-\frac{T_c}{T}\right) \tag{12.43}$$

となり，

$$\chi_T \simeq \frac{1}{k_{\mathrm{B}}(T-T_c)} \tag{12.44}$$

と臨界点に向かって $T \searrow T_c$ で正の無限大に発散し，$\chi_T \sim |T-T_c|^{-\gamma}$ で定義される臨界指数 γ は 1 となる．$T<T_c$ では，自発磁化の 2 乗 m^2 の温度依存性を使って，T_c-T の 1 次までで

$$\beta \simeq \chi_T\left(1-\frac{T_c}{T}\right)+3\left(\frac{T_c-T}{T_c}\right)\chi_T \tag{12.45}$$

であるから

$$\chi_T \simeq \frac{1}{2k_{\mathrm{B}}(T_c-T)} \tag{12.46}$$

となる．よって強磁性相から転移点に近づいても，臨界指数 γ は高温側から臨界点に近づいたときと同じ 1 となる．

比熱の振る舞いも見ておこう．ハミルトニアンから内部エネルギーの期待値が

$$E=-2NJm^2-Nhm \tag{12.47}$$

となることはすぐにわかる．磁場 $h=0$ のときの一格子点あたりの比熱 C は $T>T_c$ のとき $m=0$ であるから

$$C=0, \quad T>T_c \tag{12.48}$$

となる．また $T<T_c$ では，臨界点近傍で $m^2\simeq 3\left(\frac{T_c-T}{T_c}\right)$ であるから，

$$C=\frac{d}{dT}\left(\frac{E}{N}\right)=\frac{6J}{T_c}=\frac{3k_{\mathrm{B}}}{2}, \quad T\nearrow T_c \tag{12.49}$$

となる．よって比熱は臨界点で不連続に振る舞う．一般に比熱に対する臨界的振る舞いを

$$C\sim|T-T_c|^{-\alpha} \tag{12.50}$$

と書いて比熱に関する臨界指数 α を定義する．いまの場合，比熱は不連続なので α は定義されないが，よく $\alpha=0$ として，「不連続」と明記することがある[9)]．

ここでは計算しないが，格子点 (i,j) (位置ベクトル $\boldsymbol{r}_{i,j}$) と格子点 (k,l) (位置ベクトル $\boldsymbol{r}_{k,l}$) にある磁気モーメントの相関関数

$$G(\boldsymbol{r}_{i,j}-\boldsymbol{r}_{k,l})=\langle S_{i,j}S_{k,l}\rangle_{\mathrm{eq}}-\langle S_{i,j}\rangle_{\mathrm{eq}}\langle S_{k,l}\rangle_{\mathrm{eq}} \tag{12.51}$$

が，$\boldsymbol{r}=\boldsymbol{r}_{i,j}-\boldsymbol{r}_{k,l}$ として一般的に

$$G(\boldsymbol{r})\sim\frac{e^{-|\boldsymbol{r}|/\xi}}{|\boldsymbol{r}|^{(d-1)/2}} \tag{12.52}$$

と振る舞うことが知られている．ここで d は空間次元であり，ξ は相関長と呼ばれる物理量である．この相関長にも臨界的振る舞いが知られており，臨界点近傍で

9) 対数で発散する場合も $\alpha=0$ として「対数発散」と明記する．

$$\xi \sim |T-T_c|^{-\nu} \tag{12.53}$$

と臨界指数 ν で発散する．強磁性イジングモデルの平均場近似では $\nu=1/2$ が得られる．また，臨界点直上で相関関数自体が，

$$G(\boldsymbol{r}) \sim |\boldsymbol{r}|^{-(d-2+\eta)} \tag{12.54}$$

とべき的に減衰することから，相関関数の臨界指数 η が定義される．いまの平均場近似では $\eta=0$ であることが知られている．

ここで得られたすべての臨界指数は，ファン・デル・ワールス気体の場合とまったく同じ臨界指数である．これは偶然ではなく，平均場近似ではある特徴的な指数が得られることが知られている．では平均場近似が臨界現象を良い精度で記述しているかというとそうではない．例えば，帯磁率が臨界点で発散する結果を得たが，そもそも一格子点あたりの帯磁率は

$$\chi_T = \frac{1}{Nk_{\mathrm{B}}T} \sum_{i,j,k,l} \left(\langle S_{i,j} S_{k,l} \rangle_{\mathrm{eq}} - \langle S_{i,j} \rangle_{\mathrm{eq}} \langle S_{k,l} \rangle_{\mathrm{eq}} \right) \tag{12.55}$$

であるので (章末演習問題 12.2)，帯磁率が臨界点で発散するということは，磁気モーメント間の相関が臨界点で発散的に大きくなっていることを示している．これは，平均場近似で相関が小さいとして落とした項の期待値が臨界点近傍で無視できないことを表しており，臨界点近傍で平均場近似の精度は良くないことを表している．

実際，厳密に計算された結果と比較してみよう．先に述べたように2次元正方格子上の強磁性イジングイジングモデルのゼロ磁場での分配関数は**オンサーガー** (Onsager) によって厳密に計算されている[10]．その結果は，

$$Z_N(\beta,0) = 2^N (1-x^2)^{-N} \prod_{p,q=0}^{L-1} \left[(1+x^2)^2 - 2x(1-x^2) \left(\cos\frac{2\pi p}{L} + \cos\frac{2\pi q}{L} \right) \right]^{1/2} \tag{12.56}$$

10) この結果は1944年に初めて得られた (L. Onsager, *Phys. Rev.*, **65**, 117 (1944))．オンサーガーの解法は難しいが，L. D. ランダウ，E. M. リフシッツ (著)，小林秋男，小川岩雄，富永五郎，浜田達二，横田伊佐秋 (訳)『統計力学』第3版，岩波書店 (1980)，§. 151 で説明されているヴドヴィチェンコの方法は比較的初等的でわかりやすい．

となる．ここで $x = \tanh\beta J$ である．一格子点あたりのヘルムホルツの自由エネルギーの熱力学極限での値は,

$$
\begin{aligned}
f(\beta,0) &= \lim_{N\to\infty} \frac{F_N(\beta,0)}{N} \\
&= -k_{\mathrm{B}}T\Big[\log 2 \\
&\quad + \frac{1}{8\pi^2}\iint_0^{2\pi} dk_x dk_y \log\left(\cosh^2(2\beta J) - \sinh(2\beta J)(\cos k_x + \cos k_y)\right)\Big]
\end{aligned} \tag{12.57}
$$

となる．この表現から熱力学量の特異性は log から現れることがわかる．十分高温 $\beta \simeq 0$ では log の引き数はほぼ 1 だが，温度が下がると，引き数の最小値 $\cosh^2(2\beta J) - 2\sinh(2\beta J)$ がある温度で 0 になる．このときの温度が臨界点に対応する[11]．臨界点での逆温度を β_c とすると，

$$
\cosh^2(2\beta_c J) = 2\sinh(2\beta_c J) \tag{12.58}
$$

を満たす．これを温度について解いて，

$$
k_{\mathrm{B}}T_c = \frac{2}{\log(1+\sqrt{2})} J \simeq 2.27J \tag{12.59}
$$

となる．平均場近似では $k_{\mathrm{B}}T_c = 4J$ だったことと比較すると，厳密な結果ではより低温側に臨界温度が下がる．これは平均場近似では無視した磁気モーメントのゆらぎのために磁気モーメントのそろった強磁性状態の成長が抑えられていることの反映である．また，臨界指数も計算されており，

$$
\alpha = 0\ (\text{対数発散}), \quad \beta = \frac{1}{8}, \quad \gamma = \frac{7}{4}, \quad \delta = 15, \quad \nu = 1 \tag{12.60}
$$

などと得られている[12]．これは明らかに平均場近似の臨界指数とは異なる．

また平均場近似では，臨界指数は空間次元に依存しないが (章末演習問題 12.3)，実際の系では空間次元に依存する．例えば，3 次元正方格子上の強磁性イジング

11) 臨界点以外では引き数の最小値は常に正であり，臨界点でのみ 0 になる．

12) これらの臨界指数がすべて有理数であることは 2 次元の共形場理論から理解され，臨界現象が数理的に奥深い構造をもつことの一つの表れである．

モデルでは，臨界指数が数値計算により

$$
\begin{aligned}
&\alpha=0.110\pm0.001, \quad \beta=0.3265\pm0.0003, \quad \gamma=1.2372\pm0.0005 \\
&\delta=4.789\pm0.02, \quad \nu=0.6301\pm0.0004
\end{aligned}
\tag{12.61}
$$

と得られており[13]，2 次元の値とは大きく異なる．

12.4 臨界現象の普遍性

前々節の最後でキセノンと水の気液転移の臨界点での臨界指数を (12.10) と (12.11) に，前節の最後で 3 次元の強磁性イジングモデルの強磁性転移における臨界指数を (12.61) に示した．それらの値は非常に近い値であり，これは偶然ではない．実は臨界現象は物質の詳細に依存せず，相転移する相の対称性が相転移でどのように変化するかということで決定されている．これを**臨界現象の普遍性** **(universality)** という．実在気体の気液転移の臨界点における相転移と強磁性イジングモデルの強磁性転移は Z_2 対称性という対称性で特徴づけられ，強磁性イジングモデルではこの Z_2 対称性は磁気モーメントの符号の入れ替えである S_i と $-S_i$ の入れ替えに対してハミルトニアンが不変であることに対応している[14]．この Z_2 対称性は常磁性相から強磁性相に相転移するときに，自発磁化の符号が強磁性相で $\pm$ のどちらか一方に決まってしまうことで自発的に破れる．これを**自発的対称性の破れ**という．

この例は秩序変数がスカラーで対称性が Z_2 であったが，他にもさまざまな秩序変数と対称性の組み合わせが存在する．例えば，ベクトル的な回転が許される古典的磁気モーメントが強磁性的な相互作用をする**ハイゼンベルグ (Heisenberg) モデル**では，ハミルトニアンは

$$
H=-J\sum_{i,j}\boldsymbol{S}_i\cdot\boldsymbol{S}_j \tag{12.62}
$$

---

13) A. Pelissetto and E. Vicari, "Critical phenomena and renormalization-group theory", *Phys. Rep.*, **368**, 549, (2002) を参考にした．

14) 実在気体の気液臨界点で Z_2 対称性をあらわに見るのは難しいが，気体分子が動く空間を格子点上に制限した格子気体モデルでは，イジングモデルとほぼ同じハミルトニアンをもち Z_2 対称性も明らかである．

という形をしており，磁気モーメントは $\boldsymbol{S}_i=(S_i^x,S_i^y,S_i^z)$ というベクトル値を取る．この磁気モーメントの各成分には，磁気モーメントの大きさが一定なので $(S_i^x)^2+(S_i^y)^2+(S_i^z)^2=S^2$ という条件が課される．この系ではすべての磁気モーメントを3次元的に回転させてもハミルトニアンは不変であり，この回転に対する $O(3)$ 対称性がある．ハイゼンベルグモデルは3次元正方格子上の格子点に磁気モーメントがあるときは有限温度で連続転移を示すことが知られており，低温で生じる強磁性相では $O(3)$ 対称性が自発的に破れ3次元のベクトル値の秩序変数である自発磁化が有限の大きさをもってある特定の向きを向く．

異なる連続転移が同じ臨界指数の組をもつとき，同じ**普遍性クラス**に属するという．普遍性クラスは，ハミルトニアンのもつ対称性 (相転移で自発的に破れる対称性) と，空間次元，相互作用の到達距離で決まり，それ以外のモデルの詳細には依存しない．臨界点で相関長が発散することで系の状態は「ならされて」しまうので，ミクロな長さスケールの詳細に依存しないことはある程度想像はできる．より深く正しく理解するにはくりこみ群などによる理論的考察が必要であるが，この本では取り扱わない．

12.5 スケール不変性とスケーリング関係式

臨界点で相関関数がべき的に減衰するが，これは臨界点では特徴的な長さスケールが存在しないことを意味している．また臨界現象で物理量のべき的な振る舞いが現れたのもスケール不変性の表れである．以下ではスケール変換に対する自由エネルギーの変換性を考察し臨界指数の間の関係を導いてみよう．スケール変換を考えるために，まず具体的に臨界点近傍の状態を見てみよう．図 12.3 に2次元正方格子強磁性イジングモデルの臨界点近傍での状態を示した．一辺 $L=100$ の熱平衡状態を**モンテカルロ法**と呼ばれる数値シミュレーションの方法で一つ生成し，その微視的状態を図の左に示してある[15]．白黒が磁気モーメントの二つの値

15) モンテカルロ法はコンピューター上で数値的に熱平衡状態を生成する方法である．例えば，川村 光『パリティ物理学コース　統計物理』丸善出版 (1997)，5 章に解説がある．図 12.3 左の微視的状態は Julia というプログラミング言語の Ising2D パッケージ (黒木玄，`https://github.com/genkuroki/Ising2D.jl`) をもちいて生成した．

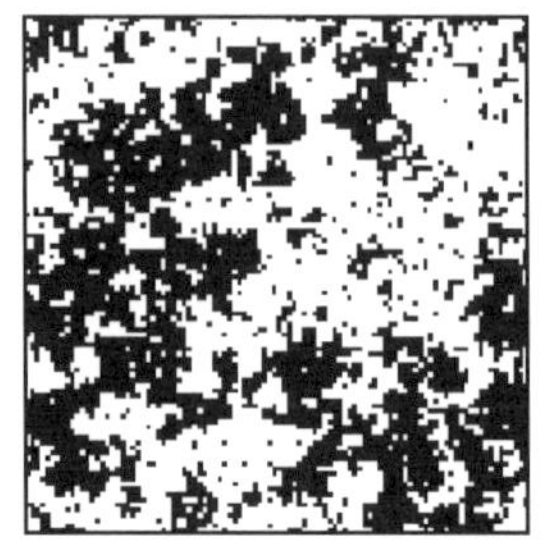 

図 12.3 2 次元イジングモデルの臨界点近傍での状態．左は $L=100$ の系のある微視的な熱平衡状態であり，モンテカルロ法と呼ばれる手法で生成した．黒が $S_i=+1$，白が $S_i=-1$ を表す．右はその状態を 5×5 格子点ごとに粗視化したもので，元の系の 5×5 格子点の磁化の符号で粗視化した状態の磁気モーメントの値を ±1 に決めた．

±1 を表す．臨界点近傍なのでさまざまな長さスケールをもつ磁気モーメントの値のそろったクラスター (同じ色のひとかたまり) が見られる．この状態に対し，5×5 格子点ごとに粗視化 (スケール変換) を行ってみよう．粗視化の方法として，元の系を 5×5 の正方格子ごとに分け，その格子点上の磁化の和の符号で新しい状態の磁気モーメントの値を ±1 に決めた．このような変換を**ブロックスピン変換**と呼ぶ．粗視化した結果を右に示す．臨界点近傍であるため，粗視化した状態でも，格子点数は減っているものの，さまざまな長さスケールをもったクラスターが見られる．

このような状況をスケール変換として考えよう．d 次元の超立方体上で系を考え，系の一辺の長さを L とする．臨界点近傍で自由エネルギーの非解析的に振る舞う部分 F_s が，臨界温度で無次元化した温度 $\theta=\dfrac{T-T_c}{T_c}$，外場 h，システムの線形サイズ L の関数であるとする．

$$F_s=F_s(\theta,h,L). \tag{12.63}$$

この状況で系をある長さスケール λ を使って粗視化しよう．一般に臨界点近傍で粗視化すれば，粗視化した系は臨界点から遠ざかる状態になる[16)]．この効果をス

16) 臨界点よりわずかに温度が低い状態で粗視化を繰り返すと，磁化がそろった状態の中の熱ゆらぎによる小さな逆向きの磁化をもつクラスターは消えていく．これは実効的に温度が下がることに対応する．わずかに高温の場合は逆に，実効的に温度が上がる．

ケール変換により温度，外場がどのようにくりこまれるかを表す指数 y_θ, y_h を使って，$\theta, h \to \lambda^{y_\theta}\theta, \lambda^{y_h}h$ と表す．粗視化は，あくまで系の見方を変える操作なので，自由エネルギーの値自体は不変である，

$$F_s(\theta,h,L)=F_s(\lambda^{y_\theta}\theta,\lambda^{y_h}h,L/\lambda) \tag{12.64}$$

と仮定しよう．熱力学極限を考えたいので，一格子点あたりの自由エネルギー f_s で書き直すと，

$$\begin{aligned} f_s(\theta,h,L) &= \frac{1}{L^d}F_s(\theta,h,L)=\frac{1}{L^d}F_s(\lambda^{y_\theta}\theta,\lambda^{y_h}h,L/\lambda) \\ &= \frac{1}{\lambda^d}\frac{\lambda^d}{L^d}F(\lambda^{y_\theta}\theta,\lambda^{y_h}h,L/\lambda) \\ &= \frac{1}{\lambda^d}f_s(\lambda^{y_\theta}\theta,\lambda^{y_h}h,L/\lambda) \end{aligned} \tag{12.65}$$

となる．途中，長さ L/λ の系では自由度の数が L^d/λ^d になっていることを使って一格子点あたりの自由エネルギーの値に変更した．よって，熱力学極限で，一格子点あたりの自由エネルギーの非解析的な部分には

$$f_s(\theta,h)=\lambda^{-d}f_s(\lambda^{y_\theta}\theta,\lambda^{y_h}h) \tag{12.66}$$

という関係がある．また相関長 $\xi(\theta,h)$ は，粗視化によって長さが短くなるので

$$\frac{\xi(\theta,h)}{\lambda}=\xi(\lambda^{y_\theta}\theta,\lambda^{y_h}h) \tag{12.67}$$

となる．

いま長さスケールは任意なので，$\lambda^{y_\theta}\theta=\mathrm{sgn}(\theta)$ となるような長さスケール λ を選ぶと[17]，

$$\lambda=|\theta|^{-1/y_\theta} \tag{12.68}$$

である．これを自由エネルギーに代入して，

$$f_s(\theta,h)=|\theta|^{d/y_\theta}f_s(\mathrm{sgn}(\theta),h/|\theta|^{y_h/y_\theta}) \tag{12.69}$$

17) sgn は符号関数であり，引き数の符号に応じて ±1 を返す．θ は正負の値を取りえるが λ は正の値を取るため符号関数を使った．

となる．また

$$\xi(\theta,h)=|\theta|^{-1/y_\theta}\xi(\mathrm{sgn}(\theta),h/|\theta|^{y_h/y_\theta}) \tag{12.70}$$

を得る．ここで

$$f_s(\pm 1,x)=X_\pm(x),\qquad \xi(\pm 1,x)=Y_\pm(x) \tag{12.71}$$

と置く．$X_\pm(x),Y_\pm(x)$ はともに解析的で $x=0$ で 0 でない値を取る関数だと仮定する．

これらの関係から臨界指数の間の関係を得ることができる．例えば，相関長の表現で $h=0$ と取ると，

$$\xi=|\theta|^{-1/y_\theta}Y_\pm(0) \tag{12.72}$$

となって，相関長の臨界的振る舞いが再現される．このとき $\nu=1/y_\theta$ である．また自由エネルギーの表現から，自発磁化 m は

$$m\sim\left.\frac{\partial f}{\partial h}\right|_{h=0}\sim|\theta|^{(d-y_h)/y_\theta}X'_\pm(0) \tag{12.73}$$

となり，

$$\beta=\frac{d-y_h}{y_\theta} \tag{12.74}$$

となる．ゼロ磁場での一格子点あたりの帯磁率は

$$\chi\sim\left.\frac{\partial m}{\partial h}\right|_{h=0}\sim|\theta|^{-(2y_h-d)/y_\theta} \tag{12.75}$$

となり，

$$\gamma=\frac{2y_h-d}{y_\theta} \tag{12.76}$$

である．同様の考え方で

$$\delta=\frac{y_h}{d-y_h},\qquad \alpha=2-\frac{d}{y_\theta} \tag{12.77}$$

を得る (章末演習問題 12.4)．よって

$$\nu d = 2-\alpha = 2\beta+\gamma = \beta(\delta+1) = \gamma\frac{\delta+1}{\delta-1} \tag{12.78}$$

という臨界指数の間の関係式が導かれる．これを**スケーリング関係式**と呼ぶ．2次元強磁性イジングモデルの臨界指数や3次元強磁性イジングモデルの臨界指数はこの関係を満たしている．

コラム◉相対エントロピーと統計力学

統計力学は情報理論とも関係が深い．これまでにシャノンエントロピーが出てきたが，情報理論で**相対エントロピー**または**カルバック (Kullback)–ライブラー (Leibler) ダイバージェンス**と呼ばれる量も重要である．

同じ定義域で定義されている二つの確率分布 $\boldsymbol{P},\boldsymbol{Q}$ に対して，

$$\mathcal{D}(\boldsymbol{P}\|\boldsymbol{Q}) = \sum_i p_i \log\frac{p_i}{q_i} \tag{12.79}$$

という量を，相対エントロピーとして定義する．この量は非負 ($\mathcal{D}(\boldsymbol{P}\|\boldsymbol{Q})\geq 0$) であり，確率分布が完全に一致するときに0，異なるときには正の値を取る．ある i に対して，$p_i\neq 0, q_i=0$ のときは $\mathcal{D}(\boldsymbol{P}\|\boldsymbol{Q})=\infty$ と定義する．この量は二つの確率分布の類似度を表し一種の「距離」として見なすことができるが，$\mathcal{D}(\boldsymbol{P}\|\boldsymbol{Q})\neq\mathcal{D}(\boldsymbol{Q}\|\boldsymbol{P})$ なので厳密な意味で距離ではない．

非負性は以下のように示すことができる．$f(x)=x-1-\log x$ とし $f(x)$ の x についての二階微分を取ると $f(x)$ は下に凸であることがわかり，$x=1$ のとき傾きが0，また $f(1)=0$ であるから $f(x)\geq 0$ である．よって $\log(1/x)\geq 1-x$．これを相対エントロピーに使うと，

$$\mathcal{D}(\boldsymbol{P}\|\boldsymbol{Q}) = \sum_i p_i \log\frac{p_i}{q_i} \geq \sum_i p_i\left(1-\frac{q_i}{p_i}\right) = 0 \tag{12.80}$$

となって，等号は $p_i=q_i$ で成立する．

相対エントロピーと統計力学との関係をいくつか見ておこう．

- **熱力学との関係:**

  シャノンエントロピーは本質的に一様分布との相対エントロピーである．

$$S(\boldsymbol{P}) \propto -\mathcal{D}(\boldsymbol{P} \| \text{一様分布}). \tag{12.81}$$

カノニカル集団やグランドカノニカル集団では，エネルギー一定や粒子数一定の拘束条件の下，等重率の原理で実現する一様分布との相対エントロピーを最小にする分布が実現していると考えることができる．

- **平均場近似への応用:**
  参照となる確率分布 $\boldsymbol{Q}$ を真に計算したいハミルトニアン H のカノニカル分布にとる．比較する確率分布 $\boldsymbol{P}$ を，計算が簡単な一体問題のものなどのハミルトニアン $H_0(\alpha)$ のカノニカル分布に取る．α は磁場などの適当なパラメーターである．相対エントロピーを計算すると，

$$\mathcal{D}(\boldsymbol{P} \| \boldsymbol{Q}) = -\beta \langle H_0(\alpha) \rangle_0 + \beta F_0(\alpha) + \beta \langle H \rangle_0 - \beta F \tag{12.82}$$

  となる．ここで $\langle \cdots \rangle_0$ は $\boldsymbol{P}$ による期待値であり，F_0 は H_0 での，F は H での自由エネルギーである．非負性を使うと，

$$\langle H \rangle_0 - \langle H_0(\alpha) \rangle_0 + F_0(\alpha) \geq F \tag{12.83}$$

  を得る．これは**ファインマン (Feynman) の不等式**[18]と呼ばれる不等式であり，適当に取った計算が簡単なハミルトニアンで求められる左辺が必ず真の自由エネルギー F 以上であることを保証する．さらに α を最適化して左辺の最小値を取ることで，よりよい真の自由エネルギーの近似を得ることができる．この不等式をイジングモデルに応用すると，α を決める式は平均場近似での自己無撞着方程式になる．

- **マルコフ過程の H 関数:**
  微視的状態の集合 $\mathcal{S} = \{x_1, x_2, \cdots\}$ に対する確率分布 $\boldsymbol{P}$ が時間発展するとしよう．時刻 n の確率分布を $\boldsymbol{P}^n = (p_1^n, p_2^n, \cdots)^T$ と書く[19]．この分布の時間発展が離散状態の**マルコフ (Markov) 過程**とよばれるダイナミクスによって，時刻 n から時刻 $n+1$ へ

---

18) R. P. ファインマン (著)，西川恭治 (監訳)，田中 新，佐藤 仁 (翻訳)『ファインマン統計力学』丸善出版 (2012)，また R. P. Feynman, *Phys. Rev.*, **97**, 660 (1955).

19) これまでは確率分布を横ベクトルで書いていたが時間発展を表す行列を左から掛けたいので縦ベクトルで表す．

$$\boldsymbol{P}^{n+1} = M\boldsymbol{P}^n \tag{12.84}$$

と変化したとしよう．ここで行列 M は非負の定数行列でありその成分 M_{ij} は，状態 x_j にあるときに次の時刻で状態 x_i にいる条件付き確率を表す．もう一つの確率分布 $\boldsymbol{Q}^n$ も同じ時間発展にしたがうとする．このとき

$$\mathcal{D}(\boldsymbol{P}^n \,\|\, \boldsymbol{Q}^n) \geq \mathcal{D}(\boldsymbol{P}^{n+1} \,\|\, \boldsymbol{Q}^{n+1}) = \mathcal{D}(M\boldsymbol{P}^n \,\|\, M\boldsymbol{Q}^n) \tag{12.85}$$

という非増加性が成立する．このような性質を H 定理，またその性質をもつ関数を H 関数と呼ぶ[20]．特に，$\boldsymbol{Q}$ が $M\boldsymbol{Q} = \boldsymbol{Q}$ を満たす時間発展に対して不変な定常分布 $\boldsymbol{Q} = \boldsymbol{\mu}$ なら，

$$\mathcal{D}(\boldsymbol{P}^n \,\|\, \boldsymbol{\mu}) \geq \mathcal{D}(\boldsymbol{P}^{n+1} \,\|\, \boldsymbol{\mu}) \tag{12.86}$$

であり，これは $\boldsymbol{P}^n$ に対するシャノンエントロピー $S(\boldsymbol{P}^n)$ と $\boldsymbol{P}^n$ による期待値 $\langle \cdots \rangle_n$ を使って

$$-S(\boldsymbol{P}^n) - \langle \log \boldsymbol{\mu} \rangle_n \geq -S(\boldsymbol{P}^{n+1}) - \langle \log \boldsymbol{\mu} \rangle_{n+1} \tag{12.87}$$

と表すことができる．例えば定常分布がカノニカル分布 $\boldsymbol{\mu} = (e^{-\beta E_1}/Z, \cdots)^T$ なら，ΔS をエントロピー変化，ΔQ を系に流入した熱として

$$\Delta S = S(\boldsymbol{P}^{n+1}) - S(\boldsymbol{P}^n) \geq \beta(\langle E \rangle_{n+1} - \langle E \rangle_n) = \Delta Q \tag{12.88}$$

というマルコフ過程における熱力学第二法則を与える．

非増加性を証明しよう．M_{ij} は状態 x_j にあるとき次の時刻で状態 x_i にいる条件付き確率であり，p_j^n は時刻 n で状態 x_j にある確率であるから，

$$P(x_i^{n+1}, x_j^n) = M_{ij} p_j^n \tag{12.89}$$

は，時刻 n で状態 x_j，時刻 $n+1$ で状態 x_i にいる同時分布を表す．これは確率分布なので

$$\sum_{i,j} P(x_i^{n+1}, x_j^n) = 1 \tag{12.90}$$

20) 詳細はマルコフ過程の説明も含め，T. M. カバー，J. A. トーマス (著), 山本博資，古賀弘樹，有村光晴，岩本 貢 (訳)『情報理論――基礎と広がり』共立出版 (2012) にある．

を満たす．また同時分布から周辺化すれば

$$\sum_i P(x_i^{n+1},x_j^n)=p_j^n,\qquad \sum_j P(x_i^{n+1},x_j^n)=p_i^{n+1} \tag{12.91}$$

となる．

$$Q(x_i^{n+1},x_j^n)=M_{ij}q_j^n \tag{12.92}$$

についても同様である．

同時分布も確率分布なので，相対エントロピーの非負性

$$\mathcal{D}(P\,\|\,Q)\geq 0 \tag{12.93}$$

が成立する．これは

$$\begin{aligned}\mathcal{D}(P\,\|\,Q)&=\sum_{i,j}M_{ij}p_j^n\ln\frac{M_{ij}p_j^n}{M_{ij}q_j^n}\\&=\sum_j\left(\sum_i M_{ij}\right)p_j^n\ln\frac{p_j^n}{q_j^n}\\&=\mathcal{D}(\boldsymbol{P}^n\,\|\,\boldsymbol{Q}^n)\end{aligned} \tag{12.94}$$

となる．

一方同時分布は

$$P(x_i^{n+1},x_j^n)=\mathcal{P}(x_j^n|x_i^{n+1})p_i^{n+1},\qquad Q(x_i^{n+1},x_j^n)=\mathcal{Q}(x_j^n|x_i^{n+1})q_i^{n+1} \tag{12.95}$$

と，条件付き確率 $\mathcal{P},\mathcal{Q}$ を使っても表すことができる．順方向の時間発展と異なり，条件付き確率 $\mathcal{P},\mathcal{Q}$ は一般に互いに一致しない．順方向の時間発展で $M_{ij}=0$ のときは，対応するものに対して $\mathcal{P}(x_j^n|x_i^{n+1})=0,\mathcal{Q}(x_j^n|x_i^{n+1})=0$ と定義する．$\mathcal{P}$ は

$$\sum_i\mathcal{P}(x_j^n|x_i^{n+1})p_i^{n+1}=p_j^n \tag{12.96}$$

を満たすため逆向きの時間発展を与えるようにみえるが，一般に M の逆行列は存在せず，もし存在してもその逆行列は確率過程ではないため $\mathcal{P}$ は M の逆行列とは関係がない．また定義より $\mathcal{P}$ は p_i^{n+1},p_j^n に依存するため，逆

向きの時間発展とはなり得ない．$\mathcal{Q}$ も同様である．

この分解を考えると，

$$\begin{aligned}\mathcal{D}(P\|Q)&=\sum_{i,j}\mathcal{P}(x_j^n|x_i^{n+1})p_i^{n+1}\ln\frac{\mathcal{P}(x_j^n|x_i^{n+1})p_i^{n+1}}{\mathcal{Q}(x_j^n|x_i^{n+1})q_i^{n+1}}\\&=\sum_i(\sum_j\mathcal{P}(x_j^n|x_i^{n+1}))p_i^{n+1}\ln\frac{p_i^{n+1}}{q_i^{n+1}}\\&\quad+\sum_i p_i^{n+1}\sum_j\mathcal{P}(x_j^n|x_i^{n+1})\ln\frac{\mathcal{P}(x_j^n|x_i^{n+1})}{\mathcal{Q}(x_j^n|x_i^{n+1})}\\&=\mathcal{D}(\boldsymbol{P}^{n+1}\|\boldsymbol{Q}^{n+1})+\sum_i p_i^{n+1}\mathcal{D}(\mathcal{P}(\cdot|x_i^{n+1}))\|\mathcal{Q}(\cdot|x_i^{n+1}))).\end{aligned}\tag{12.97}$$

よって

$$\mathcal{D}(\boldsymbol{P}^n\|\boldsymbol{Q}^n)=\mathcal{D}(\boldsymbol{P}^{n+1}\|\boldsymbol{Q}^{n+1})+\sum_i p_i^{n+1}\mathcal{D}(\mathcal{P}(\cdot|x_i^{n+1}))\|\mathcal{Q}(\cdot|x_i^{n+1})))\tag{12.98}$$

を得る．相対エントロピーの非負性から

$$\mathcal{D}(\boldsymbol{P}^n\|\boldsymbol{Q}^n)\geq\mathcal{D}(\boldsymbol{P}^{n+1}\|\boldsymbol{Q}^{n+1})\tag{12.99}$$

を得る．

演習問題

問題 12.1

1 次元イジングモデルで磁場が 0 のときの分配関数を自由境界の条件で求めよ．熱力学極限で分配関数が周期境界で磁場 0 の場合と変わらないことを確認せよ．

問題 12.2

一格子点あたりの帯磁率 χ_T と相関関数 $G(\boldsymbol{r}_{i,j}-\boldsymbol{r}_{k,l})=\langle S_{i,j}S_{k,l}\rangle_{\mathrm{eq}}-\langle S_{i,j}\rangle_{\mathrm{eq}}\langle S_{k,l}\rangle_{\mathrm{eq}}$ の間に

$$\chi_T = \frac{1}{Nk_{\mathrm{B}}T} \sum_{i,j,k,l} G(\boldsymbol{r}_{i,j} - \boldsymbol{r}_{k,l})$$

という関係があることを示せ．また相関関数は並進対称性により k,l 格子点を位置ベクトルの原点になるように取り直すことができる．このとき，$G(\boldsymbol{r}_{i,j}) = \langle S_{i,j} S_{0,0} \rangle_{\mathrm{eq}} - \langle S_{0,0} \rangle_{\mathrm{eq}}^2$ を使って

$$\chi_T = \frac{1}{k_{\mathrm{B}}T} \sum_{i,j} G(\boldsymbol{r}_{i,j})$$

と書ける．

問題 12.3

d 次元超立方格子のイジングモデルの平均場近似を考察せよ．

問題 12.4

スケール変換によって $\alpha = 2 - d/y_\theta$, $\delta = y_h/(d - y_h)$ となることを確認せよ．

演習問題解答

第 1 章

問題 1.1

(略)

第 2 章

問題 2.1

期待値の定義式 (2.5) から明らかである．

問題 2.2

$(f-\langle f\rangle)^2=f^2-2\langle f\rangle f+\langle f\rangle^2$ に期待値の定義式 (2.5) を使う．

問題 2.3

互いに独立な二つの系の場合をそのまま拡張すれば良い．

問題 2.4

2.3 節でみたように微視的状態の実現確率はすべて同じで

$$\boldsymbol{P}_{N=n}=\left(\frac{1}{2^n},\frac{1}{2^n},\frac{1}{2^n},\cdots,\frac{1}{2^n}\right)$$

となる．それぞれの微視的状態で $m_{(n)}$ がどのような値をもつか調べれば良い．これは $1=(p_\uparrow+p_\downarrow)^n=\sum_{k=0}^{n}\binom{n}{k}p_\uparrow^{n-k}p_\downarrow^k$ という二項展開を考えれば求めることができ，$\binom{n}{k}p_\uparrow^{n-k}p_\downarrow^k$ が $m_{(n)}=1-2\dfrac{k}{n}$ という磁化の値をもつ確率に対応する．よって $P(m_{(n)})=\dfrac{1}{2^n}\binom{n}{k}$ である．

問題 2.5

まず最初の等式に対し，変数変換することで

$$\int_{-\infty}^{\infty}dXe^{-X^2}=\sqrt{\pi}$$

を示す．左辺を 2 乗し極座標で積分することにより

$$\iint dX dY e^{-X^2} e^{-Y^2} = \int_0^{\infty} dr \int_0^{2\pi} r d\theta e^{r^2} = \pi$$

となる．よって

$$\int_{-\infty}^{\infty} dX e^{-X^2} = \sqrt{\pi}$$

を得る．

二番目の等式は

$$\int_{-\infty}^{\infty} dx (x-\mu) P(x|\mu,\sigma)$$

で，$x-\mu=X$ と変数変換すると，

$$\int_{-\infty}^{\infty} dX\, X \frac{1}{\sqrt{2\pi\sigma^2}} \exp\left[-\frac{X^2}{2\sigma^2}\right].$$

被積分関数は奇関数なので積分すれば 0 となる．よって問題の式を得る．

三番目の等式について，$x-\mu=X$ と変数変換すると，

$$\frac{1}{\sqrt{2\pi\sigma^2}} \int_{-\infty}^{\infty} dX\, X^2 \exp\left[-\frac{X^2}{2\sigma^2}\right].$$

これは

$$\frac{1}{\sqrt{2\pi\sigma^2}} \int_{-\infty}^{\infty} dX\, X (-\sigma^2) \frac{d}{dX} \exp\left[-\frac{X^2}{2\sigma^2}\right]$$

と書けるので部分積分して問題の式を得る．

問題 2.6

式 (2.53) に $p(\boldsymbol{v})$ を代入し整理すると

$$F = \frac{N}{V} \left(\frac{\beta}{2\pi m}\right)^{3/2} \frac{2A}{m} \int_0^{\infty} dp_x \int_{-\infty}^{\infty} dp_y \int_{-\infty}^{\infty} dp_z (p_x)^2 \exp\left[-\beta \frac{|\boldsymbol{p}|^2}{2m}\right].$$

p_y, p_z に対してはガウス積分が実行でき，p_x については正規分布の分散の計算より，

$$F = \frac{N}{V} \beta^{-1}$$

を得る．

第3章

問題 3.1

ヒントにしたがい d 重のガウス積分を計算する．$I_d=\left(\int_{-\infty}^{\infty}e^{-x^2}dx\right)^d=\pi^{d/2}$．一方，$I_d=\int\left[\prod_{i=1}^{d}dx_i\right]e^{-\sum_i x_i^2}$ でもある．$R^2=\sum_i x_i^2$ と置いて，球対称な領域での微小体積要素を使うと，

$$I_d=\int_0^{\infty}S_dR^{d-1}e^{-R^2}dR=\frac{S_d}{2}\int_0^{\infty}y^{d/2-1}e^{-y}dy=\frac{S_d}{2}\Gamma(d/2)$$

となり，$S_d=\dfrac{2\pi^{d/2}}{\Gamma(d/2)}$ である．よって $\mathcal{V}_d(R)=\dfrac{2\pi^{d/2}}{(d/2)\Gamma(d/2)}R^d=\dfrac{2\pi^{d/2}}{\Gamma(d/2+1)}R^d$．
ガンマ関数について $\Gamma(x+1)=x\Gamma(x)$ の関係は，$\Gamma(x+1)$ の指数関数部分を先に積分する部分積分で示すことができる．$\Gamma(1)=1$ は定義より明らか，$\Gamma(1/2)$ について，定義で $z=x^2$ と置くとガウス積分になり $\Gamma(1/2)=\sqrt{\pi}$ となる．

問題 3.2

いくつか示す方法がある．階乗に対し対数を取ると，$\log N!=\sum_{n=1}^{N}\log n$．また，$\log x$ は単調増加なので $\int_{n-1}^{n}dx\log x\le\log n\le\int_{n-1}^{n}dx\log(x+1)$ が成り立つ．$n=1$ から N まで和を取ると，$\int_0^N dx\log x\le\log N!\le\int_0^N dx\log(x+1)$ となる．積分を実行すれば，$N\log N-N\le\log N!\le(N+1)\log(N+1)-(N+1)$ を得る．N が十分大きいときは $N\simeq N+1$ なので，$\log N!\simeq N\log N-N$ を得る．
またガンマ関数を使う方法がある．階乗をガンマ関数とその積分による定義を使って $N!=\Gamma(N+1)=\int_0^{\infty}e^{N\log z-z}dz$ と表すことができる．ここで被積分関数は N が十分に大きいときには z に対して急峻なピークをもつ非負関数であり，そのピークの値で被積分関数を代表させることができる．(この後の 4 章でも同じような評価を行う．) これを踏まえ，$N\log z-z$ の極値 $z_*=N$ のまわりで指数関数の肩を展開すると，$N!=\Gamma(N+1)\simeq e^{N\log N-N}\int_0^{\infty}e^{-(z-z_*)^2/(2N)}dz$ となる．被積分関数は $z=z_*$ にピークをも

ち，その幅は $\sqrt{N}$ であるから，ガウス積分でおきかえることができる．このとき $N! \simeq e^{N\log N - N}\sqrt{2\pi N}$ となる．N が十分大きいときは $\sqrt{2\pi N}$ の寄与は無視できる．

問題 3.3

位相空間中の点をまとめて $\Gamma_t = (\boldsymbol{p}_i(t), \boldsymbol{q}_i(t))$ と書き，ベクトルの成分も含めて添字で $(p_1(t), p_2(t), \cdots, p_{3N}(t), q_1(t), \cdots, q_{3N}(t))$ と表す．体積要素を

$$d\Gamma_t = \prod_{i=1}^{N} [d^3\boldsymbol{p}_i(t) d^3\boldsymbol{q}_i(t)] = \prod_{i=1}^{3N} [dp_i(t) dq_i(t)]$$

とする．時刻 t でのある領域を $\mathcal{D}_t$ とする．位相空間の体積 $V_t = \int_{\mathcal{D}_t} d\Gamma(t)$ が時間発展とともにどう変化するか調べよう．微小時間 Δt が経過した後の体積は $V_{t+\Delta t} = \int_{\mathcal{D}_{t+\Delta t}} d\Gamma(t+\Delta t)$ である．この右辺を $\Gamma(t+\Delta t)$ から $\Gamma(t)$ へ変数変換しよう．このとき，積分する領域も変数変換により変化するが，それは元の領域になる．$V_{t+\Delta t} = \int_{\mathcal{D}_t} d\Gamma(t) \left| \frac{d\Gamma(t+\Delta t)}{d\Gamma(t)} \right|$.
ここで変数変換のヤコビアンを計算すると

$$\begin{aligned}
\left| \frac{d\Gamma(t+\Delta t)}{d\Gamma(t)} \right| &= \left| \frac{\partial(p_1(t+\Delta t), \cdots, q_1(t+\Delta t), \cdots, q_{3N}(t+\Delta t))}{\partial(p_1(t), \cdots, q_1(t), \cdots, q_{3N}(t))} \right| \\
&= \begin{vmatrix} \dfrac{\partial p_1(t+\Delta t)}{\partial p_1(t)} & \dfrac{\partial p_2(t+\Delta t)}{\partial p_1(t)} & \cdots \\ \vdots & \dfrac{\partial p_2(t+\Delta t)}{\partial p_2(t)} & \end{vmatrix} \\
&\simeq \begin{vmatrix} 1 + \dfrac{\partial \dot{p}_1}{\partial p_1}\Delta t & \dfrac{\partial \dot{p}_2}{\partial p_1}\Delta t & \cdots \\ \vdots & 1 + \dfrac{\partial \dot{p}_2}{\partial p_2}\Delta t & \end{vmatrix} \\
&\simeq \left(1 + \sum_i \left(\frac{\partial \dot{p}_i}{\partial p_i} + \frac{\partial \dot{q}_i}{\partial q_i} \right) \Delta t \right)
\end{aligned}$$

となる．
ハミルトニアン H で決まる運動に対して，

$$\sum_i \left(\frac{\partial \dot{p}_i}{\partial p_i} + \frac{\partial \dot{q}_i}{\partial q_i} \right) = \sum_i \left(-\frac{\partial^2 H}{\partial p_i \partial q_i} + \frac{\partial^2 H}{\partial q_i \partial p_i} \right) = 0$$

となって，$V_{t+\Delta t}$ を Δt で展開したときの 1 次の係数は 0 である．これは体積が時間発

展で不変であることを意味する．

問題 3.4

それぞれの粒子種での名前付けの問題であるから，$N_{\rm A}!N_{\rm B}!$ で割れば良い．または計算が面倒だが，以下のようにしても示すことができる．異なる粒子種の集団はそれぞれ独立と見なせるから，それぞれの集団で状態数 $\Omega_{\rm A}(E_{\rm A}),\Omega_{\rm B}(E_{\rm B})$ が $\Omega_{\rm A}(E_A)=\dfrac{V_{N_{\rm A}}}{N_{\rm A}!h^{3N_{\rm A}}}\dfrac{(2\pi m_{\rm A}E_{\rm A})^{3N_{\rm A}/2}}{\Gamma((3N_{\rm A}/2)+1)}$ となることを認め (B 種についても同様), 状態密度 $g_{\rm A}(E)=\dfrac{d\Omega_{\rm A}(E)}{dE}$，$g_{\rm B}(E)=\dfrac{d\Omega_{\rm B}(E)}{dE}$ について $\displaystyle\int_0^E g_{\rm A}(E_{\rm A})g_{\rm B}(E-E_{\rm B})dE_{\rm A}$ が[1)]合成系の状態密度になることを使って合成系の状態密度を求める．これから合成系の状態数を計算して一種の場合の結果と見比べる．

問題 3.5

d 個ある状態の実現確率 $p_1,p_2,p_3,\cdots,p_d$ に対して拘束条件 $\sum_i p_i=1$ があるので，ラグランジュの未定乗数法を使い，$F(p_1,p_2,p_3,\cdots,p_d)=-\sum_{i=1}^{d}p_i\log p_i-\lambda\sum_i p_i$ に対して極値問題を考える．$\dfrac{\partial F}{\partial p_i}=0$ より $p_i=\text{const.}$ を得る．これは一様分布である．また一様分布のまわりで展開し $(p_i=1/d+\delta_i)$，シャノンエントロピーに代入して δ_i の 2 次の項をみると一様分布で最大であることがわかる．

第 4 章

問題 4.1

演習問題 3.5 と同じようにできる．d 個ある状態の実現確率 $p_1,p_2,p_3,\cdots,p_d$ に対して拘束条件 $\sum_i p_i=1$，および $\sum_i E_ip_i=E$ があるのでラグランジュの未定乗数法を使い，$F(p_1,p_2,p_3,\cdots,p_d)=-\sum_{i=1}^{d}p_i\log p_i-\lambda\sum_i p_i-\beta\sum_i E_ip_i$ に対して極値問題を考える．$\dfrac{\partial F}{\partial p_i}=0$ より $p_i\propto e^{-\beta E_i}$ となる．β は $\sum_i E_ip_i=E$ の条件から決めることになるが，これは逆

---

1) この積分はベータ関数になり，ベータ関数とガンマ関数の関係を使うと積分できる．

$$B(p,q)=\int_0^1 t^{p-1}(1-t)^{q-1}dt=\frac{\Gamma(p)\Gamma(q)}{\Gamma(p+q)}.$$

温度と一致する．

問題 4.2

1 次元的に振動する N 個の古典調和振動子の分配関数は $Z_N = \left(\frac{1}{\beta\hbar\omega}\right)^N$ だった．これは $\beta = 0$ に N 位の極をもつ．逆ラプラス変換は

$$g(E) = \frac{1}{2\pi i}\int_{\beta' - i\infty}^{\beta' + i\infty} d\beta\, Z(\beta) e^{\beta E}$$

であり，ここで β' は $\beta = 0$ より大きくなければならない．エネルギー $E < 0$ の場合は $e^{\beta E}$ の因子から積分経路を実軸上正の無限大を経由して閉じさせることにより，$g(E) = 0$ となる．$E > 0$ の場合，実軸上負の無限大を経由する経路を取ると，逆ラプラス変換は留数積分により計算でき，$\frac{e^{\beta E}}{\beta^N} = \sum_{n=0}^{\infty} \frac{E^n}{n!}\beta^{n-N}$ であるから，留数が $E^{N-1}/(N-1)!$ となり，$g(E) = \frac{1}{(N-1)!}\frac{E^{N-1}}{(\hbar\omega)^N}$ を得る．

問題 4.3

定義にしたがって計算してみる．$h_B \neq 0$ のときの，A の期待値は，

$$\langle A \rangle_{h_B} = \frac{\sum A e^{-\beta H_0 + \beta h_B B}}{Z(h_B)}$$

である．また，

$$\begin{aligned}
\chi_{AB}(h_B) &= \frac{\partial \langle A \rangle_{h_B}}{\partial h_B} \\
&= \frac{\sum \beta A B e^{-\beta H_0 + \beta h_B B}}{Z(h_B)} - \frac{\sum A e^{-\beta H_0 + \beta h_B B}}{Z(h_B)^2} \frac{\partial}{\partial h_B} \sum e^{-\beta H_0 + \beta h_B B} \\
&= \beta \langle AB \rangle_{h_B} - \frac{1}{Z(h_B)} \sum A e^{-\beta H_0 + \beta h_B B} \frac{1}{Z(h_B)} \sum \beta B e^{-\beta H_0 + \beta h_B B} \\
&= \beta(\langle AB \rangle_{h_B} - \langle A \rangle_{h_B} \langle B \rangle_{h_B}).
\end{aligned}$$

$h_B \to 0$ を取ることで，$\chi_{AB} = \beta(\langle AB \rangle_0 - \langle A \rangle_0 \langle B \rangle_0)$ を得る．

第 5 章

問題 5.1

分配関数は

$$Z_N=\prod_{i=1}^{N}(1+e^{-\beta\epsilon_i})$$

となる．エネルギーの期待値 E は

$$E=-\frac{\partial}{\partial\beta}\sum_i\log(1+e^{-\beta\epsilon_i})=\sum_i\frac{\epsilon_i e^{-\beta\epsilon_i}}{1+e^{-\beta\epsilon_i}}$$

である．熱容量 C は

$$C=-\frac{1}{k_{\mathrm{B}}T^2}\frac{\partial}{\partial\beta}E=\frac{1}{k_{\mathrm{B}}T^2}\sum_i\frac{\epsilon_i^2 e^{-\beta\epsilon_i}}{(1+e^{-\beta\epsilon_i})^2}$$

となる．ϵ_i が確率密度分布 $\rho(\epsilon)$ で分布しているとき，

$$\sum_i f(\epsilon_i)=\int\rho(\epsilon)f(\epsilon)d\epsilon$$

と書くことができる．$\rho(\epsilon)\sim\mathrm{const.}$ であったのでエネルギーの期待値は

$$E\sim\int d\epsilon\frac{\epsilon e^{-\beta\epsilon}}{1+e^{-\beta\epsilon}}.$$

$\beta\epsilon=x$ と変数変換して，低温を考えると

$$E\sim(k_{\mathrm{B}}T)^2\int_0^{\infty}dx\frac{xe^{-x}}{1+e^{-x}}$$

となって，エネルギーは温度の 2 乗に依存する．よって熱容量は温度に比例する．

問題 5.2

一分子の分配関数 Z_1 は，

$$\begin{aligned}Z_1&=\int\frac{d^3\boldsymbol{p}d^3\boldsymbol{q}}{(2\pi\hbar)^3}e^{-\beta\left(\frac{\boldsymbol{p}^2}{2m}+mgz\right)}\\&=\frac{1}{(2\pi\hbar)^3}\left(\frac{2\pi m}{\beta}\right)^{3/2}A\frac{1-e^{-\beta mgL}}{\beta mg}\end{aligned}$$

となる．z 座標の期待値は

$$\begin{aligned}\langle z\rangle&=-\frac{1}{Z_1}\frac{\partial}{\partial(\beta mg)}Z_1\\&=\frac{1-(xL+1)e^{-xL}}{x(1-e^{-xL})}\to\frac{1}{x}=\frac{1}{\beta mg}\qquad(L\to\infty).\end{aligned}$$

この値はマクロな値になり，例えば，窒素分子 $m=28$ g/mol，$T=300$ K だと

$$\frac{k_{\mathrm{B}}T}{mg}=\frac{RT}{Mg}=\frac{8.3\times 300}{28\times 10^{-3}\times 9.8}\simeq 9.1\times 10^{3}\ \mathrm{m}$$

となる．

問題 5.3

$d=2$ のとき，

$$L^2=\frac{(La)^2}{4\pi^2}\int_{\mathcal{D}}d^2\boldsymbol{k}$$

である．第一ブリルアンゾーンを円で表して，

$$L^2=\frac{(La)^2}{4\pi^2}\int_0^{k_D}2\pi k dk.$$

これが

$$\int_0^{\omega_D}\rho(\omega)d\omega$$

と等しい．長波長近似の分散関係 $\omega=v_0k$ を使い，

$$\rho(\omega)=\frac{(La)^2}{2\pi}\frac{\omega}{v_0}$$

を得る．

$d=1$ のとき，

$$L=\frac{La}{2\pi}\int_{\mathcal{D}}dk=\frac{La}{\pi}\int_0^{k_d}dk.$$

これが

$$\int_0^{\omega_D}\rho(\omega)d\omega$$

と等しく，$\omega=v_0k$ を使うと，

$$\rho(\omega)=\frac{La}{\pi}\frac{1}{v_0}$$

を得る．

定積熱容量は $x=\beta\hbar\omega$ と置いて,

$$C_v=3k_{\mathrm{B}}\int_0^{\beta\hbar\omega_D}\frac{dx}{\hbar\beta}\rho\left(\frac{x}{\hbar\beta}\right)\frac{x^2e^x}{(e^x-1)^2}$$

である．この前の因子 3 は格子振動の向きの自由度なので，2 次元格子，1 次元格子に関係なく 3 である．低温を考えると $\beta\hbar\omega\to\infty$ であり，いま求めたように $\rho(\omega)\propto\omega^{d-1}$ であるから,

$$C_v\propto T^d$$

となる．

第 6 章

問題 6.1

グランドカノニカル集団の微視的状態の実現確率 p_i は

$$p_i=\frac{e^{-\beta E_i+\beta\mu N_i}}{\Xi}$$

である．シャノンエントロピー (に k_{B} を書けたもの) を計算すると,

$$\begin{aligned}S&=-k_{\mathrm{B}}\sum_i p_i\log p_i\\&=k_{\mathrm{B}}\beta\langle E\rangle-k_{\mathrm{B}}\beta\mu\langle N\rangle+k_{\mathrm{B}}\log\Xi.\end{aligned}$$

$J=-\dfrac{1}{\beta}\log\Xi$ とすると，熱力学的なグランドポテンシャルの定義と矛盾ない．

第 7 章

問題 7.1

熱力学第一法則より

$$d\left(S-\frac{p}{T}V\right)=\frac{1}{T}dE-Vd\left(\frac{p}{T}\right)-\frac{\mu}{T}dN$$

となるから，新しい分配関数は

$$\int\frac{dV}{v_0}e^{k_{\mathrm{B}}^{-1}(S(E,V,N)-pV/T)}$$

となる．

第 8 章

問題 8.1

完全対称な波動関数は

$$\Psi^S_{k_1,k_2,\cdots,k_N}(\boldsymbol{q}_1,\boldsymbol{q}_2,\cdots,\boldsymbol{q}_N)\propto\sum_{\hat{P}}\hat{P}\Psi_{k_1,k_2,\cdots,k_N}(\boldsymbol{q}_1,\boldsymbol{q}_2,\cdots,\boldsymbol{q}_N)$$

であった．置換の総数自体は $N!$ であるため

$$\Psi^S_{k_1,k_2,\cdots,k_N}(\boldsymbol{q}_1,\boldsymbol{q}_2,\cdots,\boldsymbol{q}_N)=\frac{1}{\sqrt{N!S}}\sum_{\hat{P}}\hat{P}\Psi_{k_1,k_2,\cdots,k_N}(\boldsymbol{q}_1,\boldsymbol{q}_2,\cdots,\boldsymbol{q}_N)$$

という形に書くことができる．S は同じ量子状態を取る状態がいくつか現れたときにそれを補正するファクターとして入っており，量子状態 k_i を取る粒子の数を n_i として $S=\prod_{i=1}^{N}n_i!$ となる．例えば，$N=3$ で固有状態 1 が 2 個，固有状態 2 が 1 個あるときは，

$$\begin{aligned}\Psi^S_{1,1,2}(\boldsymbol{q}_1,\boldsymbol{q}_2,\boldsymbol{q}_3)&=\frac{1}{\sqrt{3!2!}}\sum_{\hat{P}}\hat{P}\Psi_{1,1,2}(\boldsymbol{q}_1,\boldsymbol{q}_2,\boldsymbol{q}_3)\\&=\frac{1}{\sqrt{3!2!}}(\Psi_{1,1,2}(\boldsymbol{q}_1,\boldsymbol{q}_2,\boldsymbol{q}_3)+\Psi_{1,1,2}(\boldsymbol{q}_1,\boldsymbol{q}_3,\boldsymbol{q}_2)\\&\quad+\Psi_{1,1,2}(\boldsymbol{q}_2,\boldsymbol{q}_1,\boldsymbol{q}_3)+\Psi_{1,1,2}(\boldsymbol{q}_2,\boldsymbol{q}_3,\boldsymbol{q}_1)\\&\quad+\Psi_{1,1,2}(\boldsymbol{q}_3,\boldsymbol{q}_1,\boldsymbol{q}_2)+\Psi_{1,1,2}(\boldsymbol{q}_3,\boldsymbol{q}_2,\boldsymbol{q}_1))\\&=\frac{1}{\sqrt{3}}(\phi_1(\boldsymbol{q}_1)\phi_1(\boldsymbol{q}_2)\phi_2(\boldsymbol{q}_3)+\phi_1(\boldsymbol{q}_1)\phi_1(\boldsymbol{q}_3)\phi_2(\boldsymbol{q}_2)\\&\quad+\phi_1(\boldsymbol{q}_2)\phi_1(\boldsymbol{q}_3)\phi_2(\boldsymbol{q}_1))\end{aligned}$$

となる．

第 9 章

問題 9.1

$\epsilon_f=\dfrac{\hbar^2}{2m}\left(\dfrac{3\pi^2N}{V}\right)^{2/3}$ に電子質量 $m=9.1\times10^{-31}$ kg，$\hbar=1.1\times10^{-34}$ Js，$k_{\mathrm{B}}=1.4\times10^{-23}$ J/K，銅の密度 8.96 g/cm^3 と質量 63 g/mol から計算した銅の数密度 0.85×10^{29} m^{-3} を代入する．これで $\epsilon_f=1.2\times10^{-18}$ J になる．

問題 9.2

2 次の係数は式 (9.33) の展開で $k_{\mathrm{B}}T/\mu$ を $k_{\mathrm{B}}T/\epsilon_f$ として 2 次まで残し, 式 (9.34) を代入したもの $\frac{3}{2}A+\frac{\pi^2}{8}=0$ から求まる. 4 次の係数は式 (9.33) の展開で $k_{\mathrm{B}}T/\mu$ の μ を 2 次まで展開した $\mu=\epsilon_f\left(1-\frac{\pi^2}{12}\left(\frac{k_{\mathrm{B}}T}{\epsilon_f}\right)^2\right)$ を使って得られる $\frac{31\pi^4}{1920\epsilon_f^4}+\frac{1}{4}\left(\frac{6B}{\epsilon_f^4}+\frac{\pi^4}{96\epsilon_f^4}\right)=0$ から求まる.

問題 9.3

調和振動子の縮退度 $g_\ell=L^2eB/2\pi\hbar$, 電子の 1 次元的な運動に関するエネルギー状態密度 $g(\epsilon)=L\sqrt{2m}\epsilon^{-1/2}/2\pi\hbar$ およびスピン自由度による縮退度 2 を使って, グランドポテンシャルは

$$J=-2k_{\mathrm{B}}T\int_0^\infty d\epsilon g(\epsilon)\sum_\ell g_\ell \log\left(1+e^{-\beta(\epsilon+2\mu_{\mathrm{B}}B(\ell+1/2))+\beta\mu}\right)$$

となる. μ_{B} はボーア磁子である. g_ℓ, $g(\epsilon)$ を代入して

$$J=-k_{\mathrm{B}}TV\frac{eB\sqrt{2m}}{2\pi^2\hbar^2}\int_0^\infty d\epsilon\epsilon^{-1/2}\sum_\ell \log(1+e^{-\beta(\epsilon+2\mu_{\mathrm{B}}B(\ell+1/2))+\beta\mu}).$$

いま $\beta\mu_{\mathrm{B}}B\ll 1$ なので, ℓ の和をオイラー–マクローリン公式

$$\sum_{\ell=0}^\infty f(\ell+1/2)\simeq\int_0^\infty dx\, f(x)+\frac{1}{24}f'(0)$$

を使って積分に置き換えると,

$$\begin{aligned}J=&-k_{\mathrm{B}}TV\frac{eB\sqrt{2m}}{2\pi^2\hbar^2}\int_0^\infty d\epsilon\epsilon^{-1/2}\\&\times\left(\int_0^\infty dx\log(1+e^{-\beta(\epsilon+2\mu_{\mathrm{B}}Bx)+\beta\mu})-\frac{\beta\mu_{\mathrm{B}}B}{12}\frac{e^{-\beta\epsilon+\beta\mu}}{1+e^{-\beta\epsilon+\beta\mu}}\right)\end{aligned}$$

となる. 二重積分で $y=\epsilon+2\mu_{\mathrm{B}}Bx$ と置いて積分変数を ϵ,x から ϵ,y へ変更すると, ϵ 積分が実行でき,

$$\begin{aligned}J=&-k_{\mathrm{B}}TV\frac{\sqrt{2}m^{3/2}}{\pi^2\hbar^3}\int_0^\infty dy y^{1/2}\log(1+e^{-\beta y+\beta\mu})\\&+V\frac{\mu_{\mathrm{B}}^2B^2(2m)^{3/2}}{24\pi^2\hbar^3}\int_0^\infty d\epsilon\frac{\epsilon^{-1/2}}{e^{\beta\epsilon-\beta\mu}+1}\end{aligned}$$

を得る．第一項は磁場に依存せず，磁場が 0 のときの自由電子のグランドポテンシャルと一致する．第二項が磁化に寄与する．よって帯磁率は第二項だけ考慮すればよく，磁場 0 での帯磁率 χ_T は，本文中で定義した $f^+_{-1/2}(y)$ およびフェルミエネルギーを使うと，

$$\chi_T = -\lim_{B\to 0}\frac{\partial^2 J}{\partial B^2} = -\frac{N\mu_{\mathrm{B}}^2}{4\epsilon_f(\beta\epsilon_f)^{1/2}} f^+_{-1/2}(\beta\mu)$$

となる．絶対零度近傍では

$$\chi_T \simeq -\frac{N\mu_{\mathrm{B}}^2}{2\epsilon_f}\left(1-\frac{\pi^2}{12}\left(\frac{k_{\mathrm{B}}T}{\epsilon_f}\right)^2\right)$$

となる．これはパウリの常磁性による帯磁率と比較すると負号が逆であり，反磁性を表す．ただ絶対値としてはパウリの常磁性のものより小さいので電子の運動を考慮しても，自由電子は常磁性である．

第 10 章

問題 10.1

L を潜熱, T_c を転移温度, v^* を転移温度での非凝集相での一粒子あたりの体積, v_0 を凝集相での一粒子あたりの体積とすると，クラウジウス–クラペイロンの式は $\left.\dfrac{dT}{dp}\right|_{\text{相境界上}} = \dfrac{T_c(v^*-v_0)}{L}$ となる．ただし凝集相での一粒子あたりの体積はボース粒子の性質により $v_0=0$ である．圧力 (10.27) を相境界上で微分することにより，$\left.\dfrac{dp}{dT}\right|_{\text{相境界上}} = \dfrac{5}{2}\dfrac{p}{T_c}$ であるから，潜熱 $L=\dfrac{5}{2}\dfrac{p}{\rho_c}=\dfrac{5}{2}\dfrac{\zeta(5/2)}{\zeta(3/2)}k_{\mathrm{B}}T_c$ を得る．これは，$J=-\dfrac{2E}{3}$，$S=-\left(\dfrac{\partial J}{\partial T}\right)_{V,\mu}=\dfrac{2C_V}{3}$ で計算したエントロピーの値から決まる潜熱と一致している．

問題 10.2

等温圧縮率 $\kappa_T=\dfrac{1}{\rho}\left(\dfrac{\partial\rho}{\partial p}\right)_T$ の定義より，凝縮相では圧力変化なしに密度変化が可能なので，等温圧縮率が発散していることは明らかである．ここでは非凝集相で等温圧縮率を計算してから，転移点に近づけてみる．(10.16) および (10.27) から，等温条件で $y=\beta\mu$ に関する微分を使って

$$\kappa_T=\frac{1}{\rho}\left(\frac{d\rho}{dy}\right)\left(\frac{dp}{dy}\right)^{-1}=\frac{\sqrt{\pi}\beta\lambda^3 f^-_{-1/2}(\beta\mu)}{4[f^-_{1/2}(\beta\mu)]^2}.$$

βy が負から 0 に近づくとき，$f^-_{1/2}(\beta\mu)$ は有限だが $f^-_{-1/2}(\beta\mu)$ が発散するので等温圧縮率は臨界点で発散する．

第 11 章

問題 11.1

β の 3 次まで指数関数を展開する．

$$\langle e^{-\beta A}\rangle_{\rm eq}\simeq 1-\beta\langle A\rangle_{\rm eq}+\frac{1}{2}\beta^2\langle A^2\rangle_{\rm eq}-\frac{1}{6}\beta^3\langle A^3\rangle_{\rm eq}.$$

次に対数関数を展開し，3 次のキュムラントに必要な β の次数まで残すと，

$$\begin{aligned}\log\langle e^{-\beta A}\rangle_{\rm eq}\simeq&-\beta\langle A\rangle_{\rm eq}+\frac{1}{2}\beta^2\langle A^2\rangle_{\rm eq}-\frac{1}{6}\beta^3\langle A^3\rangle_{\rm eq}\\&-\frac{1}{2}\left(-\beta\langle A\rangle_{\rm eq}+\frac{1}{2}\beta^2\langle A^2\rangle_{\rm eq}\right)^2+\frac{1}{3}\left(-\beta\langle A\rangle_{\rm eq}\right)^3\end{aligned}$$

となって，定義と見比べると

$$\begin{aligned}\langle A\rangle_c&=\langle A\rangle_{\rm eq}\\\langle A^2\rangle_c&=\langle A^2\rangle_{\rm eq}-\langle A\rangle_{\rm eq}^2\\\langle A^3\rangle_c&=\langle A^3\rangle_{\rm eq}-3\langle A^2\rangle_{\rm eq}\langle A\rangle_{\rm eq}+2\langle A\rangle_{\rm eq}^3\end{aligned}$$

となる．1 次のキュムラントは 1 次のモーメントと等しく，2 次のキュムラントは分散と等しい．また A が正規分布にしたがうときには 3 次以上のキュムラントが 0 になることが知られている．

問題 11.2

$k_{\rm B}T_s(\rho)=2\epsilon v_0\rho(1-v_0\rho)^2$ を ρ で微分してそれが 0 に等しいとすることで，$v_0\rho=1$ もしくは $v_0\rho=1/3$ で極値を取ることがわかる．最大値は $v_0\rho=1/3$ の密度で取る．このとき，$k_{\rm B}T_c=k_{\rm B}T_s(\rho_c)=8\epsilon/27$．ファン・デル・ワールスの状態方程式 (11.61) より，$p_c=\epsilon/27v_0$ となる．

問題 11.3

分配関数 Z として，期待値は

$$\left\langle X\frac{\partial H}{\partial Y}\right\rangle_{\rm eq}=\frac{1}{Z}\frac{1}{N!h^{3N}}\int\prod_{i=1}^{N}[d^3\boldsymbol{q}_i d^3\boldsymbol{p}_i]X\frac{\partial H}{\partial Y}e^{-\beta H}$$
$$=\frac{1}{Z}\frac{1}{N!h^{3N}}\int\prod_{i=1}^{N}[d^3\boldsymbol{q}_i d^3\boldsymbol{p}_i]X\left(-\frac{1}{\beta}\right)\frac{\partial}{\partial Y}e^{-\beta H}$$
$$=-\frac{1}{\beta}\frac{1}{Z}\frac{1}{N!h^{3N}}\left[\int{\prod}'[d^3\boldsymbol{q}_i d^3\boldsymbol{p}_i]Xe^{-\beta H}\Bigg|_{Y=-\infty}^{Y=\infty}\right.$$
$$\left.-\int\prod_{i=1}^{N}[d^3\boldsymbol{q}_i d^3\boldsymbol{p}_i]\frac{\partial X}{\partial Y}e^{-\beta H}\right]$$

と書ける．最後の行の初めの積分は Y での部分積分を実行した結果であり，$\prod'$ は変数 Y の積分を除くことを表す．ハミルトニアンの仮定によりこの積分は0，第二項で $\partial X/\partial Y$ は $X=Y$ のときのみ1で，それ以外は0であるので，問題の式を得る．

ハミルトニアン(11.1)に閉じ込めポテンシャルを加えたものに対し，ビリアル定理より，

$$\left\langle \boldsymbol{q}_i\cdot\frac{\partial H}{\partial \boldsymbol{q}_i}\right\rangle_{\rm eq}=3k_{\rm B}T$$

が成立する．$\partial H/\partial\boldsymbol{q}_i=-\boldsymbol{F}_i^U-\sum_{j(i\neq j)}\boldsymbol{F}_{ij}$ より，ビリアル定理の結果を i で和を取り問題の式を得る．$\boldsymbol{F}_i^U$ を含む期待値の項に対し，圧力 p，閉じ込めポテンシャルが表現する壁の面要素 $d\boldsymbol{S}$ を使うと，$-\left\langle\sum_i \boldsymbol{q}_i\cdot\boldsymbol{F}_i^U\right\rangle_{\rm eq}=p\int\boldsymbol{q}\cdot d\boldsymbol{S}$ と壁上の面積分で書ける．この面積分はガウスの定理によって $p\int\boldsymbol{q}\cdot d\boldsymbol{S}=p\int(\nabla\cdot\boldsymbol{q})d^3\boldsymbol{q}=3pV$ となる．また $\boldsymbol{F}_{ij}$ に作用反作用の法則を使って $\sum_{i,j(i\neq j)}\boldsymbol{q}_i\cdot\boldsymbol{F}_{ij}=(1/2)(\sum_{i,j(i\neq j)}\boldsymbol{q}_i\cdot\boldsymbol{F}_{ij}+\sum_{i,j(i\neq j)}\boldsymbol{q}_j\cdot\boldsymbol{F}_{ji})=(1/2)\sum_{i,j(i\neq j)}\boldsymbol{q}_{ij}\cdot\boldsymbol{F}_{ij}$ となる．

第12章

問題 12.1

分配関数は本文中の記号を使って

$$Z_N(\beta,0)=\sum_{S_1=-1,1}\cdots\sum_{S_N=-1,1}M_{S_N,S_{N-1}}\cdots M_{S_3,S_2}M_{S_2,S_1}$$

であり，周期境界と比較して M が一つ少ない．これは M を $N-1$ 乗した行列のすべての要素を加えたものになる．$G=0$ として計算すれば $Z_N(\beta,0)=2(2\cosh K)^{N-1}$ を得

る．周期境界のときは熱力学極限で $Z_N(\beta,0)=(2\cosh K)^N$ だったので，熱力学極限では自由境界と周期境界で差がない．特殊な場合を除き一般に境界条件は，統計力学的性質に影響を与えない．

問題 12.2

一格子点あたりの帯磁率は $\chi_T=(\partial^2\log Z/\partial h^2)/N\beta$ で計算できる．一方，log の微分を計算して $(\partial^2\log Z/\partial h^2)=(\partial^2 Z/\partial h^2)/Z-(\partial Z/\partial h)^2/Z^2$ である．それぞれ $(\partial^2 Z/\partial h^2)=\beta^2\sum_{i,j,k,l}\langle S_{i,j}S_{k,l}\rangle_{\mathrm{eq}}$，$(\partial Z/\partial h)=\beta\sum_{i,j}\langle S_{i,j}\rangle_{\mathrm{eq}}$ であるから相関関数の定義を使って問題の式を得る．応答係数がゆらぎであることは何度か見たが，ゆらぎと相関関数はこのような関係にある．

問題 12.3

d 次元立方格子でも本文中と同様に考察すると，平均場近似したハミルトニアン (12.34) の第一項の $4J$ が $2dJ$ に，第三項の $2J$ が dJ に変わるだけである．以下の考察はまったく同じであり，臨界温度が $k_{\mathrm{B}}T_c=2dJ$ となって臨界指数は 2 次元の場合と変わらない．

問題 12.4

α は式 (12.69) より $C\sim -T_c\partial^2 f_s/\partial T^2$ よって $C\sim|\theta|^{(d/y_\theta)-2}$ となることから得られる．δ について，式 (12.66) において $\lambda^{y_h}h=1$ となるようなスケール λ を取り，$\theta=0$ を考えると $f_s\sim h^{d/y_h}$ となる．これから $m\sim h^{(d/y_y)-1}$ である．

参考文献

熱力学は統計力学と強く関係しておりより深く理解したいなら，例えば以下の本が参考になる．

[1] 前野昌弘『よくわかる熱力学』，東京図書 (2020)

[2] 田崎晴明『熱力学 —— 現代的な視点から (新物理学シリーズ)』，培風館 (2000)

[3] 清水明『熱力学の基礎』，東京大学出版会 (2007)

本書で取り扱わなかった実在気体の摂動論や，より詳しい相転移と臨界現象の取り扱いを含めた関連する教科書として，

[4] 田崎晴明『統計力学 (1，2) (新物理学シリーズ) 』，培風館 (2008)

[5] 宮下精二『基幹講座 物理学 統計力学』，東京図書 (2020)

[6] L. D. ランダウ，E. M. リフシッツ (著)，小林秋男，小川岩雄，富永五郎，浜田達二，横田伊佐秋 (訳) 『統計物理学 (上，下) 第 3 版』，岩波書店 (1980)

[7] W. グライナー，L. ナイゼ，H. シュテッカー (著)，伊藤伸泰，青木圭子 (訳)『熱力学・統計力学 新装版』，丸善出版 (2012)

[8] 高橋和孝，西森秀稔『相転移・臨界現象とくりこみ群』，丸善出版 (2017)

などを参照すると良い．

本書では演習問題が不十分である．それを補うには

[9] 久保亮五 (編)『大学演習 熱学・統計力学 修訂版』，裳華房 (1998)

が良い．

ここでは挙げられなかった和書や洋書の中にも良い教科書が多数存在する．大型の書店や大学の図書館にアクセスできる環境があれば，ぜひその分野の棚でいろいろみて自分にあった本を探してみて欲しい．

索引

数字・アルファベット

あ行

か行

さ行

た行

な行

は行

ま行

や行

ら行

湯川 諭 (ゆかわ・さとし)

略歴

1971年 和歌山県に生まれる.

1997年 大阪大学大学院理学研究科博士後期課程退学.

1999年 博士(理学), 大阪大学(論文博士).

現　在 大阪大学大学院理学研究科宇宙地球科学専攻准教授.

専門は, 統計物理学, とくに非平衡系の統計物理学.

統計力学(とうけいりきがく)　　物理学(ぶつりがく)アドバンストシリーズ

2021年9月25日　第1版第1刷発行

著　者　湯川　諭

発行所　株式会社　日本評論社

〒170-8474 東京都豊島区南大塚3-12-4

電話　(03) 3987-8621 [販売]

(03) 3987-8599 [編集]

印　刷　三美印刷

製　本　難波製本

装　丁　山田信也(ヤマダデザイン室)

ISBN978-4-535-78956-2